普通高等学校特色专业建设教材

动物医学实验教程

预防兽医学分册

第2版

周　杰　主编

中国农业大学出版社
·北京·

内 容 简 介

本教材第 1 版是国内第一部基础兽医学综合实验教程，出版后深受教师和学生的欢迎。本次修订根据专业发展的要求，结合编者教学研究成果，重新整合了教材体系。

本教材包括实验概述、基本实验、课程实习和附录，主要内容有实验基本要求、常用实验仪器使用和常用器皿的准备，兽医微生物学与免疫学实验、兽医传染病学实验、兽医寄生虫学实验、兽医公共卫生学实验，动物疫病防治课程实习。

本教材主要服务于动物医学及相关专业本科学生学习，也可为动物医学及相关领域从业人员提供参考。

图书在版编目(CIP)数据

动物医学实验教程.预防兽医学分册/周杰主编.—2 版.—北京：中国农业大学出版社，2017.6
ISBN 978-7-5655-1828-7

Ⅰ.①动… Ⅱ.①周… Ⅲ.①兽医学-实验医学-教材 Ⅳ.①S85-33

中国版本图书馆 CIP 数据核字(2017)第 113431 号

书　名 动物医学实验教程(预防兽医学分册)第 2 版
作　者 周　杰　主编

策划编辑 孙　勇　　**责任编辑** 田树君
封面设计 郑　川　　**责任校对** 王晓凤
出版发行 中国农业大学出版社
社　址 北京市海淀区圆明园西路 2 号　　**邮政编码** 100193
电　话 发行部 010-62731190,2620　　读者服务部 010-62732336
编辑部 010-62732617,2618　　出　版　部 010-62733440
网　址 http://www.cau.edu.cn/caup　　**E-mail** cbsszs@cau.edu.cn
经　销 新华书店
印　刷 北京时代华都印刷有限公司
版　次 2017 年 8 月第 2 版　2017 年 8 月第 1 次印刷
规　格 787×1 092　16 开本　15 印张　360 千字
定　价 32.00 元

编 审 人 员

主　编　周　杰

副主编　吴金节　李　郁　王桂军　方富贵　祁克宗

编　者　（以姓氏笔画为序）

方富贵　王桂军　刘雪兰　孙　裴

祁克宗　吴金节　李　郁　周　杰

徐前明　潘　玲

主　审　李培英（安徽农业大学）

编者的话

《动物医学实验教程》是安徽农业大学动物医学专业在“安徽省高校省级教改示范专业”项目和教育部高等学校“第一类特色专业建设点”项目的建设过程中，经过不断探索与改革实践后逐渐总结形成的。《动物医学实验教程》立足动物医学实验课程体系的构建，建立了以验证性基础实验、提高性综合实验和学科群综合实习三个层次为基础的实验教学模式。《动物医学实验教程》面世后，不仅在本校使用，还被全国不少农业院校选用，受到教师和学生的广泛好评。

近年来，随着高等学校教育改革的进一步深化，我校对本科人才培养方案进行了较大幅度的修订，进一步加强了实践教学环节。2013 年以来，本专业承担了安徽省高等教育振兴计划《地方高水平大学建设》子项目——动物医学重点专业建设，在项目建设过程中，越来越认识到实践教学在保证和提高动物医学及相关专业人才培养质量中的重要作用。为适应专业发展，满足动物医学专业人才培养的需要，编者在前版教材内容的基础上进行了修订。

《动物医学实验教程》(第 2 版)在整体编排上沿用了《基础兽医学分册》《预防兽医学分册》和《临床兽医学分册》三个分册的形式，以便本系列教材不仅能为动物医学专业所用，也能服务于相关专业。如动物科学专业可单独使用《基础兽医学分册》，动物检疫专业可选用《基础兽医学分册》和《预防兽医学分册》。考虑到有些专业可能单独使用本教程中的某个分册，在各分册的实验概述中都有一些关于动物实验基本操作技术或器械使用的内容，其中有部分内容可能有一定重复。

《动物医学实验教程》(第 2 版)各分册在编排上将原版中的验证性实验和综合性实验两部分合并为基本实验板块。为方便各课程实验的开展，基本实验板块按课程实验内容的形式编排。本次修订根据行业要求更新了一些实验内容，并引入了新的教学成果，同时对部分实验内容进行了增删和整合。

《动物医学实验教程》(第 2 版)的内容以动物医学专业的课程实验和课程实习为主。本系列教材主要服务于农业院校动物医学及相关专业本科学生学习动物医学实践技能，也可为动物医学及相关领域从业人员提供参考。

由于编者的知识水平所限，书中的不妥之处在所难免，恳请广大读者批评指正。

编　者

2016 年 10 月

前　言

《动物医学实验教程》(预防兽医学分册)出版后,不仅在本校动物医学专业、动物检疫专业使用,还被许多兄弟院校选用,深受教师和学生的欢迎。本次修订按我校教学大纲制定的课程计划编写,包括兽医微生物学与免疫学、兽医传染病学、兽医寄生虫学和兽医公共卫生学 4 个学科。考虑到实际操作上的便利,按课程实验、课程实习教学模式编写,改变第 1 版中分为验证性实验、综合性实验和课程实习的形式,使教程在使用过程中更加符合实验教学的安排规律。即合并原"验证性实验"和"综合性实验"项,"课程实习"项保留。合并的实验项按各实验课程编排。

本次修订保留了第 1 版中的一些经典内容,并对部分内容进行了更新。如有关 PCR 仪和酶标仪仅保留方法介绍和原理,删除所有的操作步骤。"兽医微生物学与免疫学实验"中删除了间接血凝实验,增加了实验动物免疫与抗体制备等。"兽医传染病学实验"补充了鸡白痢的净化和动物传染病诊疗现场教学。"兽医公共卫生学实验"中增加了动物性食品致泻大肠埃希氏菌检测、动物性食品金黄色葡萄球菌检验、动物皮毛炭疽检疫、动物布鲁氏菌病检疫等内容,删除了动物食品中亚硝酸盐的测定和有机磷残留量测定等内容。其他各课程的实验项目也都有所更新,使本教材的应用性更强。此外,对第 1 版中发现的错误之处进行了修改。

本书的编写凝聚了各位编者在教学过程中的经验,教材中多数图片和病例资料都来自编者多年积累的素材。书中还借鉴了国内一些兄弟院校的相关教材和资料,在此表示诚挚的谢意!对于同仁们对本书的编写所给予的关心、支持与帮助表示衷心感谢!

编　者

2016 年 10 月

目　　录

第一部分　实验概述

第一章　预防兽医学实验室学生实验守则 …… 3
第二章　预防兽医学常用实验仪器 …… 5
第三章　常用器皿的准备 …… 7

第二部分　基本实验

第四章　兽医微生物学与免疫学实验 …… 13
实验一　显微镜油镜的使用与细菌形态观察 …… 13
实验二　细菌涂片的制备与染色法 …… 16
实验三　培养基配制 …… 19
实验四　热力消毒与灭菌法 …… 21
实验五　细菌的分离与移植 …… 24
实验六　抗菌药物敏感性试验 …… 28
实验七　动物实验法 …… 31
实验八　酵母菌及霉菌的形态观察 …… 34
实验九　细菌的生化试验 …… 35
实验十　葡萄球菌检验 …… 40
实验十一　肠杆菌科细菌检验 …… 42
实验十二　芽孢杆菌的诊断 …… 46
实验十三　病毒鸡胚培养 …… 50
实验十四　鸡胚原代细胞培养 …… 54
实验十五　琼脂双向扩散试验 …… 57
实验十六　细菌凝集试验 …… 59
实验十七　免疫电泳 …… 61
实验十八　对流免疫电泳 …… 63
实验十九　补体结合试验 …… 64
实验二十　酶联免疫吸附试验 …… 66
实验二十一　实验动物免疫与抗体的制备 …… 68
第五章　兽医传染病学实验 …… 70
实验二十二　消毒 …… 70
实验二十三　免疫接种 …… 74
实验二十四　病料的取材与送检 …… 78

实验二十五 结核病的检疫 …… 80
实验二十六 巴氏杆菌病的实验室诊断 …… 83
实验二十七 链球菌病的实验室诊断 …… 84
实验二十八 鸡白痢的净化 …… 86
实验二十九 动物传染病诊疗现场教学 …… 87
实验三十 猪瘟的实验室诊断 …… 88
实验三十一 口蹄疫的实验室诊断 …… 89
实验三十二 新城疫的实验室诊断 …… 93
实验三十三 猪圆环病毒感染的诊断 …… 95
第六章 兽医寄生虫学实验 …… 99
实验三十四 蠕虫学粪便检查技术(一) …… 99
实验三十五 蠕虫学粪便检查技术(二) …… 101
实验三十六 蠕虫学粪便检查技术(三) …… 104
实验三十七 动物主要吸虫病病原形态学观察 …… 107
实验三十八 绦虫蚴和绦虫的形态学观察 …… 111
实验三十九 动物线虫病病原形态学观察(一) …… 115
实验四十 动物线虫病病原形态学观察(二) …… 118
实验四十一 动物棘头虫病病原形态学观察 …… 121
实验四十二 蜘蛛昆虫的形态学观察 …… 123
实验四十三 动物原虫病病原形态学观察 …… 127
实验四十四 动物血吸虫病实验室诊断技术 …… 130
实验四十五 隐孢子虫病的诊断 …… 134
第七章 兽医公共卫生学实验 …… 138
实验四十六 动物性食品中菌落总数的测定 …… 138
实验四十七 动物性食品中大肠菌群的测定 …… 141
实验四十八 动物性食品中沙门氏菌的检验 …… 143
实验四十九 动物性食品致泻大肠埃希氏菌检测 …… 148
实验五十 动物性食品金黄色葡萄球菌检验 …… 152
实验五十一 旋毛虫病肉的检验 …… 155
实验五十二 动物皮毛炭疽检疫 …… 157
实验五十三 动物布鲁氏菌病检疫 …… 159
实验五十四 动物性食品中总汞的测定 …… 166
实验五十五 动物性食品中砷的测定 …… 170
实验五十六 动物性食品中克伦特罗残留量的测定 …… 172

第三部分 课程实习

第八章 动物疫病防治课程实习 …… 179
实验一 鸡传染性法氏囊病的诊治 …… 179
实验二 家禽大肠杆菌病的诊治 …… 182

实验三　高致病性猪繁殖与呼吸综合征疫情处置技术……184
实验四　畜禽完全剖检术及蠕虫标本采集与制作……188
实验五　畜禽细菌性自家灭活疫苗的制备与检验……190
实验六　鸡球虫病的病例复制、诊断与防治……192
附录……198
附录一　常用试剂及其配制……198
附录二　特殊染色法……204
附录三　常用培养基配方……207
附录四　附表……214
参考文献……227

第一部分

实验概述

第一章

预防兽医学实验室学生实验守则

在预防兽医学实验中，操作者经常要接触一些病原微生物与寄生虫，有被感染的危险性。为保证实验效果，避免病原微生物及寄生虫的实验室污染，保证实验操作者的安全，要求必须遵守以下规则：

(1)学生在每次实验课前，认真预习实验内容，明确实验目的与要求，了解实验原理和主要实验过程，做到心中有数，思路清晰。如有疑问，应事先请教指导教师。

(2)请勿把不必要的物品带入实验室，必须要带的书本、文具等应放在远离实验操作台的指定位置，以免污染。进入实验室，必须穿好工作服，离开实验室时脱下反叠带走。

(3)实验室内应保持安静，不得大声喧哗和随便走动。严禁吸烟、进食、饮水，严禁用嘴吸取移液及湿润标签，尽量不要用手触摸头、面部及身体其他暴露部位。实验过程中要小心仔细，严格按操作规程进行，若发现问题，在独立思考、分析原因的基础上找指导教师帮助。

(4)如遇不慎打破菌种管或使有菌(或寄生虫)材料污染皮肤、衣物、桌面等情况，应立即报告指导教师，切勿隐瞒或自行处理。

(5)需培养(或处理)的材料，应标明组别、名称及处理方法，放于教师指定的地点进行培养(或处理)。实验室中的菌种及其他物品，未经教师许可，不得携出室外。

(6)认真观察、分析实验结果，以实事求是的科学态度记录在实验报告中。如实验报告与理论不一致时，应分析原因，培养自己独立思考、分析问题和解决问题的能力。

(7)实验完毕，清理实验用品，物归原处。实验废弃物应放入或倒入指定地点或容器内。吸过菌液(或虫卵)的吸管、毛细滴管等放入消毒缸内；用过的玻片放入装有消毒液的陶瓷(玻璃)缸内，绝不能乱放在桌面上。

(8)离开实验室前，要用肥皂洗手，必要时用消毒液浸泡双手，然后用清水洗净。关好水、电、门、窗后方可离开实验室。

此外，实验时若不慎发生意外事故，应立即报告指导老师，进行紧急处理。皮肤创伤：先除尽异物，用无菌生理盐水洗净，再涂以2%红汞或2%碘酒进行消毒，必要时进行包扎。烧灼伤：涂以无毒的液体石蜡、5%鞣酸或2%苦味酸。化学腐蚀伤：强酸腐蚀应先用大量清水冲洗，再以5%碳酸氢钠溶液洗涤中和；强碱腐蚀伤应先以大量清水冲洗，再以5%醋酸溶液洗涤中和。若眼部受伤,经上述方法处理后,再滴入无菌液体石蜡 1～2 滴。吸入菌液:应立即吐入盛有消毒液的容器内,以大量清水或 3%双氧水漱口,并根据菌种的不同服用相应的抗生素以预防。菌液溅洒桌/地面:应立即用抹布浸消毒液,盖在污染部位,经半小时后再抹去。若菌液、感染阶段的寄生虫等污染手部,应立即将手浸泡于消毒液内 10～20 min,再用肥皂刷洗。

(王桂军)

第二章
预防兽医学常用实验仪器

一、PCR 扩增仪

(一)PCR 扩增仪

聚合酶链反应(polymerase chain reaction,PCR)是 20 世纪 80 年代中期发展起来的体外核酸扩增技术。它具有特异、敏感、产率高、快速、简便、重复性好、易自动化等突出优点;能在一个试管内将所要研究的目的基因或某一 DNA 片段于数小时内扩增至 10 万倍乃至百万倍,使肉眼能直接观察和判断;可从一根毛发、一滴血甚至一个细胞中扩增出足量的 DNA 供分析研究和检测鉴定。过去几天几星期才能做到的事情,用 PCR 几小时便可完成。PCR 技术是生物医学领域中的一项革命性创举和里程碑。

(二)PCR 技术的基本原理

类似于 DNA 的天然复制过程,其特异性依赖于与靶序列两端互补的寡核苷酸引物。PCR 由变性—退火—延伸三个基本反应步骤构成:①模板 DNA 的变性:模板 DNA 经加热至93℃左右一定时间后,模板 DNA 双链或经 PCR 扩增形成的双链 DNA 解离,使之成为单链,以便它与引物结合,为下轮反应做准备;②模板 DNA 与引物的退火(复性):模板 DNA 经加热变性成单链后,温度降至 55℃左右,引物与模板 DNA 单链的互补序列配对结合;③引物的延伸:DNA 模板-引物结合物在 Taq DNA 聚合酶的作用下,以 dNTP 为反应原料,靶序列为模板,按碱基配对与半保留复制原理,合成一条新的与模板 DNA 链互补的半保留复制链,重复循环变性—退火—延伸三过程,就可获得更多的“半保留复制链”,而且这种新链又可成为下次循环的模板。

二、酶标仪

(一)酶标仪

酶联免疫检测仪(酶标仪)是酶联免疫吸附试验的专用仪器,又称微孔板检测器。可简单地分为半自动和全自动两大类,但其工作原理基本上都是一致的,其核心都是一个比色计,即用比色法来进行分析。测定一般要求测试液的最终体积在 250 μL 以下,用一般光电比色计无法完成测试,因此对酶标仪中的光电比色计有特殊要求。光源灯发出的光波经过滤光片或单色器变成一束单色光,进入塑料微孔极中的待测标本,该单色光一部分被标本吸收,另一部分则透过标本照射到光电检测器上。光电检测器将透射过待测标本后强弱不同的光信号转换成相应的电信号,电信号经前置放大、对数放大、模数转换等处理后,送入微处理器进行数据处理,转换成相应的浓度,最后由显示器和打印机输出结果。

(二)酶联免疫吸附剂测定原理

使抗原或抗体结合到某种固相载体表面,并保持其免疫活性。使抗原或抗体与某种酶连接成酶标抗原或抗体,这种酶标抗原或抗体既保留其免疫活性又保留酶的活性。用洗涤的方法使固相载体上形成的抗原抗体复合物与其他物质分开,最后结合在固相载体上的酶量与标本中受检物质的量成一定的比例。加入酶反应的底物后,底物被酶催化变为有色产物,产物的量与标本中受检物质的量直接相关,故可根据颜色反应的深浅进行定性或定量分析。由于酶的催化频率很高,故可极大地放大反应效果,从而使测定方法达到很高的敏感度。

(王桂军)

第三章
常用器皿的准备

预防兽医学实验室内应用的器皿种类甚多，器皿用前必须干燥清洁，而且要绝对无菌。如在配制培养基的过程中，必须使用一些玻璃器皿，如三角瓶、试管、培养皿、烧杯、吸管等，这些器皿在使用前都要根据不同的情况，经过一定的处理，洗刷干净，进行包装、灭菌后，才能使用。因此，从事微生物工作的人员应熟悉和掌握各种器皿用前用后的处理。

一、玻璃器皿的准备

(一)玻璃器皿的清洗

1. 新玻璃器皿

新玻璃器皿含有游离碱，一般先将其浸于2%盐酸溶液中数小时，然后用自来水清洗干净。也可将器皿先用热水浸泡，再用去污粉或肥皂刷洗，最后经过热水洗刷、自来水清洗，待干燥后，灭菌备用。

2. 用过的玻璃器皿

盛有废弃物的试管或三角瓶，因其内含大量微生物，洗刷前应先经过高压蒸汽灭菌。对只带有细菌标本或培养物的试管等玻璃器皿，用过后应立即将其浸于2%来苏儿消毒水中，经24 h后，才可以取出洗刷。

用蜡封口的试管或液体石蜡发酵用瓶，清洗前先将其置于高压蒸汽灭菌器中消毒，然后取出，趁热拔去沾有蜡或油的棉花塞，立即倒去培养污物，再将试管投入温水中，稍加洗刷后浸于5%肥皂水内，煮沸5 min，以去除试管上的油污。也可将倒空的瓶子用汽油浸泡，待油溶解后再刷洗。加过消泡剂的发酵瓶或做过通气培养的大三角瓶，一般先将倒空的瓶子用碱粉或用10%火碱水去掉油污后，再行洗刷。管壁或瓶壁上留有培养物的痕迹，用试管刷难以去除，可用一根粗铁丝把顶端弯曲，捆几层纱布，浸润，蘸一点去污粉，或再蘸少许细沙，擦磨管壁或瓶壁，就可把器壁的痕迹擦掉。

3. 培养皿的清洗

用过的器皿中往往有废弃的培养基，需先经高压蒸汽灭菌或沸水煮沸30 min后，倒掉污物，方可清洗。如果灭菌条件不便，可将皿中培养基刮出来，倒在一起，以便统一处理。洗刷时，先用热水洗一遍，再用洗衣粉或去污粉擦洗，然后用自来水冲洗干净，将平皿全部向下，一个压着一个,扣于洗涤架上或桌子上。

4. 吸管的清洗

吸过菌液的吸管,用完后应放入装有5%石炭酸溶液的高玻璃筒内消毒;未吸过菌液的吸管,用后放入清水中,防止干燥;吸过带油液体的吸管,应先在10%NaOH溶液中浸泡0.5 h,去掉油污,方可清洗。如果吸管经以上处理仍留有污垢,可置于洗液中浸泡1 h,再进行清洗。吸管上端的隔离棉花,可用普通钢针制成的小钩钩出,清洗时,将直径为6~7.5 mm的橡胶管一端连在自来水龙头上,另一端套在吸管的低端,放水冲洗即可。洗净的吸管顶端向下,下面垫一块干净的厚布或几层纱布,使吸管的水分能迅速被吸干。

附:洗液配制方法

浓洗液配方:重铬酸钾40 g,浓硫酸800 mL,水160 mL。

稀洗液配方:重铬酸钾50 g,浓硫酸100 mL,水850 mL。

配制方法:将重铬酸钾溶于水中,冷却后,边搅拌边将浓硫酸缓缓加入溶液中。

5. 玻片的清洗

用过的玻片浸泡于2%来苏儿或5%石炭酸溶液中消毒,48 h后取出,置肥皂水中煮沸,洗刷后,再用清水冲洗干净,拭干保存,或浸泡95%酒精中以备用。

(二)器皿的包扎

1. 试管和三角瓶

灭菌前,试管口和瓶口均需先塞好棉花塞,不可塞得过紧,也不能过松,和管壁、瓶壁紧贴的曲面不可出现裂纹。待棉塞塞好后,再在棉塞的瓶口外面包一层牛皮纸,用线绳扎好,置于烘箱中灭菌备用。

2. 培养皿

洗净的平皿通常用纸包装,每包10~12套。或将平皿放置一个特制的铁皮筒中,加盖,置烘箱中灭菌备用。

3. 吸管

包扎前吸管的粗头应先塞少许棉花,以免应用时因不慎而将菌液吸入口中,或将口内物吹入培养液中。塞入的棉花应与吸管口保持5 mm左右的距离,若距离太近,容易被唾液浸湿,造成通气不良。一般这段棉花全长不得短于10 mm。塞好棉花的吸管要进行包装。将纸裁为宽5~8 cm的长纸条,先把试管的尖端放在纸条的一端,呈45°角折叠纸条,包住尖端,一手捏住管身,一手将吸管压紧在桌面上,向前滚动,以螺旋式包扎,最后将剩余的纸条打结,灭菌备用。

(三)器皿的用前消毒

普通玻璃器皿在用前应以干热灭菌法(140~160℃,1~2 h)灭菌,也可用高压蒸汽灭菌法(121.3℃,15~20 min)灭菌。

二、塑料或乳胶制品的准备

1. 聚乙烯板的清洗

用过的聚乙烯板应及时浸泡于洗洁精温水中,用纱布擦洗。切勿用硬物擦拭,否则易留下划痕。再用清水冲洗干净,晾干备用。如果经以上处理仍留有污垢,可再置于洗液中浸泡过夜后，再进行清洗。其他的塑料或乳胶制品也可用同样的方法清洗。Tip头可在洗液中浸泡过夜后，用清水冲洗，也可置超声洗涤机中处理后清洗。

2. 聚乙烯板的消毒

聚乙烯板多用紫外灯照射方法消毒，其他的塑料或乳胶制品如Tip头、乳胶塞和乳胶滴头等可用高压蒸汽灭菌法灭菌。

三、注意事项

(1)使用洗液浸泡器皿或捞取器皿时动作要轻，不要溅到衣服、皮肤上，否则会腐蚀衣物和损伤皮肤。

(2)有些不耐热的塑料制品不能用高压蒸汽灭菌法灭菌，否则会损坏物品。所有的塑料或乳胶制品均不可用干热灭菌法灭菌。

（王桂军，潘玲）

第二部分

基本实验

第四章
兽医微生物学与免疫学实验

实验一　显微镜油镜的使用与细菌形态观察

一、实验目的与要求

1. 了解普通光学显微镜的结构、原理、维护及保养方法。
2. 学会使用普通光学显微镜油镜观察细菌的标本片。

二、实验原理

将被检物体置于显微镜聚光器与物镜之间，平行的光线自反光镜折入聚光器，光线通过聚光器穿过透明的物体进入物镜后，即在目镜的焦点平面（光阑部位或附近）形成一个初生倒置的实像。从初生倒置实像射过来的光线，经过目镜的接目透镜而达到眼球。这时的光线已变成平行光或接近平行光，再透过眼球的水晶体时，便在视网膜后形成一个直立的实像。

三、实验器材

1. 器械

生物显微镜、电视视频投影设备、多媒体设备。

2. 材料

大肠杆菌、芽孢杆菌和葡萄球菌等细菌标本片，香柏油、擦镜纸、二甲苯（或乙醚/乙醇混合液）。

四、实验内容与方法

1. 显微镜油镜的使用与保护

显微镜的种类很多，有普通显微镜、暗视野显微镜和相差显微镜等，其中普通光学显微镜是最常用的一种,是微生物学研究者不可缺少的工具之一。观察细菌的形态与结构时,最常用的是油镜。

(1)显微镜结构　显微镜的机械部分包括镜座、镜柱、镜臂、倾斜关节、载物台、镜筒、物镜转换盘、调节轮(粗调节和细调节);光学系统主要包括物镜、聚光器、光阑、反光镜和光源等。物镜统称镜头,根据物镜与标本之间介质的性质不同可分为:干燥系物镜和油浸系物镜两种。干燥系物镜和标本之间的介质是空气(折光率 $n=1$),包括低倍镜和高倍镜。油浸系物镜和标本之间介质是一种和玻璃折光率($n=1.52$)相近的香柏油($n=1.515$),这种物镜也称油镜。油镜的镜头上一般标有"HI"或"OI"字样,镜头下缘刻有一个黑圈。使用油镜时需将镜头浸在香柏油中,这是为了消除光由一种介质进入另一种介质时发生散射,来提高视野的明亮度。

(2)显微镜使用方法

①显微镜放置位置　显微镜应放在身体正前方,镜臂靠近身体一侧,镜身与桌边相距 10 cm 左右。

②选择物镜　转动物镜转换器,将低倍镜转动到和光路对准的位置。

③调节光源　打开光源,通过底座上的光强度滑动开关来调节光的强度。调节集光器和物镜数值口径相一致。取下目镜,直接向镜筒内观察,先将可见光阑缩到最小,再慢慢打开,使集光器的孔径与视野恰好一样大。其目的是使如射光所展开的角度正好与物镜的镜口角相一致,以充分发挥物镜的分辨力,并把超过物镜所能接受的多余光挡掉,否则会发生干扰,影响清晰度。在实际操作中,观察者往往只根据视野亮度和标本明暗对比度来调节可见光阑的大小,而不考虑集光器与所用物镜的数值口径的一致。只要能达到较好的效果,这种调节方法也是可取的,但对使用显微镜的工作者来说,必须了解这一操作的目的和原理,只有这样,当需要采用这一正规操作时,才能运用自如。

④放置标本　降低载物台,将标本片放在镜台上,用载玻片夹夹牢,然后提升载物台,使其物镜下端接近标本。

⑤调焦　双眼移向目镜,提升粗调节螺旋,当发现模糊的物像时,可以调节细螺旋(微调),使物像清晰为止。如发现视野太亮,切勿随意变动可见光阑,但可调节光的强度,或上下调节集光器。

⑥观察　左眼观察显微镜,右眼睁开,同时绘图。用圆规在记录本上画直径为 4 cm 的圆,再在圆内用铅笔绘出所观察的物像,并在圆的下面标注放大倍数,一般以"物镜的放大倍数×目镜的放大倍数"表示。

低倍镜观察后,转动物镜转换器,换用高倍镜观察,这时只用轻轻调节微调就可观察到清晰的物像,进行观察和绘图。

转换油镜观察时,首先加一滴香柏油于细菌染色片上,下降镜筒,将油镜浸入香柏油中(操作时应从侧面仔细观察,避免镜头撞击载片),其调焦与观察同上。

⑦用毕后的处理　降下载物台,取下标本;用擦镜纸擦目镜和物镜,并用柔软的绸布擦拭机械部分;油镜使用完毕后,先用擦镜纸揩去香柏油,再用另一张蘸有少许二甲苯的擦镜纸去除残留的香柏油之后,用干净的擦镜纸揩干;最后将物镜转成"八"字形,再将载物台提升到最高处。

(3)显微镜的保养

①使用显微镜时必须严格按操作规程进行。

②显微镜的零部件不得随意拆卸，也不能在显微镜之间随意调换镜头或其他零部件。不能随便把目镜头从镜筒取出，以免落入灰尘。

③显微镜应放在通风干燥的地方，避免阳光直射或暴晒，通常用玻璃或红、黑两层布罩罩起来，放入箱内。为避免受潮，在箱内放有用小袋装的干燥剂，如氯化钙或硅胶，以便吸收水分。要经常更换干燥剂。

④显微镜要避免与酸、碱和易挥发、具腐蚀性的化学试剂等放在一起。

⑤接目镜和接物镜必须保持清洁，如有灰尘应该用擦镜纸揩去，不得用布或其他物品擦拭。

⑥用油镜观察后，应先用擦镜纸将镜头上的油擦去，再用蘸有少许二甲苯的擦镜纸擦2～3次，最后用干净的擦镜纸将二甲苯擦去，二甲苯用量不能太多，这是因为物镜的几块透镜是用树胶黏合在一起的，一旦树胶溶解，透镜将脱落。

⑦显微镜应防止震动和暴力，否则会造成光学系统光的偏差而影响精度，从箱内取出或放入显微镜时，应一手提镜臂，另一手托镜座，防止目镜从镜筒中滑出。

⑧粗、细调节螺旋和标本推进器等机械系统要灵活，如不灵活可在滑动部分滴加少许润滑油。

⑨显微镜用毕，需将物镜转成“八”字形，勿使物镜镜头与集光器相对放置，同时将物镜降至载物台或将载物台提升以缩短物镜和载物台之间的距离，避免因镜筒脱落或操作不小心，损坏物镜和集光器。

⑪显微镜观察时以左眼为宜，但两眼必须同时睁开，否则易产生疲劳。一般左眼观察，右眼睁开，同时绘图。

⑪镜检时，首先提升载物台或降低物镜，使载玻片标本和物镜接近，之后将眼睛移至目镜观察，此时只允许降低载物台或提升物镜，以免物镜与载片相撞。为了快速找到物像，先用低倍镜观察，因为低倍镜视野大，易发现目的物和找到物像，再转换为高倍镜或油镜，由于安装在物镜转换器上的多个物镜被设计成共焦点，因此物镜转换只要使用微调就能获得清晰图像。但此时需将集光器上升或开大光圈，以获得合适光度。

2. 细菌的形态观察

细菌的形态学检查是鉴定细菌的重要手段之一。细菌种类繁多，形态各异。基本形态大体上可以分为杆菌、球菌和螺菌三大类。通过一些方法，对细菌进行一系列染色处理，然后在适宜的显微镜下进行观察，一般可根据其表现出的不同特性做出初步鉴定。

形态观察可分为不染色标本的检查和染色标本的检查两大类。

(1)不染色标本的检查　常用的有暗视野显微镜检查法、相差显微镜检查法、压滴标本法和悬滴标本法等。

(2)染色标本的检查　常用不同的制片方法将细菌样品制成标本片。如细菌培养物常用涂片法，病变组织肝脏、脾脏、肌肉、脑等常用触片法，而血液、黏液等常用推片法。对标本片采用不同的染色方法进行染色后显微镜下观察。

生物绘图法在进行细菌和真菌形态、结构观察时，常需绘图。所绘图形要能够正确地反映出观察材料的形态、结构特征。绘图注意以下几个方面：

①绘图要用黑色硬铅笔或有色铅笔，不要用软铅笔，一般用2H铅笔为宜。

②图的大小及在纸上分布的位置要适当。画图时先用轻淡上点或轻线条画出轮廓，再依

照轮廓一笔画出与物像相符的线条,线条要清晰,比例要正确。

③绘出的图要与实物相符,观察时要把混杂物、破损、重叠等现象区别清楚,不要把这些现象绘上。

④图的阴暗及浓淡,可用细点表示,不要采用涂抹方法。点细点时,要点成圆点,不要点成小撇。整个图要美观、整洁、特别注意其准确性与科学性。

五、作业与思考题

1. 使用油镜观察标本时为何要加香柏油?
2. 简述油镜使用的注意事项。
3. 绘出你所观察到的细菌形态图。

实验二　细菌涂片的制备与染色法

一、实验目的与要求

1. 掌握单染色法的操作技术;了解革兰氏染色的原理,并掌握革兰氏染色法的操作技术。
2. 掌握油镜的使用方法;了解细菌的个体形态和菌落培养特征。

二、实验原理

细菌个体微小,观察个体形态时,一般必须先经过染色。微生物的染色方法很多,各种方法所应用的染色剂也不尽相同,但是一般染色都要通过制片及一套染色操作过程。

三、实验器材

1. 器械

生物显微镜、酒精灯、接种环、玻璃缸、染色架、洗瓶、载玻片等。

2. 材料

菌种:大肠杆菌、葡萄球菌的培养物。染色液:草酸铵结晶紫染色液、卢固氏碘液、95%乙醇和番红染色液(配方见附录一)。香柏油、吸水纸本、纱布、擦镜纸、二甲苯(或乙醚/乙醇混合液)。

四、实验内容与方法

1. 制片与染色的一般操作程序

(1)制片　在干净的载玻片(平时放在95%酒精中)上滴一滴蒸馏水或无菌水,用接种工具进行无菌操作,挑取培养物少许,置载玻片的水滴中与水混合做成悬液,并涂成直径约1 cm

的薄层。为避免因细菌数过多,聚成菌团而不利于观察个体形态,可在载玻片一端加一滴水,从已涂布的菌液中再取一环于此水滴中进行稀释,涂布成薄层。若检查材料为液体培养物或自固体培养物中洗下制备的菌液,则可直接涂布于载玻片上,也可根据菌体浓度进行适当稀释后涂布于载玻片上。涂布要均匀,细菌个体间少重叠。制片是染色的前提,如不注意菌体涂布的均匀度,会造成染料的大面积堆积,而使观察结果不理想。

(2)干燥　涂片最好使其在室温下自然干燥,有时为了使之干燥得快些,可将标本面向上,手持载玻片一端的两边,小心地在酒精灯火焰高处微微加热,使水分蒸发,但切勿靠火焰太近或加热时间过长,以防标本烤焦而使菌体变形。

(3)固定　标本干燥后即进行固定,固定的目的有三个:一是杀死微生物,固定细胞结构;二是保证菌体能更牢固地黏附在载玻片上,防止标本被水洗掉;三是改变染料对细胞的通透性,因为死细胞的原生质比活细胞的原生质易于染色。

常用物理学固定——火焰固定法,即手执载玻片的一端(涂有标本的远端),标本向上,在酒精灯火焰外层尽快地来回通过,共 2～3 s,并不时以载玻片的加热面触及皮肤,不觉过烫为宜(不超过 60℃),待冷却后,进行染色。火焰固定法在微生物实验中虽然应用较为普遍,但是在研究微生物细胞结构时不适用,而多采用化学固定法如丙酮、甲醇等。

(4)染色　标本固定后,选择合适的染色剂,视观察的目的采用相应的染色程序。染色时间平均在 1～3 min,染色过程中,整个标本应该全部浸在染液中。

(5)水洗　染色到时后,用细小的水流从标本表面把多余的染料冲洗干净,只留下均匀吸附的菌体上的染料,以获得清晰的视野画面。

(6)干燥　着色标本洗净后,将标本晾干,或用吸水纸把多余的水吸去,然后微热烘干,以备显微镜观察用。

2. 染色方法

微生物的染色方法一般分为单染色法、复染色法或负染色法三种。前者用一种染料使微生物着色,但不能鉴别微生物;后两种染色方法是用两种或两种以上染料,有协助鉴别微生物的作用,故亦称鉴别染色法。

(1)单染色法　即用一种染色剂对标本片进行染色。该法简便易行,但仅能显示细胞的外部形态,而不能辨别其内部结构,适用于微生物的形态观察。在一般情况下,细菌菌体多带负电荷,易于和带正电荷的碱性染料结合而被染色。因此常用碱性染料如美蓝、孔雀绿、碱性复红、结晶紫和中性红等进行单染色。若使用酸性染料,则多用刚果红、伊红、藻红和酸性品红等。使用酸性染料时,必须降低染色液的 pH,使其呈强酸性(低于菌体的等电点),让菌体带正电荷,才易于被酸性染料染色。

(2)复染色法　即用两种或两种以上染料对标本片进行染色。常用的复染色法有革兰氏染色法、抗酸性染色法及特殊染色法。因为细菌除了具有细胞壁、细胞膜、原生质和核等构造外,某些细菌还具有荚膜、芽孢、鞭毛和异染色颗粒等结构,这些结构不能被一般染色方法着色,必须用特殊的方法才能着色。

(3)负染色法　一种特殊的染色方法,是指背景着色而细菌本身不着色。一般使用酸性染料,如刚果红或水溶性苯胺黑。固定染色涂片可浸于酸性酒精中,因刚果红经酸性酒精处理后,涂片的背景从红色(盐类的颜色)转变为蓝色(刚果红游离酸的颜色),这样可使对比更为鲜明。负染色时不宜用强电介质作为培养成分(特别是酸类),因为这类物质能使胶体状态的染料絮集,将细菌包埋在大团沉淀之中,不易观察。负染色法除用于观察细胞形态外,还可区别死菌与活菌。因死菌可被酸性染料着色,部分自溶的细菌也能轻度染上酸性染料,而活菌却不着色。

3. 革兰氏染色法

革兰氏染色法是细菌学中广泛使用的一种重要的鉴别染色法。1884 年由丹麦医师 Gram 创立。细菌先经碱性染料结晶紫染色,再经碘液媒染(以增加染料与细胞的亲和力)后,用酒精或丙酮脱色,再用复染色剂染色。不被脱色而保持原染料颜色者判为革兰氏阳性菌(G^+),被脱色而后又被染上复染剂的颜色者判为革兰氏阴性菌(G^-)。此法可将细菌分成两大类。

革兰氏染色的机理:主要是利用两类细菌的细胞壁成分和结构不同。革兰氏阴性菌的细胞壁中含有较多的类脂质,而肽聚糖的含量较少。当用乙醇或丙酮脱色时,类脂质被溶解,增加了细胞壁孔隙,使初染后的结晶紫和碘的复合物易于洗脱出,结果细胞被脱色,经复染后,又染上复染剂的颜色。而革兰氏阳性菌细胞壁中肽聚糖的含量较多且交联度大,类脂质含量少,经乙醇或丙酮脱色后,肽聚糖的孔隙变小,使初染后的结晶紫和碘的复合物不易于洗脱出,因此细胞仍保留初染时的颜色。

4. 染色步骤

(1)简单染色法　单染色法步骤:涂片→ 固定→ 染色→ 水洗→ 干燥。

具体操作程序:取一滴草酸铵结晶紫(或其他染色液)滴于涂片的菌膜上,染色 1～3 min,然后水洗、干燥,以油镜观察并绘图。

(2)革兰氏染色法

①涂片:同“单染色法”。

②固定:按常规方法加热固定。

③染色:用草酸铵结晶紫染色 1～3 min 后水洗。

④媒染:加卢固氏碘液作用 1～3 min 后水洗。

⑤脱色:用 95%乙醇脱色直至滴加的酒精不呈紫色为止。一般脱色时间约 30 s。脱色时可轻轻摇动载玻片使乙醇分布均匀。这一步是革兰氏染色法的关键,必须严格掌握好。如果脱色过度则会把阳性菌染为阴性菌;如果脱色不够,则会把阴性菌染为阳性菌,水洗。

⑥复染:加 0.5%番红染色液染色 1～3 min 后,用自来水冲洗,干燥。

⑦油镜镜检观察,描述并绘制菌体个体形态。

5. 染色结果

(1)单染　草酸铵结晶紫染色液染色时,染色迅速,着色深,菌体呈紫色。如果选用石炭酸复红染色液,菌体着色快,染色时间短,菌体呈红色。如果选用美蓝染色液,菌体着色慢,染色时间长,效果清晰,菌体呈蓝色。

(2)革兰氏染色　葡萄球菌染成革兰氏阳性 G^+,但大肠杆菌染成革兰氏阴性 G^-。各菌体形态需绘图说明。

6. 实验注意事项

①载玻片要洁净无油,否则菌液涂不开,且固定效果不好,水洗时易被水冲掉。

②菌量宜少,涂片宜薄,过厚则不易观察。

③当要确证一株未知菌的革兰氏染色阳性或阴性时,必须有已知细菌做对照。

④在染色过程中不可使染色液干燥。不宜使用放置时间过久的碘液。选用适龄培养物,

以培养 18～24 h 为宜。因为细菌菌龄过长，细菌的死亡或自溶也常使革兰氏阳性菌呈阴性反应。

五、作业与思考题

1. 在你所做的革兰氏染色的涂片中，大肠杆菌与葡萄球菌各染成何种颜色？它们是革兰氏阳性菌还是革兰氏阴性菌？绘出它们的形态图。
2. 进行涂片制备时为什么涂片不能过于浓厚？
3. 革兰氏染色成败的关键一步是什么？
4. 涂片染色后为什么要完全干燥后才能用油镜观察？

实验三　培养基配制

一、实验目的与要求

1. 掌握培养基制备的原则和要求。
2. 掌握普通营养培养基的配制方法与步骤。
3. 了解天然培养基、合成培养基和半合成培养基的配制原理。

二、实验原理

培养基是指用人工方法将多种物质按照各类微生物生长的需要而合成的一种混合营养料，一般用以分离和培养菌类。常用的培养基有基础培养基、增菌培养基、选择培养基、鉴别培养基和厌氧培养基。在制作培养基时应掌握如下原则和要求：培养基必须含有细菌生长所需的营养物质；必须具有相当的温度，因为细菌主要靠液体的扩散和渗透而摄取营养，这点不是在培养基制备时来满足，而是在培养时置于恒温箱中；必须彻底灭菌，不得含有任何活细菌；培养基的材料和盛培养基的容器上没有抑制细菌生长的物质；所制培养基应该是透明的，以便观察细菌生长性状和其他代谢活动所产生的变化；培养基的酸碱度应该符合细菌的生长要求，多数细菌生长适宜 pH 范围是弱碱性（pH 7.2～7.6）。

三、实验器材

1. 器械

高压蒸汽灭菌锅、电炉、糖度计、恒温箱、台秤、量筒、试管、三角瓶或盐水瓶、搪瓷杯、玻棒、分装架。

2. 材料

（1）药品　蛋白胨，牛肉膏，NaCl，琼脂，可溶性淀粉，硝酸钾，硫酸镁，硫酸铁，麦芽。

（2）试剂　6 mol/L HCl，10%NaOH，pH 广泛试纸。

(3)其他　过滤纱布、棉绳等。

四、实验内容与方法

1. 培养基的制备过程

培养基的制备过程可简单描述为:配料→溶解→校正 pH→加凝固剂→融化→过滤→分装包扎→灭菌→无菌检查。

(1)溶解配料　制备培养基时,先在烧杯中放入所需水量的一半,按培养基配方称取各种材料,依次加入水中,逐个溶解,最后加足水量。在加料过程中,各成分溶解的次序应该是先加入缓冲化合物,然后是主要元素、微量元素,最后加维生素等。

(2)调 pH　配料溶解完后,并冷却到室温时,用精密 pH 试纸或酸度计测试溶液的 pH,然后根据要求的 pH 确定需加酸或碱。当加入酸或碱时,要缓慢、少量,多加搅拌,防止局部过碱或过酸而破坏营养成分。常用 10%NaOH 或 6 mol/L HCl 调整 pH。

(3)加凝固剂　配制固体培养基时,需加入凝固剂(如琼脂、明胶等),若以琼脂为凝固剂时,一般先将琼脂加入煮沸的液体培养基中,不断搅拌至融化为止,最后补足所蒸发的水分。

(4)过滤　在二层纱布中间夹入脱脂棉,趁热过滤。

(5)分装　按照试验要求进行分装,装入试管中的固体培养基不宜超过试管高度的 1/5,装入三角瓶中的培养基以烧瓶总体积的 1/2 为限。在分装过程中,应注意勿使培养基沾污管口、瓶口,以免弄湿棉塞,而造成污染。

(6)包扎　在分装好的试管、三角瓶上加盖棉塞,若需通气培养时,可用 6～8 层纱布代替棉塞,然后于其上包一层油纸。

(7)灭菌　根据要求,将包扎好的培养基灭菌。灭菌完后,斜面试管摆放时,斜面的长度以不得接触试管塞为适宜。

(8)无菌检查　取经过灭菌的斜面培养基或液体培养基 2～3 支,放入 37℃培养箱中 24 h,做无菌检查。若无菌生长为灭菌合格。

2. 普通营养培养基的制备

(1)原理　半合成培养基是在天然培养基中加入适量的化学药品而制成。普通肉汤培养基以牛肉膏、蛋白胨两种天然成分提供微生物的碳源、氮源和维生素等,而以 NaCl 来供给微生物生长所需的矿物质元素之一的钠离子。此培养基用于一般细菌的培养。

(2)方法与步骤　先取所需水量的一半放于烧杯中,然后称取蛋白胨加入水中,加热溶解。取一载玻片放于台秤上,将牛肉膏放于其上,称取需量,然后把牛肉膏和载玻片一同放入烧杯中,加热溶解。称取氯化钠,加入上述溶液中,补足水量。待溶液冷至室温时,测 pH,用 NaOH 调 pH 至 7.6～7.8(加热杀菌以后,pH 下降 0.2～0.3)。做固体培养基时,加 2%琼脂,加热溶解,补足蒸发水量。121℃灭菌 15～20 min。

3. 高氏号培养基的制备

(1)原理　合成培养基是由已知化学成分及数量的化学药品配制而成。高氏号是一种合成培养基,适用于多数放线菌,孢子生长良好,宜作保藏菌种用。

(2)方法与步骤　依次称取磷酸氢二钾、可溶性淀粉、硝酸钾、硫酸镁、硫酸铁和氯化钠所需量,分别加入已准备好的蒸馏水中,顺序溶解,最后补足水分。待溶液冷至室温时,用 HCl 或 NaOH 调 pH 至 5.4。加入 2%琼脂,加热熔化,补足蒸发水。分装,包扎。高压灭菌

(121℃)20 min。

(3)无菌检查 将灭完菌的培养基放于 28～30℃的培养箱中培养 24～48 h,若无杂菌长出,即为合格的培养基。

4. 麦芽汁培养基的制备

(1)原理 麦芽汁由大麦经发芽后加水糖化制得。大麦中含有淀粉、蛋白质、脂类及多种维生素等。经发芽,产生多种分解酶,然后糖化,使营养成分分解成微生物可以直接利用的小分子物质,此培养基适合培养酵母菌和霉菌,属天然培养基。

(2)方法与步骤 取麦芽烘干,粉碎。称取一定量的麦芽粉,加 4 倍量的 60℃的自来水,放于 55～60℃的恒温箱中保温糖化 4～6 h 并不断搅拌。取糖化液和碘液反应,碘呈色反应为无色,证明糖化完成。将糖化液用纱布过滤,去残渣,收回滤液并煮沸,再用滤布或脱脂棉过滤一次,即得澄清的麦芽汁。用糖度计测量原麦芽汁的糖度,一般为 15～18 波美度,然后加水稀释至糖度为 10～12 波美度,即得麦芽汁液体培养基,pH 自然。固体麦芽培养基需加 2%琼脂,煮沸溶解,分装,灭菌。高压蒸汽灭菌(121℃)15～20 min。将灭菌后的麦芽汁培养基放于 28～30℃的恒温箱中,培养 24～48 h,观察无杂菌长出,即为合格的培养基。

附:培养基的配方

(1)普通营养培养基配方 0.3%～0.5%牛肉膏,1%蛋白胨,0.5%NaCl,pH 7.2,固体时加 2%琼脂。

(2)高氏培养基配方 2%可溶性淀粉,0.2%硝酸钾,0.05%硫酸镁,0.05%氯化钠,0.001%硫酸铁,蒸馏水,2%琼脂。

(3)麦芽汁培养基配方 10～12 波美度麦芽汁。

五、作业与思考题

1. 叙述培养基制备的一般过程及要点。
2. 培养基配好后为什么必须立即灭菌?如何检查灭菌后的培养基是无菌的?
3. 何谓天然培养基?何谓合成培养基?举例说明。

实验四 热力消毒与灭菌法

一、实验目的与要求

1. 了解消毒与灭菌概念,以及两者之间的差别。
2. 掌握火焰灭菌、干热灭菌和高压蒸汽灭菌操作过程与应用。
3. 掌握干烤箱、高压蒸汽灭菌锅的使用注意事项。

二、实验原理

灭菌是应用物理或化学的方法杀死物品上或环境中所有微生物。灭菌后的物品即处于无菌状态。消毒是应用物理或化学的方法杀死物体上绝大部分微生物(特别是病原微生物)。物品经消毒处理后,虽仍有少数微生物未被杀死,但已不致引起有害作用,故消毒实际上是局部灭菌。在微生物实验、生产和研究工作中,需要进行纯培养,要求不能有任何杂菌。因此,对所用器材、培养基都需要进行严格的灭菌,工作场所也需进行消毒,才能保证工作顺利进行。高温可以使细胞原生质变性而失去生命能力,因此一般采用加热的办法进行灭菌和消毒。紫外线有杀菌作用,常用于工作室的空气消毒。许多化学药剂对细菌有毒害和致死作用,也常用作灭菌及消毒。本实验只阐明加热灭菌方法。

三、实验器材

1. 器械

干燥箱、高压蒸汽灭菌锅、水浴锅、恒温培养箱等。

2. 材料

酒精灯、肉汤培养基、蜡笔、菌种,需要灭菌的物品如包好的试管和平皿,配制好的培养基或生理盐水等。

四、实验内容与方法

1. 煮沸消毒试验

取肉汤培养基管 4 支,分别标以 1、2、3、4 号。1、2 号管接种大肠杆菌,3 号管接种枯草杆菌,4 号管不接种细菌作对照。将 1、3 号管放入水浴锅内煮沸 5～10 min,然后将 4 支管放入 37℃温箱中培养 24 h,观察结果。

2. 火焰灭菌

直接用火焰烧灼灭菌,迅速彻底。对于接种环、接种针或其他金属用具,可直接在酒精灯火焰上烧至红热进行灭菌,或用酒精棉球擦拭。此外,在接种过程中,试管或三角瓶口,也采用火焰灭菌。

3. 干热灭菌

通过使用干燥热空气(160℃)杀灭细菌的方法称为干热灭菌。玻璃器皿(如吸管及培养皿等)、金属用具等,凡不适于用其他方法灭菌而又耐高温的物品都可用此法灭菌。但培养基、橡胶制品、塑料制品等都不能用干热灭菌。

干热灭菌的方式,一般是把待灭菌的物品包装就绪后,放入电烘箱中烘烤,即加热到 140～160℃,维持 1～2 h。玻璃器皿如培养皿、吸管等在灭菌前应洗净、晾干(注意一定要干燥,如有水滴,灭菌时易炸裂!)并包装停当。将包装的吸管和培养皿进行干热灭菌。

使用电烘箱干热灭菌时应注意以下问题:

(1)灭菌时烘箱内物品一般不要超过总容量的 2/3,灭菌物之间应留有一定的空隙。

(2)灭菌物不能直接放在烘箱的底板上,即使需要放得很低,也要用铁丝架起。灭菌物的包装物,如纸、棉花或纱布等,不要接触到烘箱内壁的铁板,因为铁板温度一般高于箱内温度

(温度计所指示的温度),容易烘焦着火。

(3)升温或灭菌物质有水分需要迅速蒸发时,可打开进气孔和排气孔,温度达到所需温度(如 165℃)后,就要将进气孔和排气孔关闭,使箱内温度一致。

(4)灭菌温度以控制在 165℃保持 1 h 为宜。超过 170℃,包装纸就将变黄;超过 180℃,纸或棉花等就会烤焦甚至燃烧。如因不慎或其他原因导致烘箱内发生纸或棉花烤焦或燃烧的事故时,应先关闭电源,将进气孔、排气孔关闭,令其自行降温到 60℃以下时,才能打开箱门进行处理。切勿在未切断电源前打开箱门或排气孔,以免促进燃烧造成更大事故。

(5)正常情况下,灭菌完毕,使其自然降温到 60℃以后,打开排气孔促使降温,降到 50℃以下时(应视室温而定)再打开箱门取出灭菌物,以免骤然降温使玻璃器具爆破。

4. 高温蒸汽灭菌

高压蒸汽灭菌是微生物灭菌技术措施中应用最广、效果最好的湿热灭菌方法。

灭菌原理 一般微生物的营养细胞在水中煮沸后即被杀死,但细菌的芽孢有较强的抗热性,开水中煮沸 10 min,甚至 1～2 h,也不能完全杀死。有效的、彻底的灭菌则需要更高的温度并要求能在较短时间内达到灭菌的目的。

高压蒸汽的温度随压力的增加而提高,即压力越大、温度越高的原理,高压蒸汽灭菌是在密闭的高压蒸汽灭菌器(或称高压蒸汽灭菌锅)中进行的。在此密闭容器中,加热使灭菌器内的水产生蒸汽,驱除器内的空气后,使蒸汽不能溢出,这样就增加了灭菌器中的压力。水的沸点和蒸汽的温度随之上升,因而能获得比 100℃更高的蒸汽温度,用来进行有效的灭菌。一般将灭菌器中压力提升一个气压(即 15 lb/寸^2 或 1.05 kg/cm^2),灭菌 20～30 min,此时的温度是 121.5℃,则可达到完全灭菌的要求。

在使用高压蒸汽灭菌器进行灭菌时,灭菌器内冷空气的排除是否完全极为重要。因为空气的膨胀压大于水蒸气的膨胀压。所以当水蒸气中含有空气时,在同一温度下所达到的压力高于不含空气的水蒸气压力。即在同一压力下的实际温度,含空气的蒸汽低于饱和蒸汽。表 4-1 中所列为高压蒸汽灭菌器中温度与压力的关系。

表 4-1 高压蒸汽灭菌器中温度与压力的关系

lb/寸^2	kg/cm^2	高压蒸汽灭菌器中的温度/℃	
		排出空气	未排出空气
5	0.35	109.0	72
10	0.70	115.5	90
15	1.05	121.5	100
20	1.41	126.5	109
25	1.76	131.5	115
30	2.09	134.6	121

由表 4-1 可以看出,灭菌器中如不将空气排除干净,当压力升高到 1.05 kg/cm^2 时,其实际温度只达 100℃,达不到灭菌的目的。在空气完全排除的情况下,一般培养基可在 1.05 kg/cm^2 时灭菌 15～30 min 即可。但对一些体积较大或蒸汽不易穿透的灭菌物,如木炭、草灰、土壤、固体曲料等,则应适当延长灭菌时间,或将压力稍加提高,保证灭菌效果。

使用高压蒸汽灭菌时应注意以下问题:

(1)灭菌前先检查锅内各部件是否正常,尤其是压力表是否灵敏。锅内水位是否合适,一般要求超过加热器的隔板以上。

(2)灭菌物品不要放置的过于拥挤,留有一定空隙利于热蒸汽流通。高压蒸汽锅盖盖时要将垫圈、锅盖放置平稳,然后对称拧紧盖上的螺丝,以免加压时锅盖漏气。

(3)插上电源通电待锅内水沸后,先要排除锅内冷空气,待排气孔排出气体呈直线状喷出时,关闭排气阀,使锅内压力上升压力表上指针达所需温度时,断电源并开始记录时间,使温度维持 15～20 min,关闭电源。灭菌时,压力一般不要超过 125℃,以免温度过高。

(4)灭菌完毕后,要待压力表指针降到零以后才能打开锅盖。

五、作业与思考题

1. 为什么高压蒸汽灭菌比干热灭菌需要的温度低而时间短?
2. 为什么高压蒸汽灭菌必须排除锅内的冷空气?

实验五　细菌的分离与移植

一、实验目的与要求

1. 掌握无菌操作的概念和基本操作技术。
2. 掌握细菌平板划线分离培养的基本要领和方法。
3. 掌握细菌移植的基本要领和方法。

二、实验原理

在细菌学诊断中,分离培养是不可缺少的一环。分离的目的主要是在含多种细菌的病料或培养物中挑选出某种细菌。分离是纯化的前提,分离的成败主要是获得单一菌落。移植的目的主要是将已纯化的细菌进行传代培养或扩大培养,常常又称为接种。在分离移植时应注意选择适合于所分离移植细菌生长的培养基、培养温度、气体条件等。同时应严格按无菌操作程序进行实验,并做好标记。

微生物的接种技术是微生物学研究中的一项最基本的操作技术。根据不同的目的可采用不同的接种方法,如斜面接种、液体接种、平板接种、穿刺接种等。接种方法不同,常有不同的接种工具,如接种针、接种钩、滴管、移液管、涂布器等。

三、实验器材

1. 器械

恒温培养箱,酒精灯、接种棒、记号笔、试管架等。

2. 材料

(1)菌种　大肠杆菌斜面、大肠杆菌与金黄色葡萄球菌混合培养物。

(2)培养基　普通营养肉汤、普通营养琼脂斜面、普通营养琼脂平板。

四、实验内容与方法

1. 细菌的移植

(1)常用微生物接种、分离工具及制备

①接种针、接种环和接种钩　通常称为白金耳。最早是用白金制作,因此价格昂贵,现多用镍镉合金丝制得。接种针:长度为 8 cm,呈直线状,固定在长约 20 cm 的金属柄上,多用于固体培养基的穿刺接种。接种环:在接种针的末端,用镊子卷成一直径 2 mm 的密封圆圈,常用于细菌和酵母菌的斜面、平板等的接种。接种钩:将接种针的末端弯成一个约 3 mm 长的直角,即成接种钩。接种钩的针丝通常较粗、较硬,多用于霉菌和放线菌的接种。

②涂布器　用直径 3～4 mm、长 20 cm 的普通玻璃棒(或不锈钢丝),在火焰上将棒的一端弯成长约 3 cm 的等边三角形,最后将该平面与柄之间弯成 140°角,即成涂布器。用于涂布的一边要平滑,否则涂布不均。涂布器多用于菌种分离或微生物平板活菌计数时涂布平板用。

③其他接种工具　接种圈:将接种针的末端卷起数圈成为盘状,专用于从沙土管中移植菌种。吸管:0.1 mL、0.2 mL、0.5 mL、1 mL、5 mL、10 mL 等移液管常用于液体接种及菌悬液系列稀释。

(2)无菌操作　培养基经灭菌后,用经过灭菌的接种工具在无菌条件下接种含菌材料于培养基上,这一操作称为无菌操作。无菌操作原理和基本方法:空气中杂菌在气流小时,也随灰尘落下,易造成污染。因此,在接种时打开培养皿的时间要尽量短,试管应倾斜,且放在火焰区的无菌范围内(酒精灯火焰中心半径 5 cm)操作,操作要熟练准确。用于接种的工具必须先经过干热、湿热或火焰灭菌。通常在接种时将接种环在火焰上充分灼烧灭菌。

(3)移植方法

①斜面接种法　斜面接种是从已保存菌种的斜面上挑取少量菌种移接到一只新鲜斜面培养基上的一种接种方法,其操作程序如下。

点燃酒精灯或煤气灯,再用 75%酒精棉球擦手;在左手的中指、无名指间分别夹住原菌种试管和待转接斜面试管(斜面朝上),如图 4-1 所示;右手拿接种针或接种环,在火焰上将接种针、接种环等金属丝部分烧红灭菌,然后将其余要深入试管部分的针柄也反复通过火焰灭菌。用握有接种针的右手中指、无名指拔出试管上的棉塞,操作应在火焰区域进行,如图 4-2 所示;将接种环水平通过火焰并插入原菌试管内,先在管壁上或未长出菌体的培养基表面冷却,然后用接种环轻轻蘸取少量菌苔后,将接种环自原菌种试管内抽出,抽出时勿碰管壁,也勿通过火焰;在火焰旁将沾有菌苔的接种环迅速深入另一只待接斜面试管中,自斜面培养基底部向上划线,使菌体黏附在培养基的斜面上。划线时环要放平,勿用力,否则会将培养基划,如图 4-3 所示;接种完毕,将接种环由试管内抽出,同时将试管口在火焰上烧一下,塞上棉塞。注意不要用试管口去迎接棉塞,以免试管口在移动时,杂菌侵入造成污染;接种环在放回原位置前应在火焰上彻底灭菌。放下接种环后,再用右手将棉塞进一步塞牢,避免脱落。最后将已接种好的斜面试管放在试管架上。

根据微生物不同和试验目的不同,接种的方法有许多种。

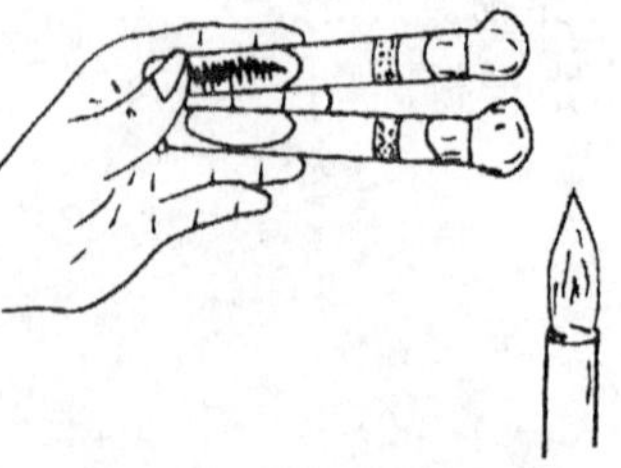

图 4-1 手持试管法
(引自姚火春.兽医微生物实验指导)

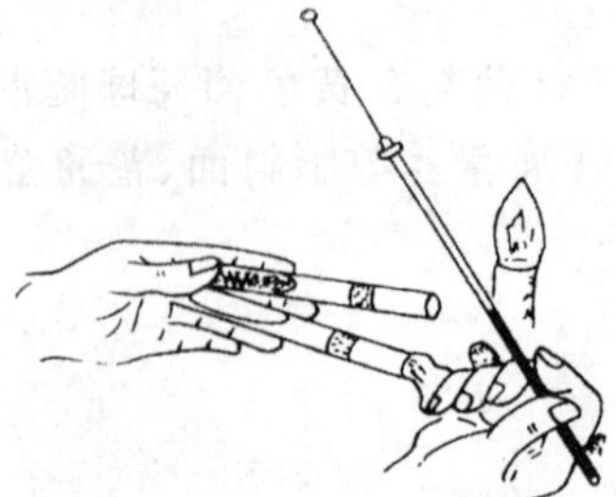

图 4-2 拔试管塞示意图
(引自姚火春.兽医微生物实验指导)

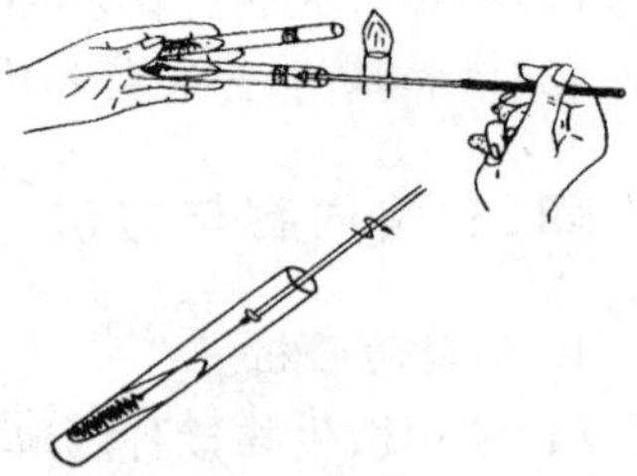

图 4-3 斜面接种方法示意
(引自姚火春.兽医微生物实验指导)

(ⅰ)细菌的斜面接种法 点接:把菌种点接在斜面中部,利于在一定时间内暂时保藏菌种。中央划线:在斜面中部自下而上划一直线,比较细菌的生长速度时采用此法。稀波状蜿蜒划线法:对于易扩散的细菌常用此法。密波状蜿蜒划线法:此法能充分利用斜面,以获得大量的菌体细胞,细菌接种时常用此法。分段划线:将斜面分成上下 3~4 段,在第 2~3 段划线接种前,先烧烧接种环进行灭菌,待冷却后沾取前端接种处,再行划线,以分得单个菌落。丛向划线:此法便于快速划线接种。

(ⅱ)放线菌的斜面接种 方法同细菌,多用密波蜿蜒划线接种,以便观察气生菌丝和孢子的颜色。

(ⅲ)酵母菌的斜面接种 常用中央划直线法接种,用来观察菌种的形态和培养特征。

(ⅳ)霉菌的斜面接种 属扩散型生长、绒毛状气生菌丝。常用点接法,即点种在斜面中部偏下方处。

对于部分真菌,如灵芝等担子菌类,常用挖砖接种法,挖取菌丝体连同少量琼脂培养基,再移接到斜面培养基上。

②液体接种法 液体接种技术是用移液管、滴定管或接种环等接种工具,将菌液移接到液体三角瓶、试管培养基的一种接种方法。此法用于观察细菌、酵母菌的生长特性、生化反应特征及发酵生产中菌种的扩大培养。由斜面培养基接入液体培养基,操作方法基本与斜面转斜面接种相同,但在接种时要注意略使试管口向上,以免使液体培养基流出。接入菌体后,要将接种环与管壁轻轻研磨,将菌体擦下,接种后塞好棉塞,将试管在手掌中轻轻敲打,使菌体充分分散。由液体培养基接种到液体培养基,原菌种如为液体时,除用接种环外,还可以根据具体情况采用下列几种方法:用无菌滴定管或移液管吸取菌液接种;直接把液体培养液均匀后倒入液体培养基中;利用无菌空气加压后,把液体培养液注入另一容器的液体培养基中,如啤酒酵母扩培时,从汉森罐到扩大罐就是采用此法;利用负压将液体培养液吸到液体培养基中,如在抗生素生产中,从种子瓶接种到种子罐时就是采用此法。

③穿刺接种法 穿刺接种法用于接种试管深层琼脂培养基(柱状),经穿刺接种后的菌种常作为保藏菌种的一种形式,同时也是检查细菌运动能力的一种方法,可作为鉴定细菌特征的方法之一。穿刺接种只适合用于细菌和酵母菌的接种培养,其方法是用笔直的接种针,从原菌种斜面上挑取少量菌苔,再从柱状培养基中心自上而下刺入(试管口朝下),直到接近管底(勿穿到管底),然后,沿原穿刺途径慢慢抽出接种针。

穿刺接种有两种手持操作法:一种是垂直法;另一种是水平法,它类似于斜面接种法。穿刺时要做到手稳，动作轻巧、快速。

2. 细菌的分离

平板接种法是指在平板培养基上点接、划线或涂布接种。

①点接接种　用接种针从原菌种斜面上挑取少量菌苔，点接到平板的不同位置上，培养后观察巨大菌落形态（细菌、酵母菌）；对于霉菌巨大菌落的观察，通常先在其斜面内倒入少量无菌水，用接种环将孢子挑起，制成菌悬液，用接种环点接到平板培养基上，培养后观察巨大菌落的特征。

②划线接种　是一种使被接菌种达到菌落纯化的方法。其基本原理是在固体培养基表面将含菌培养物做规则划线，含菌样品经多次划线逐渐被稀释，最后在接种针划过的线上得到一个个被分离的单独存在的细菌细胞，经过培养后形成彼此独立的由单个细胞发育的菌落。

图 4-4 为最常用的划线接种方式。首先将平板分为 3～4 个区域，用接种针从原菌种斜面上挑取少量菌苔，在 1 区划折线，划满第 1 区域后，接种针用火焰灼烧法杀灭其上残余的菌体，然后使接种针和第一区划的线交叉，通过第一次划的线使接种针上带上菌种，再在 2 区划线，划线路线不再和第 1 区划过的线接触；同样，将接种针在火焰上杀死其上残留的菌体，然后使接种针和第 2 区划的线交叉，并过第 2 区划的线使接种针上带上菌种，在 3 区划线，划线路线不再和前两次划过的线接触。这种操作方式不断使接种针上的被接菌数越来越少，最终达到获得单菌落纯化的目的。

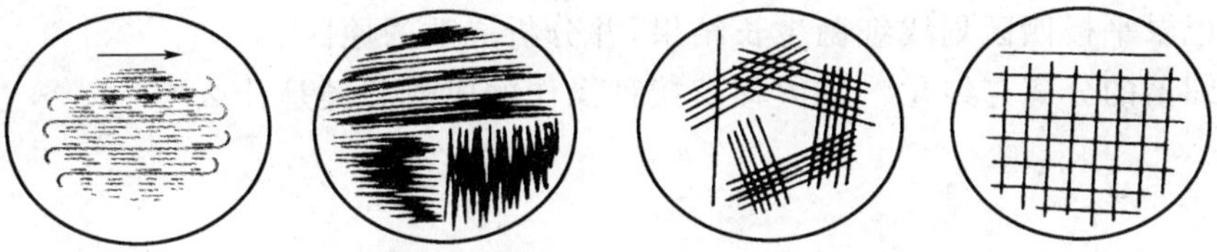

图 4-4　琼脂平板上各种方式的划线培养法

（引自姚火春．兽医微生物实验指导）

③涂布接种　也是一种分离纯化菌种的方法。首先将被分离纯化的含菌培养物制成稀释菌悬液，用无菌移液管吸取 0.1 mL 于固体培养基平板中，再将样品在琼脂培养基表面上均匀涂布，使样品中的菌体在培养基上经培养后能形成单个菌落。

附：学生动手操作的实验内容及步骤

(1)斜面接种　首先标记空白斜面。标签内容包括菌种的名称、接种日期、组号等。然后接种，接种时接种环从斜面的底部由下而上画折线（密波状蜿蜒划线）。

(2)液体管接种　首先标记空白液体管。操作方法按照原理中所述液体接种法中“由斜面培养基接入液体培养基”方法进行。

(3)平板划线接种　先在平板底部做好标记，从混合菌液中挑取 1～2 环菌液在普通营养琼脂平板上进行划线，方法见上述划线接种。

(4)培养　接种完毕后，斜面、液体管、半固体培养基的穿刺接种管置于试管架上，接种后的平板应倒置（以避免培养过程中形成的冷凝水流到培养基表面冲走菌落），放于 37℃ 培养箱中培养 18～24 h。

3. 结果观察

(1)菌落形态　观察菌落的大小、表面光滑或粗糙、透明度、色泽、边缘整齐或不规则等特征。比较不同种菌的斜面培养物、平板划线中的单菌落,并列表说明。

(2)液体培养特征　观察培养液的表面是否形成菌环、菌膜或菌岛等,培养液底部是否有沉淀,培养液的颜色,培养液是否均匀浑浊等。比较不同种菌的差异,并列表说明。

各种微生物在一定条件下形成的菌落具有一定的稳定性和专一性,菌落形态是细胞表面状况、排列方式、代谢产物、好气性和运动性的反映,并受培养条件尤其是培养基成分的影响。培养时间的长短对菌落也有影响,观察时务必注意。

细菌的菌落特征包括大小、形状(圆形、假根状、不规则状)、表面状态(光滑、皱褶、颗粒状、龟裂状、同心状等)、隆起状态(扩展、台状、低凸、凸面、乳头状)、边缘状况(整齐、波状、裂叶状、锯齿状等)、表面光泽(闪光、金属光泽、无光泽等)、质地(油脂状、膜状、黏脆等)、颜色、透明度等。

菌落特征取决于组成菌落的细胞结构和生长行为。菌落形态大小也受邻近菌落的影响,菌落靠得太近,由于营养物质有限,有害代谢物积累,使生长受到限制。即使同一个菌落中,各个细胞所处的空间位置不同,营养物的摄取、供氧、代谢产物积累等方面也不一样,所以在生理、形态上或多或少有所差异。

五、作业与思考题

1. 观察记录细菌在营养肉汤和固体斜面等不同培养基上的生长性状。
2. 观察记录平板四区划线细菌生长结果,并分析成败的原因。
3. 何谓细菌的分离与纯化?细菌移植接种操作的成败关键是什么?

实验六　抗菌药物敏感性试验

一、实验目的与要求

1. 了解药敏试验在实际生产中的重要意义。
2. 熟悉和掌握纸片扩散法检测细菌对抗菌药物敏感性试验的操作程序和结果判定方法。
3. 了解最低抑菌浓度试验的原理和方法。

二、实验原理

各种病原菌对抗菌药物的敏感性不同,同种细菌的不同菌株对同一药物的敏感性也有差异,测定细菌对抗菌药物的敏感性,可筛选最有效的药物,用于临床,对控制细菌性传染病的流行至关重要。此外,通过药物敏感试验可为抗菌药物的筛选提供依据。

药敏试验方法很多,普遍使用的有纸片扩散试验(Kirby-Baueer dise diffusion)、最低抑菌浓度试验(minimum inhibitory concentration,MIC)和最低杀菌浓度试验(minimum bactericidal concentration,MBC)等。

三、实验器材

1. 器械

37℃恒温培养箱、小镊子、接种棒、酒精灯、记号笔、麦氏比浊管、灭菌 1 mL 刻度吸管、橡皮胶头。

2. 材料

(1)菌种　常见病原菌种 2～3 种，如大肠杆菌、金黄色葡萄球菌、绿脓杆菌等。

(2)培养基　普通营养琼脂平板，普通营养肉汤每管 1 mL。

(3)药敏纸片　3～4 种，分装于灭菌小瓶中；含青霉素 64 IU/mL 的普通肉汤各一管，每管 2 mL。

(4)其他　95%酒精棉球。

四、实验内容与方法

1. 纸片扩散法

(1)操作方法　挑取一菌种，用灭菌接种棒“米”字划线(密集划线)于普通营养琼脂平板表面，用无菌操作方法将各种药敏纸片分别贴于培养基表面，各片距离相等，倒置于 37℃培养 24 h，观察结果。

(2)结果判定　根据药物纸片周围有无抑菌圈及其直径大小来判断试验菌对各种药物的敏感程度，分为高度敏感、中度敏感、低度敏感和不敏感(图 4-5 和表 4-2)。

纸片扩散试验操作中应注意以下问题：

①划线时要密，不能划破培养基表面；

②贴纸片时要一次到位，不可移动，并要贴平服，不能有翘角，否则抑菌圈不圆，影响结果判定。

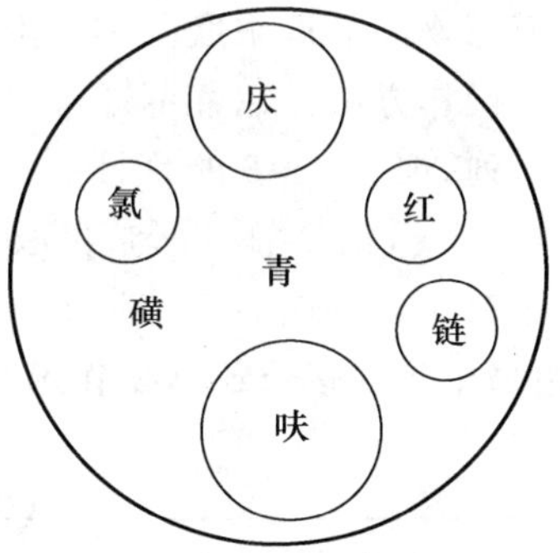

图 4-5　抑菌圈示意图

(引自姚火春. 兽医微生物实验指导)

2. 牛津杯法

多用于细菌对中草药敏感试验。

表 4-2　几种抗生素敏感度的标准表

抗生素名称	抑菌圈直径/mm	结果判定
青霉素(10 IU/mL)	＞20	高度敏感
	10～20	中度敏感
	＜10	低度敏感
	6	不敏感
新霉素(30 μg/mL)	＞20	高度敏感
	15～20	中度敏感
	＜15	低度敏感
	6	不敏感
庆大霉素(30 μg/mL)	＞20	高度敏感
	14～18	中度敏感
	＜14	低度敏感
	6	不敏感

(1)操作方法　用无菌棉签将细菌菌液均匀涂布于平板培养基上,并在平板底部标记各种药物的名称;以无菌操作法将灭菌的牛津杯放置在已标记药物的平板培养基上,轻轻加压;用无菌滴管吸取中草药煎液,缓缓滴入牛津杯中至满,勿使外溢;平放于 37℃ 培养 24 h 观察结果。

(2)结果判定　观察结果时,先将小杯取出放入消毒液中浸泡,注意观察小杯周围有无抑菌圈,并测量其直径大小,以了解该菌对中草药的敏感度。

3. 琼脂打孔法

多用于细菌对中草药敏感试验。

(1)操作方法　以无菌操作法用灭菌的直径 6 mm 的打孔器在培养基上打孔,各孔距离相等,并经适当补底;用无菌棉签将细菌菌液均匀涂布于打孔后的平板培养基上,并在平板底部做标记;用无菌滴管吸取中草药煎液或稀释的药液,缓缓滴入孔中至满,勿使外溢;平放于 37℃培养 24 h,观察结果。

(2)结果判定　注意观察琼脂孔周围有无抑菌圈,并测量其直径大小,以了解该菌对药物的敏感度。

4. 最低抑菌浓度试验

(1)操作方法　将抗菌药物作对比稀释,在不同浓度的稀释管内接种被检细菌,定量测定抗菌药物的最低浓度。本结论可以作为其他药物敏感性试验的标准方法。

操作方法　以葡萄球菌对青霉素的敏感性为例。将每管装有 1 mL 普通肉汤的试验管排成一列,编上 1～9 的管号,在第 1 管内加入含有 64 IU/mL 青霉素肉汤 1 mL,混合均匀后吸取 1 mL 到第 2 管,混匀,再取 1 mL 至第 3 管,依此类推到第 8 管。第 9 管为不含青霉素的肉汤作对照管。然后每管加入 0.1 mL 含菌量相当于麦氏比浊管第 1 管 1/2 的葡萄球菌浓度(相当于 1.5 亿/mL),操作术式如表 4-3 所示。

表 4-3　最低抑菌浓度试验术式表

项目	管号								
	1	2	3	4	5	6	7	8	9
药浓度/(IU/mL)	32	16	8	4	2	1	0.5	0.25	
肉汤/mL	1	1	1	1	1	1	1	1	1
青霉素/mL	1	1	1	1	1	1	1	1	弃去1 mL
葡萄球菌液/mL	0.1	0.4	0.1	0.1	0.1	0.1	0.1	0.1	0.1

(2)结果判定　以能抑制细菌生长的抗菌药物的最高稀释度为该药物的最低抑菌浓度。

五、作业与思考题

1. 观察记录药敏试验结果。
2. 纸片扩散法药敏试验操作时应注意什么事项?
3. 试述药敏试验的意义。

实验七　动物实验法

一、实验目的与要求

1. 了解熟悉一般实验动物保定、接种、采血和剖检方法。
2. 掌握小鼠接种和剖检方法。
3. 掌握鸡采血和剖检方法。

二、实验原理

在微生物实验室研究工作中，动物实验也是常用的技术之一。常用的实验动物有小鼠、大鼠、家兔、豚鼠、蛙、鸽、鸡、犬、猫、猴、猪和羊等。其主要用途有以下几个方面：进行病原体的分离与鉴定，有些直接分离培养有困难的病料或需鉴定的细菌通过易感动物体就可达到目的；确定病原体的致病力，有些细菌的形态、生物学等方面性状相似，仅在致病性上不同，可利用动物实验来鉴别；测定某些细菌的外毒素，如魏氏梭菌毒素的测定；增强细菌的毒力，多数病原菌长期通过人工保存后，其毒力减弱，需通过易感动物传代来增强其毒力；制备疫苗或诊断抗原，如猪瘟兔化弱毒疫苗的制备；制备诊断或治疗用的免疫血清和卵黄抗体，如沙门氏菌诊断血清、小鹅瘟的治疗血清等；用于检验药物的疗效和毒性作用等。

三、实验器材

1. 器械

方盘、固定板、大头针、剪刀、镊子、酒精棉球、生理盐水、注射器等。

2. 材料

实验动物：小鼠每两人 1 只，鸡每组或每班 1 只。

四、实验内容与方法

1. 实验动物保定法

（1）小鼠保定法　先用右手抓住小鼠的尾巴，提起甩 1～2 圈，放下小鼠令其前爪抓住饲养罐的铁丝网盖，然后用左手拇指和食指夹住小鼠颈背部的皮肤，并翻转左手，使小鼠腹部朝上，将其尾巴夹在左手掌与小手指之间，右手即可进行操作。

（2）大鼠保定法　用右手轻轻将大鼠的尾巴向后拉，左手抓紧大鼠的两耳和头部皮肤，将大鼠提起并翻转置于左手掌中，右手进行操作。大鼠牙齿尖利，易咬伤手指，故抓扑动作要轻快。可将其尾巴轻轻提起，置于实验台上，用玻璃罩（烧杯等）扣住，这样即可进行尾静脉注射或采血。

（3）豚鼠保定法　由助手以左手抓住豚鼠的颈部背侧，用拇指固定其前右足食指和中指固定其前左足,用右手紧握其两后腿,使其腹部向上,术者即可进行注射。

(4)家兔保定法　由助手一手先抓住兔的两前肢和耳朵,另一手抓住两后腿根部,使其腹部朝上,即可进行心脏采血或皮下注射;若进行耳静脉注射,助手抓住兔的背部皮肤提起将兔按于实验台上,两前臂夹住兔头,手指固定兔耳,即可注射。也可用筒式金属保定器保定。

(5)鸡、鸽保定法　左手抓住鸡两翼根部,同时左手小指钩住一只腿,右手进行操作。也可由助手帮助保定,一手抓住鸡的两翼根部,另一手抓住两爪将鸡在实验台上固定好,即可进行翅静脉采血或注射。

2. 实验动物接种法

(1)皮下注射　一般选择皮下组织疏松、便于注射易于吸收的部位。鼠和兔等小实验动物可在腹部中线两侧或后肢内侧,羊和猪可在前后肢内侧,猫和犬多在后肢外侧,马和牛等大动物可在颈部。操作时术者可用左手拇指和中指拎起注射部位的皮肤,食指下压形成凹陷部,右手持注射器从凹陷部刺入。注射量为 0.15～2 mL。

(2)肌肉注射　一般选择肌肉丰满处。鸡、鸽为胸肌,猪在耳后,马、牛可在颈部、臀部等。注射量可视实验目的和要求而定。

(3)皮内注射　常以兔、豚鼠背部或腹部皮肤为注射部位。去毛消毒后,将皮肤绷紧用 1 mL 注射器的 4 号针头,平刺入皮肤,缓缓注入接种物,此时皮肤应出现小圆形隆起。注射量一般为 0.1～0.2 mL。

(4)腹腔注射　固定小动物将其倒提起,使其肠管向横膈聚集,然后在腹腔的后部注射,以免刺伤肠管。注射量兔可达 5 mL,豚鼠不超过 2 mL,小鼠不超过 1 mL,25～35 kg 的猪可注射 100～200 mL。

(5)静脉注射　家兔可选耳边缘静脉,先以手指轻弹或用酒精棉球涂擦耳部,使耳边缘静脉扩张隆起,操作时可将耳边拉紧,由助手按住静脉近心端,术者食指放在耳下,针尖与血管平行,朝着向心方向刺入,令助手松开按住的血管,即可进行注射。若注射部位出现小泡,说明注射针头未刺入血管内。注射速度要缓慢。

小鼠可取尾静脉注射。先将尾部浸入 50℃热水中 1～2 min,使其皮肤变软,血管舒张,此时可见暗红色的尾静脉,注射时常用左右两侧的两根尾静脉,此两根静脉位置比较固定,容易注入。术者左手捏住鼠尾,右手持装有 4 号针头的注射器,使针头与尾巴呈 30°的夹角刺入尾静脉,如进针和注射均很通畅,表示针头确实已刺入静脉,则可按规定剂量及速度(一般为 0.05～0.1 mL/s)推入药液,注射量一般不超过 1.5 mL。

禽类可选翼下静脉注射。注射时可先用酒精棉球涂擦消毒使血管扩张,针头沿血管平行刺入。

(6)脑内接种　小鼠的注射部位在颅骨正中线的两侧,内眼角与耳根连线的中点,注射量为 0.03～0.05 mL。兔在两眼外眼角连线上离颅骨正中线约 2 mm 处。豚鼠的注射部位与兔相同。兔和豚鼠头骨较厚,注射针头不能直接刺入,故需要用消毒的穿颅锥进行穿颅,再用 16 号针头经穿颅孔将接种物徐徐注入,注射量为 0.1～0.2 mL。

(7)鼻内接种　将小鼠放入一个有盖的玻璃缸内,缸内放入一块浸有乙醚的脱脂棉,通过缸壁看到动物麻醉后,即可将其由缸内取出,进行滴鼻接种,接种量为 0.03～0.05 mL。豚鼠、兔和较大动物的乙醚麻醉,可用麻醉口罩,也可用戊巴比妥作腹腔或静脉注射(需特别缓慢)进行麻醉。麻醉剂量为:豚鼠、兔 20～25 mg/kg,猪、羊 10～20 mg/kg。临用时将戊巴比妥用灭菌生理盐水配成2%溶液，缓慢注射。

(8)胃内接种　将小鼠固定，用带钝头探头的软管从口腔慢慢插入食道，注入接种物。

(9)气管内接种　注射部位先行脱毛，局部消毒后，用注射器在喉头下部器官环处直接刺入，将接种材料注入。鸡气管内接种时，由助手固定鸡的两翼及头部，迫其将喙张开，术者左手拿一扁平镊子将鸡舌钳住往外稍拉出。用右手持16号钝头注射针头的注射器，将注射针头插入张开的喉头，向气管内注入接种液。

(10)眼内接种法　常用方法为结膜接种法，将实验动物头固定好，用注射器或滴管直接将接种物滴入眼内，鸡接种量一般为每只眼0.03 mL。

3. 实验动物采血法

(1)家兔的采血　家兔心脏采血最适部位在左胸由下向上数第3～4肋骨之间，心脏搏动最强部位。将针头刺入心脏，血液自动流入针管内。耳静脉采血操作与耳静脉注射相同，只需待耳缘静脉充血后，在靠耳尖部的血管用7、8号针头采血。颈动脉采血，将家兔仰卧保定，颈部剪毛、消毒，沿颈静脉沟切开，剥离肌肉，找到颈动脉(用手指按捏时可以感到搏动)紧紧捏住近心端，用刀尖挑破动脉壁，插入细塑料管，接血于采血瓶，2 kg以上家兔可采血120 mL以上，此法常将家兔放血致死。

(2)豚鼠的采血　一般采用心脏采血法。由助手保定豚鼠后，术者用碘酊或酒精将左侧胸部皮肤消毒，然后用手触诊心脏，在心搏最明显处，将针头刺入进行采血。

(3)鸡的采血　一般自翼下静脉采血。由助手将家禽侧卧保定，术者可在翅根部见有一条粗大的血管，针头向离心端刺入。当采血量较大时，也可进行鸡的心脏采血，由助手将家禽侧卧保定，左侧向上。自龙骨突前缘引一直线到翅根部，再由此线中点向髋关节引一直线，此线前1/3和中1/3的交界处是心脏采血部位。由选定的部位垂直刺入，如刺入心脏，可感到心搏动，一次采不到可更换角度再行刺入心脏。还可用胸骨前嗉囊凹陷部进行心脏采血。成鸡一般采20～30 mL不致造成死亡。此外可自鸡冠采血，即刺破鸡冠取少量血。

(4)羊的采血　一般由颈静脉采血，由助手固定羊身羊头，剃去一侧颈毛，用左手按压近心端的颈静脉，使颈静脉显著努张，用右手持有装有橡胶管的采血针刺入颈静脉内，血液即可由针头经橡胶管流入无菌烧瓶内。成年羊一般每隔3～4周可采血300～400 mL。采血完毕，应立即用酒精棉球按紧针头刺伤部，直至无血液流出为止。

(5)牛、马的采血　多采用颈静脉采血，方法与羊的颈静脉采血法相同。

(6)猪的采血　前腔静脉是最常用的采血部位，猪可采取仰卧位保定，将针头从肩前端和颈腹侧肌之间的凹陷处刺入。较大的猪可采用站立保定的前腔静脉采血或采用耳后静脉采血。

(7)猫、犬的采血　通常采血部位有头静脉、颈静脉、跖静脉、趾静脉、股静脉。

4. 实验动物剖检法

感染动物死亡后，不论其死亡原因如何，均应进行解剖检查，以观察其病变情况，并可取材保存或进一步做微生物学、病理学、寄生虫学、毒物学等检查。剖检感染动物必须在无菌操作的条件下进行，其操作顺序如下：

①先用肉眼观察动物体表的情况，再将小动物的尸体应先用5%来苏儿液浸泡消毒，取出后将动物仰卧保定；

②以无菌剪刀和镊子沿尸体腹中线剪开皮肤，并分离皮肤翻向左右两侧，使肌肉外露，检

查皮下组织与腿部、腹股沟淋巴结有无病变情况，必要时，应作涂片和培养检查；

③用70%酒精擦拭消毒外露的肌肉和剪刀、镊子，自中膈沿中线向耻骨处剪开腹壁，用镊子夹紧剑状软骨，沿两侧剪断肋骨，掀起胸骨翻向头部，使心脏暴露，如见有渗出液，应作涂片与培养检查；

④如需作培养检查，组织切片检查，应在无菌操作条件下取样或取组织，然后逐一观察各组织病变情况，并认真做好详细记录；

⑤解剖结束后应将动物尸体处理好，如焚毁或深埋。

以小鼠为例进行实验动物保定和接种操作训练；以家禽为例作实验动物采血和解剖示教。

五、作业与思考题

1. 常用的实验动物有哪些？实验动物的接种方法有哪些？
2. 实验动物的剖检，主要检查腹腔哪些器官？
3. 如果给动物注射传染性材料，应注意些什么？

实验八　酵母菌及霉菌的形态观察

一、实验目的与要求

1. 了解酵母菌的形态及培养特点。
2. 掌握酵母菌死、活细胞鉴别方法、操作过程与应用。
3. 了解常见霉菌的形态及培养特点。

二、实验器材

1. 器械

28℃恒温培养箱、高压蒸汽灭菌锅、小镊子、接种棒、酒精灯、记号笔、玻片、盖玻片、灭菌1 mL刻度吸管、橡皮胶头等。

2. 材料

(1)菌种　酵母菌液体培养物、酵母菌和霉菌平板培养物。

(2)培养基　高氏琼脂平板，普通真菌肉汤每管1 mL。

(3)试剂　棉兰染色液、美蓝染色液和0.1%美蓝染色液。

三、实验内容与方法

1. 酵母形态观察

(1)细胞形态观察　于清洁载玻片上加一滴卢固氏碘液，用接种环挑取酵母菌培养物少许于碘液中加上盖玻片，用高倍镜观察，注意观察芽殖情况。

(2)涂片观察　于清洁载玻片上加一滴生理盐水,用接种环挑取酵母菌培养物少许于生理盐水中涂抹均匀,制成涂片,自然干燥后,用美蓝染色液染色 1～3 min,水洗干燥后,高倍镜观察。

(3)死、活细胞观察　原理:活细胞可以还原美蓝为美白,死细胞无还原美蓝的能力,而被美蓝染成蓝色。操作方法:在清洁载玻片上加一滴酵母培养液,加上盖玻片(注意不能出现气泡),沿盖玻片边缘滴加 0.1%美蓝染色液少许,静置片刻让其渗透扩散,置低倍镜下观察细胞形态及颜色。凡是染成淡蓝色为死细胞,无色为活细胞。注意死、活细胞比例。

2. 霉菌菌丝及孢子的形态观察

(1)黑曲霉　从培养皿中或试管中挑取黑曲霉菌落边缘的菌丝,先放在 50%酒精中浸泡片刻,以洗掉脱落下来的孢子,并除去菌丝及孢子间的空气。然后将此菌丝放在预先滴有乳酸石炭酸或蒸馏水的载玻片上,再加上盖玻片,注意不要有气泡,在低倍镜下观察分生孢子梗及分生孢子。曲霉的分生孢子梗顶端膨大称为顶囊,上有呈辐射状排列的小梗,在小梗顶端着生成串的球形分生孢子。

(2)根霉　从培养基表面挑取根霉的孢子囊梗,先放在 50%酒精中浸泡片刻,再置于预先滴有乳酸石炭酸或蒸馏水的载玻片上,加盖玻片,在低倍镜下观察孢子囊及孢子囊孢子,并注意观察根霉着生的假根。

(3)青霉　观察示范镜内青霉的分生孢子,其分生孢子梗呈扫帚状。

(4)赤霉　观察示范镜内赤霉的小分生孢子,其分生孢子能形成大分生孢子,呈月牙形,有 1～3 个分隔;小分生孢子为单细胞,呈椭圆形。

3. 真菌菌落形态观察

观察培养皿的黑曲霉、青霉、根霉及酵母菌菌落的形状、色泽及菌落生长情况,并描述记载于报告中。

四、作业与思考题

1. 制作曲霉、青霉、根霉、赤霉及酵母菌片子,绘出你所观察到的真菌形态图。
2. 记录你所观察的酵母菌死、活细胞情况。
3. 描述你所观察到的真菌菌落形态。

实验九　细菌的生化试验

一、实验目的与要求

1. 掌握细菌鉴定中常用生化试验的原理和方法。
2. 了解细菌生化试验在细菌鉴定及诊断中的重要意义。

二、实验原理

不同种类的细菌,由于其细胞内新陈代谢的酶系不同,对营养物质的吸收利用、分解排泄及合成产物的产生等都有很大的差别,细菌的生化试验就是检测某种细菌能否利用某种(些)物质及其对某种(些)物质的代谢及合成产物,确定细菌合成和分解代谢产物的特异性,借此来鉴定细菌的种类。

三、实验器材

1. 器械

恒温培养箱、接种棒、酒精灯、接种棒、记号笔、试管架等。

2. 材料

(1)菌种　大肠杆菌、沙门氏菌、变形杆菌、产气杆菌。

(2)培养基　各种生化培养基或肠杆菌科生化鉴定管。

四、实验内容与方法

1. 氧化型与发酵型(O/F)的测定

(1)原理　不同细菌对不同的糖分解能力及代谢产物不同,这种能力因是否有氧气的存在而异,有氧条件下称为氧化,无氧条件下称为发酵。这在区别微球菌与葡萄球菌、肠杆菌科成员中尤为重要。

(2)培养基　蛋白胨 2 g,氯化钠 5 g,磷酸氢二钾 0.3 g,葡萄糖 10 g,琼脂 3 g,1%溴麝香草酚蓝 3 mL,蒸馏水 1 000 mL。将蛋白胨、氯化钠、琼脂和水混合,加热溶解,校正 pH 至 7.2,然后加葡萄糖和指示剂,加热溶解;分装试管,3～4 mL/管;115℃,高压蒸汽灭菌 20 min,取出后冷却成琼脂柱。

(3)操作步骤　挑取 18～24 h 的幼龄斜面培养物,穿刺接种,每种细菌接种两管,于其中一管覆盖 1 mL 灭菌的液体石蜡,37℃培养 48 h 或更长时间,最长可达 7 d。

(4)结果判定　只在没有覆盖石蜡的一管发酵糖产酸或产酸产气者属氧化型;两管均发酵糖产酸或产酸产气者为发酵型;两管都不生长者不予判定结果。

2. 糖类分解试验

(1)原理　细菌分解糖的能力与该菌是否含有分解某种糖的酶密切相关,是受遗传基因所决定的,是细菌的重要表型特征,有助于鉴定细菌,含糖培养基中加入指示剂,若细菌分解糖则产酸或产酸产气,使培养基颜色改变,从而判断细菌是否分解某种糖或其他碳水化合物。

(2)培养基　可用市售各种糖或醇类的微量发酵管。

(3)操作步骤　取某一种细菌的 24 h 纯培养物分别接种到葡萄糖、乳糖、麦芽糖、甘露糖、蔗糖培养基内,开口朝下,置灭菌培养皿中。37℃培养 24 h,观察结果并记录。

如果接种进去的细菌可发酵某种糖或醇,则可产酸,使培养基由紫色变成黄色[培养基内指示剂溴甲酚紫由 pH 7.0(紫色)至 pH 5.4(黄色)],如果不发酵,则仍保持紫色。如发酵的同时又产生气体,则在微量发酵管内积有气泡。

(4)结果判定　用符号表示。

无变化	－	培养液仍为紫色
产酸	＋	培养液变为黄色
产酸又产气	⊕	培养液变黄，有气泡

3. 吲哚(靛基质)试验

(1)原理　有些细菌(如大肠杆菌)能分解蛋白质中的色氨酸产生吲哚，吲哚与对二氨基苯甲醛作用形成玫瑰吲哚而呈红色(图 4-6)。

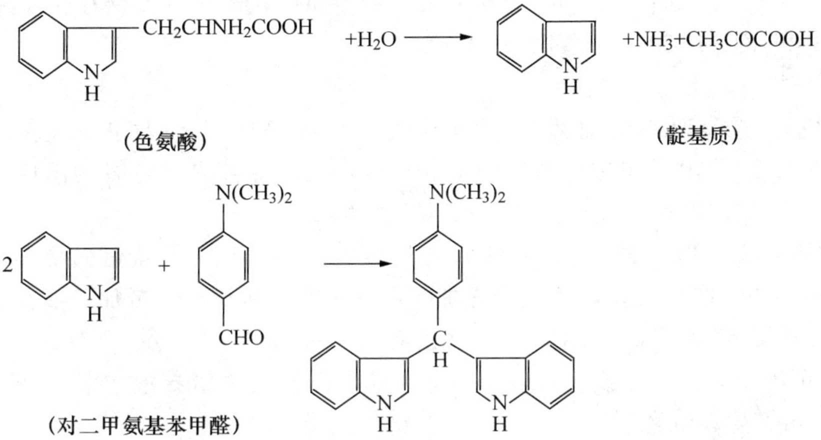

图 4-6　玫瑰吲哚形成过程

(2)培养基　Dunham 氏蛋白胨 1 g，氯化钠 0.5 g，蒸馏水 100 mL。将蛋白胨与氯化钠加入蒸馏水中，加热溶解后调 pH 为 7.6，再煮沸加热 30 min。待冷却后用滤纸过滤，分装，121℃高压蒸汽灭菌 15 min。

Ehrlich 氏试剂　对位二氨基苯甲醛 1 g，无水乙醇 95 mL，浓盐酸 20 mL。

Kovac 氏试剂　对位二氨基苯甲醛 5 g，戊醇(或异戊醇)75 mL，浓盐酸 25 mL。先用乙醇溶解试剂后加盐酸，避光保存。

(3)操作步骤

①试管法　以接种环将待检菌新鲜斜面培养物接种于 Dunham 氏蛋白胨水溶液中，置 37℃培养 24～48 h(可延长 4～5 d)；于培养液中加入戊醇或二甲苯 2～3 mL，摇匀，静置片刻后，沿试管壁加入 Ehrlich 氏试剂或 Kovac 氏试剂 2 mL。

②斑点法　将一片滤纸放在培养皿的盖子上或一张载玻片上；滴加 1～1.5 mL 试剂液于滤纸上使其变湿；取 18～24 h 血琼脂平板培养物涂布于浸湿的滤纸上；在 1～3 min 内棕色的试剂由紫红变为红色者为阳性。

③加热法　将一小指头大的脱脂棉，滴上两滴 Ehrlich 氏试剂，再在同一处加滴两滴高硫酸钾($K_2S_2O_8$)饱和水溶液，置于含培养液的被检试管中，离液面约 1.5 cm；将被检试管放入烧杯或搪瓷缸水浴煮沸为止；脱脂棉上出现红色者为阳性。若将试剂加到液体中，吲哚和粪臭素均呈阳性反应，而用此法，只是吲哚(具挥发性)呈阳性反应。

4. 甲基红(MR)试验/VP 试验

(1)原理　细菌分解培养基中的葡萄糖，产酸量大，使培养基的 pH 降至 4.5 以下时，加入甲基红指示剂而变红[甲基红的变色范围为 pH 4.4(红色)至 pH 6.2(黄色)]，此为甲基红实验。当细菌发酵葡萄糖产生丙酮酸,丙酮酸再变为乙酰甲基甲醇;乙酰甲基甲醇又变成 2,3-丁二烯醇,2,3-丁二烯醇在碱性条件下氧化成为二乙酰,二乙酰和蛋白胨中精氨酸基起作用产生粉红色的化合物,此为 VP 实验。这两个实验密切相关,对一种细菌而言,两者只能居其一。

(2)培养基

①葡萄糖蛋白胨水溶液。

②VP 试剂 甲液:α-萘酚酒精溶液(α-萘酚 5 g,无水酒精 100 mL)。乙液:KOH 溶液(KOH 40 g,水 100 mL)。将甲液和乙液分别装于棕色瓶中,于 4～10℃保存。或:硫酸铜 1 g,浓氨水 40 mL,10% KOH 950 mL,蒸馏水 10 mL。

(3)操作步骤

①MR 试验方法 取一种细菌的 24 h 纯培养物,接种于葡萄糖蛋白胨水培养基中,置 37℃培养 48～72 h,取出后在加甲基红试剂 3～5 滴,凡培养液呈红色者为阳性,以"＋"表示;橙色者为可疑,以"±"表示;黄色者为阴性,以"－"表示。

②VP 试验方法 取一种细菌的 24 h 纯培养物,接种于葡萄糖蛋白胨水培养基中,置 37℃培养 48～72 h。取出后在培养液中先加 VP 试剂甲液 0.6 mL,再加乙液 0.2 mL,充分混匀。静置在试管架上,15 min 后培养液呈红色者为阳性,以"＋"表示;不变色为阴性,以"－"表示。1 h 后可出现假阳性。或者可以用等量的硫酸铜试剂于培养液中混合,静置,强阳性者约 5 min 后就可产生粉红色反应。

5. 枸橼酸盐利用试验

(1)原理 以枸橼酸钠为唯一碳源,磷酸铵为唯一氮源而生长。利用枸橼酸钠产生碳酸盐与氨盐产生的 NH_3^+ 反应,形成 NH_4OH,使培养基变碱,pH 升高,指示剂溴麝香草酚蓝由草绿色变为深蓝色。

(2)培养基 西蒙氏枸橼酸钠微量发酵管或琼脂斜面培养基。

(3)操作步骤

①微量法 取纯培养细菌接种于枸橼酸盐培养基内,置 37℃培养 48～72 h,如培养基由草绿色变为深蓝色为阳性,以"＋"表示;否则为阴性,以"－"表示。肠杆菌、枸橼酸杆菌和一些沙门氏菌种产生阳性反应,可见菌体生长良好或培养基显为深蓝色。

②常量法 将被检菌纯培养物或单个菌落划线于枸橼酸钠琼脂斜面并在 37℃培养 24～48 h。肠杆菌、枸橼酸杆菌和一些沙门氏菌种产生阳性反应,可见菌体生长良好或培养基显为深蓝色。

6. 硫化氢试验

(1)原理 细菌分解含硫氨基酸,产生 H_2S,与培养基中的醋酸铅或 $FeSO_4$ 反应,形成黑色的硫化铅或硫化亚铁。

(2)培养基 可用成品微量发酵管、醋酸铅琼脂或三糖铁琼脂斜面。

(3)操作步骤

①微量法 取一种细胞纯培养物,接种于 H_2S 微量发酵管中,置 37℃培养 24 h 后观察结果。培养液呈黑色者为阳性,以"＋"表示;无色者为阴性,以"－"表示。

②常量法 用接种针蘸取纯培养物,沿试管壁作穿刺醋酸铅琼脂或三糖铁培养基,37℃培养 24～48 h 或更长时间,培养基变黑色者为阳性。或将纯培养物接种于肉汤,肝浸汤琼脂斜面或血清葡萄糖琼脂斜面,在试管壁和棉花塞之间夹一 6.5 cm×0.6 cm 大小的试纸条(浸有

饱和醋酸铅溶液)，37℃培养，观察，纸条变黑色者为阳性。

7. 氧化酶试验

(1)原理　测定细菌细胞色素氧化酶的产生，阳性反应限于那些能够在氧气存在下生长的同时产生细胞内细胞色素氧化酶的细菌。

(2)试剂　1%四甲基对苯二胺，新鲜配制，装棕色瓶储存，4℃可保存1个月。

(3)操作步骤　加2～3滴试剂于滤纸上，用牙签挑取1个菌落到纸上涂布，观察菌落的反应。阳性反应在5～10 s内由粉红到黑色，15 min后可出现假阳性反应。也可将试液滴在细菌的菌落上，菌落呈玫瑰红然后到深紫色者为阳性。也可在菌落上加试液后倾去，再徐徐滴加用95%酒精配制的1%的α-萘酚溶液，菌落变成深蓝色者为细胞色素氧化酶阳性。

8. 触酶试验

(1)原理　本试验是检测细菌有无触酶的存在。过氧化氢的形成可看作是糖需氧分解的氧化终末产物，因为H_2O_2的存在对细菌是有毒性的，细菌产生酶将其分解，这些酶为触酶(过氧化氢酶)和过氧化物酶。

(2)试剂　3%H_2O_2(新配)。

(3)操作步骤　可用接种环将一菌落放于载玻片的中央，加1滴3%H_2O_2于菌落上，立即观察有无气泡出现，也可在菌落和H_2O_2混合物之上放一张盖玻片，可帮助检出轻度反应，还可降低细胞的气溶胶颗粒的形成。或直接将3%H_2O_2加到培养琼脂斜面或平板上，观察有无气泡出现(血琼脂平板除外)。

9. 脲酶试验

(1)原理　细菌分解尿素产生两分子氨，使培养基pH升高，指示剂酚红显示出红色，即证明细菌有脲酶。

(2)培养基　尿素微量发酵管或Christensen氏尿素琼脂培养基，蛋白胨10 g，葡萄糖1 g，氯化钠5 g，磷酸二氢钾2 g，0.4%酚红溶液3 mL，琼脂20 g，20%尿素溶液100 mL，蒸馏水900 mL。除尿素溶液外，将上述成分依次加入蒸馏水中，加热溶解，调pH至7.2，121℃高压蒸汽灭菌15 min，待冷至50～55℃加入已滤过除菌的尿素溶液，混匀分装于灭菌试管，放成斜面备用。

(3)操作步骤　用接种环将待检菌培养物接种于尿素琼脂斜面，不要穿刺到底，下部留作对照。置37℃培养，于1～6 h检查(有些菌分解尿素很快)，有时需培养24 h到6 d(有些菌则缓慢作用于尿素)。琼脂斜面由粉红到紫红色为阳性反应。

10. 苯丙氨酸脱氨酶试验

(1)原理　若细菌具有苯丙氨酸脱氨酶，能将培养基中的苯丙氨酸脱氨成苯丙酮酸，酮酸能使三氯化铁指示剂变为绿色。变形杆菌、普罗菲登斯菌以及莫拉氏菌有苯丙氨酸脱氨酶活力。

(2)培养基　*DL*-苯丙氨酸2 g(*L*-苯丙氨酸1 g)，氯化钠5 g，琼脂12 g，酵母浸膏3 g，蒸馏水1 000 mL，磷酸二氢钠1 g。分装于小试管内，121℃高压灭菌10 min，制成斜面。

(3)试剂　10% $FeCl_3$水溶液。

(4)操作步骤　将被检菌18～24 h培养物取出，向试管内注入0.2 mL(或4～5滴)10% $FeCl_3$溶液于生长面上，变绿色者为阳性。

11. 氨基酸脱羧酶试验

(1)原理　这是肠杆菌科细菌的鉴别试验,用以区分沙门氏菌(通常为阳性)和枸橼酸杆菌(通常为阴性),若细菌能从赖氨酸或鸟氨酸脱去羧基(—COOH),导致培养基 pH 变碱,指示剂溴麝香草酚蓝就显示出蓝色,实验结果为阳性。若细菌不脱羧,培养基不变则为黄色。

(2)培养基　蛋白胨 5 g,酵母浸膏 3 g,葡萄糖 1 g,蒸馏水 1 000 mL,0.2%溴麝香草酚蓝溶液 12 mL。调整 pH 为 6.8,在每 100 mL 基础培养基内,加入需要测定的氨基酸 0.5 g,所加的氨基酸应先溶解于 1.5% NaOH 溶液内(L-α-赖氨酸 0.5 g+1.5% NaOH 溶液 0.5 mL)。加入氨基酸后,再调整 pH 至 6.8,分装于灭菌小试管内,每管 1 mL,121℃高压灭菌 10 min。

(3)操作步骤　从琼脂斜面挑取培养物少许,接种于试验用培养基内,上面加一层灭菌液状石蜡。将试管放在 37℃培养 4 d,每天观察结果。阳性者培养液先变成黄色后变为蓝色,阴性者为黄色。

12. 明胶液化试验

(1)原理　明胶是一种动物蛋白质,某些细菌具有明胶液化酶,明胶经分解后,可呈现不同的特征,有利于细菌的鉴定。

(2)培养基　明胶培养基。明胶 12～15 g,普通肉汤 100 mL。将明胶加入肉汤内,水浴中加热融化,调 pH 至 7.2,分装试管,115℃高压蒸汽灭菌 10 min,取出后迅速冷却,使其凝固。

(3)操作步骤　分别穿刺接种被检菌 18～24 h 培养物于明胶培养基,置 22℃下培养,观察明胶液化状况。明胶低于 20℃凝成固体,高于 24℃则自行呈液化状态。因此,培养温度最好在 22℃,但有些细菌在此温度下不生长或生长极为缓慢,则可先放在 37℃培养,再移置于 4℃冰箱经 30 min 后取出观察,具有明胶液化酶者,虽经低温处理,明胶仍呈液化状态而不凝固。明胶耐热性差,若在 120℃以上长时间灭菌,能破坏其凝固性,此点在制备培养基时应注意。

五、作业与思考题

1. 解释所做生化试验的原理。
2. 在所做生化试验中,分解糖和分解蛋白质的各有哪些?
3. 试述生化试验在细菌鉴定中的作用和意义。
4. 记录所做生化试验的结果,并对所得的结果进行分析和讨论。

实验十　葡萄球菌检验

一、实验目的与要求

1. 掌握致病性葡萄球菌的微生物诊断方法。
2. 了解葡萄球菌的形态、排列、生化特性。

二、实验原理

葡萄球菌在自然界中分布极广，常存在于动物的皮肤、呼吸道及消化道中。其中有的为非致病菌，有的为致病菌。这些细菌的形态、培养和生化反应具有一定的特点，熟悉这些特性，掌握细菌学诊断方法以及致病性葡萄球菌的主要鉴别要点。

三、实验器材

1. 器械

恒温培养箱、接种棒、酒精灯、接种棒、记号笔、试管架等。

2. 材料

(1)菌种　金黄色葡萄球菌的血琼脂平板和普通营养琼脂平板培养物各一块，金黄色葡萄球菌斜面培养物。

(2)试剂　甘露醇微量发酵管、血琼脂平板、1∶5 兔血浆、3%H_2O_2。

四、实验内容与方法

1. 葡萄球菌的形态观察

挑取各种葡萄球菌的菌落或病料涂片，革兰氏染色后，观察其形态、排列及染色性。在液体培养物和病料涂片中，葡萄球菌常呈单个、成对或短链状。在固体培养基上生长的常呈典型的葡萄串状排列。革兰氏阳性。

2. 葡萄球菌的培养特性

(1)接种　将血琼脂平板分为几个等份，取各种葡萄球菌或病料，用划线培养法分别接种于血平板，并标记之。同样，分别将菌种接种于普通琼脂平板及普通肉汤，置 37℃ 培养 18～24 h。

(2)观察结果及记录

①普通琼脂平板　菌落呈圆形、小、湿润、不透明、边缘整齐、表面隆起的光滑菌落。由于菌株不同可能呈现黄色、白色或柠檬色。

②血液琼脂平板　多数致病性菌落形成明显的溶血。

③肉汤　显著浑浊，形成沉淀，在管壁形成菌环。

3. 葡萄球菌的生化特性

(1)甘露醇发酵试验　将各种葡萄球菌分别接种于甘露醇发酵管中，置 37℃ 培养 24 h，观察分解甘露醇的情况。

(2)过氧化氢酶试验　将 1 mL 3%过氧化氢，倾注于普通琼脂平板上生长的菌落中，观察有无气泡发生，出现气泡者为阳性。或取少量的 3%过氧化氢注入清洁小试管中，用细玻璃棒蘸少许细菌，插入过氧化氢液面之下，观察有无气泡产生。

(3)凝固酶试验

①试管法　将 1∶10 的兔血浆或羊血浆 1 mL，置于清洁的小试管中，加入 5～10 滴肉汤培养物或细菌悬液，摇匀，置 37℃，定时观察至 6 h。如呈现胨胶状为阳性。

②玻片法　于玻片上滴加生理盐水1滴,挑取菌落浮于生理盐水中,然后滴加兔血浆1滴,混匀,若细菌凝集成块则为阳性。

4. 致病性葡萄球菌的鉴定

大多数致病性葡萄球菌,耐热核酸酶及兔血浆凝固酶试验为阳性;产生金黄色色素;血液平板上形成溶血;发酵甘露醇产酸不产气(表4-4)。

表4-4　3种葡萄球菌的鉴别

菌种	耐热核酸酶试验	三糖铁培养基底部变黄	发酵甘露醇	
			有氧条件下	无氧条件下
金色葡萄球菌	+	+	+	+
表皮葡萄球菌	−	+	+−	+
腐生葡萄球菌	−	−	+−	−

注:+−有些菌株为阳性,有些为阴性。

五、作业与思考题

1. 描述葡萄球菌的基本形态及培养特征。
2. 试验葡萄球菌血浆凝固酶试验的原理及意义。
3. 简述致病性葡萄球菌检验程序。

实验十一　肠杆菌科细菌检验

一、实验目的与要求

1. 了解大肠杆菌与沙门氏菌的形态与染色特性。
2. 熟悉大肠杆菌与沙门氏菌的主要培养特性。
3. 熟悉大肠杆菌与沙门氏菌常规微生物学诊断方法。

二、实验原理

肠杆菌科的细菌种类繁多,在自然界中广泛分布,能引起人和动物的多种传染性疾病,尤其是消化道的传染病,具有极为重要的公共卫生学意义。该科成员染色形态相似,但各种细菌的生化特性较为稳定,具有重要的诊断意义。

三、实验器材

1. 器械

恒温培养箱、接种棒、酒精灯、接种棒、记号笔、试管架等。

2. 材料

(1)菌种 混合菌液甲(大肠杆菌与沙门氏菌),混合菌液乙(产气肠杆菌与普通变形杆菌)。

(2)观察材料 4种细菌的肉汤培养物、琼脂平板、麦康凯或SS琼脂平板的培养物、三糖铁琼脂培养物。

(3)培养基 亚硒酸盐亮绿增菌液或四硫磺钠增菌液;SS琼脂平板、麦康凯琼脂平板等选择与鉴定培养基。普通琼脂斜面、三糖铁琼脂;生化培养基蛋白胨水、葡萄糖蛋白胨水、糖醇发酵培养基、尿素琼脂、醋酸铅琼脂、枸橼酸盐琼脂、半固体琼脂等。

(4)生化试剂 MR试剂、VP试剂、吲哚试剂、乙醚、硝酸还原试剂、生理盐水等。

(5)沙门氏杆菌诊断血清 A～E群多价O血清及单因子血清。

四、实验内容与方法

根据本实验与所含内容的系统性及实验操作的阶段性,可将全实验分几个阶段来完成,其安排是:

阶段一 大肠杆菌与沙门氏菌(附产气肠杆菌、普通变形杆菌)的形态培养特性的观察,实验材料的增菌与直接分离培养。

阶段二 识别菌落、作纯培养及三糖铁琼脂培养接种。

阶段三 菌落纯度检查及生化培养基接种。

阶段四 生化反应结果观察与沙门氏菌血清学诊断。

阶段一至阶段三应连续安排,阶段四可在阶段三后3～4 d进行。现将四阶段分述如下:

1. 阶段一

(1)培养特性观察 对大肠杆菌、沙门氏菌、产气肠杆菌、普通变形杆菌在常用培养基上的培养特性作仔细观察,并互相比较。

(2)形态观察 以无菌接种环分别挑取上述4种细菌在麦康凯琼脂平板上生长的单个菌落,在玻片上制成涂片,待自然干燥后,以火焰固定,用革兰氏染色法染色,镜检。观察每种细菌的形态、大小与排列方式,并作比较。

这4种细菌都是革兰氏阴性而两端钝圆的杆菌,无芽孢和荚膜,大小差异不明显。

(3)增菌培养 用无菌2 mL刻度吸管取混合菌液甲2 mL,分别加入亚硒酸盐亮绿增菌液10 mL的试管与四硫磺钠增菌液10 mL的试管中各1 mL。换另一支无菌吸管,以同样的方法将混合菌液乙接种到两种增菌液中,接种后轻轻摇匀,置37℃恒温箱内培养18～24 h。

(4)直接分离培养 混合菌液用常规划线方法,接种麦康凯或远藤氏(或其他)琼脂平板和SS琼脂平板各一个。置37℃恒温箱内培养24 h后取出,观察每种平板上两种细菌的生长情况,单个菌落的形态,并作比较。

在实际工作中,检查大肠杆菌与沙门氏菌的病科(排泄物、脏器、胃肠内容物、流产胎儿等)

时,应同时进行增菌与直接分离培养。如果直接分离培养能获得可疑菌落,则增菌培养物可不再作用。否则,需从 24 及 48 h 的增菌培养物中两次挑取材料,重复作划线分离培养。

保留获得单个菌落的平板培养物,待阶段二时使用。

2. 阶段二

(1)纯培养　从经 24 h 培养的麦康凯琼脂平板或 SS 琼脂平板上,分别选出 4 种不同细菌的单个菌落。然后,用无菌接种环在 4 种单个菌落的中央表面轻轻挑取培养物少许,各移植至普通琼脂斜面一管,置 37℃恒温箱中培 24 h 后,取出后在冰箱内或室温保存,备用。

(2)三糖铁琼脂接种　用灭菌接种环从纯培养所选定的 4 种单个菌落中再次分别挑取细菌少许,每接种一管三糖铁琼脂。接种时,先涂布斜面,后穿刺底层。置 37℃恒温箱中培养 24 h,取出观察其反应情况,并将结果记录在后面的附表内。

3. 阶段三

(1)菌种纯度检查　生化实验前,须对菌种进行纯度检查,以保证其不污染杂菌,否则,影响生化反应结果的准确性。检查方法同一般培养物的制片、染色、镜检。镜检时要适当多看几个视野,每视野中细菌形态与染色性质均须符合该菌种的特性。凡污染杂菌者,此菌种不可使用。

(2)糖发酵管接种　每种培养物分别接种葡萄糖、乳糖、麦芽糖、甘露醇、蔗糖、卫矛醇微量生化培养管。每种糖一管,或穿刺接种每种糖的半固体糖培养基。

(3)蛋白胨水接种　每种菌种接种一管,培养后作吲哚试验。

(4)葡萄糖蛋白胨水接种　每种菌种接种两管,培养后一管做 MR 试验,另一管做 VP 试验。

(5)尿素琼脂接种　每一纯培养接种一管,接种量可以大。

(6)枸橼酸盐琼脂接种　每一纯培养接种一管,接种量要少。

(7)醋酸铅琼脂接种　每一纯培养接种一管,接种时应靠近管壁穿刺,以便于观察结果。

(8)半固体琼脂接种　纯培养各穿刺接种一管,穿刺线应在培养基中央,一直刺到管底,拔出穿刺针应顺原穿刺线取出,切不可左右滑动,以免影响观察结果。

以上培养基接种后,应在各管管壁上标记接种号码,然后置入 37℃恒温箱中培养 2～3 d,待下阶段实验结果。糖培养基按规定应每日观察一次,尿素培养基接种的细菌量多时,一般在培养后数小时内出现反应结果。但为了便于实验,都可在下次实验观察结果。

4. 阶段四

(1)糖发酵　取经 2～3 d 培养后的 4 种细菌的 6 种糖培养管一一观察,凡培养基变为黄色者,表示该菌发酵此糖产酸(＋);凡培养基不变色者,表示该菌不发酵此糖(－)。

(2)MR 试验　取一支经 2～3 d 培养的葡萄糖蛋白胨水培养管,加入 MR 试剂数滴(2～5 d),凡液体呈红色者为阳性反应(＋),呈黄色者为阴性反应(－),橙黄色者为可疑反应(±)。

(3)VP 试验　取另一支葡萄糖蛋白胨水培养管,先加含甲萘酚的 VP 试剂甲液 3 mL,再加 VP 试剂乙液(40％KOH)1 mL,摇匀后静置试管架上 1～2 h 后,观察结果。凡液体呈红色者为阳性,不变者为阴性。

(4)吲哚试验　取蛋白胨水培养管先加乙醚少量,塞紧棉塞摇振试管,使乙醚与培养液充分混匀,静置试管架上片刻,待乙醚浮于液面上层时,沿管壁加入吲哚试剂 2～3 滴。凡在乙醚上层内出现玫瑰红者为阳性反应,不变色者为阴性反应。

(5)枸橼酸盐利用 观察经 2～3 d 培养的枸橼酸盐琼脂管是否有细菌生长,并观察其颜色变化。凡有细菌生长,培养基变为天蓝色者,为该菌利用枸橼酸盐,否则为阴性反应。

(6)硫化氢试验 观察经 2～3 d 培养的醋酸铅琼脂管,凡沿穿刺线或其周围出现黑色沉淀者,为 H_2S 阳性反应,无黑色者为阴性反应。

(7)运动力检查 观察半固体琼脂培养管,凡细菌有鞭毛能运动者,则部分或全部半固体琼脂变浑浊,凡不运动者细菌仅在穿刺线上生长,穿刺线外围培养基仍然透明。

将上述各项生化反应结果填入表 4-5 内。

表 4-5 4 种细菌生化反应结果

细菌	三糖铁醇脂		糖发酵						甲基红	VP	吲哚	H_2S	尿素酶	枸橼酸盐利用	运动力
	肉汤琼脂斜面	低层 H_2S	葡萄糖	乳糖	麦芽糖	甘露醇	蔗糖	卫矛醇							
大肠杆菌															
沙门氏菌															
产气杆菌															
变形杆菌															

(8)沙门氏菌血清学诊断 沙门氏菌血清学诊断,有玻板(片)凝聚法与试管凝集法两种,常用的是玻板凝聚法,所以本实验仅做此法。

①分群 取一张清洁的玻片,滴一小滴(或接种环 2 满环)沙门氏菌多价 O 血清(A～E 组)至玻片上,再用接种环挑取疑为沙门氏菌的纯培养物少许,与玻片上的多价 O 血清混匀成浓菌液,混匀后摇动玻片,如在 2 min 内(室温 20～25℃,如冬天需适当加温)出现凝集现象,即可初步诊断该菌为沙门氏菌。

同样应以生理盐水代替多价血清作同样的玻板凝集反应,被哪一种 O 型因子所凝集,则确定被检沙门氏菌为该群。例如:O9 因子血清+培养菌→凝集,则为 O9 群沙门氏菌。

②定型 菌群解决后,用该群所含的各 H 因子血清和被检测菌作玻板凝集反应,以确定其 H 抗原。根据检测的 O 型抗原和 H 抗原列出被测菌的抗原式,查对有关沙门氏菌的抗原表即可知被检菌为哪种沙门氏菌。

一般情况下,如不要求定型,只做到定群这一步即可,在实际工作中,判断被检菌是否为沙门氏菌,应根据被检菌的生化反应和血清学诊断结果结合起来考虑,凡两者均符合沙门氏菌特性,则确认为沙门氏菌;凡两者均不符合者,则否定为沙门氏菌;凡两者中有一项符合沙门氏菌特性者,则认为是沙门氏菌(表 4-5)。

总结以上实验内容,可知大肠杆菌与沙门氏菌的一般检测程序如图 4-7 所示。

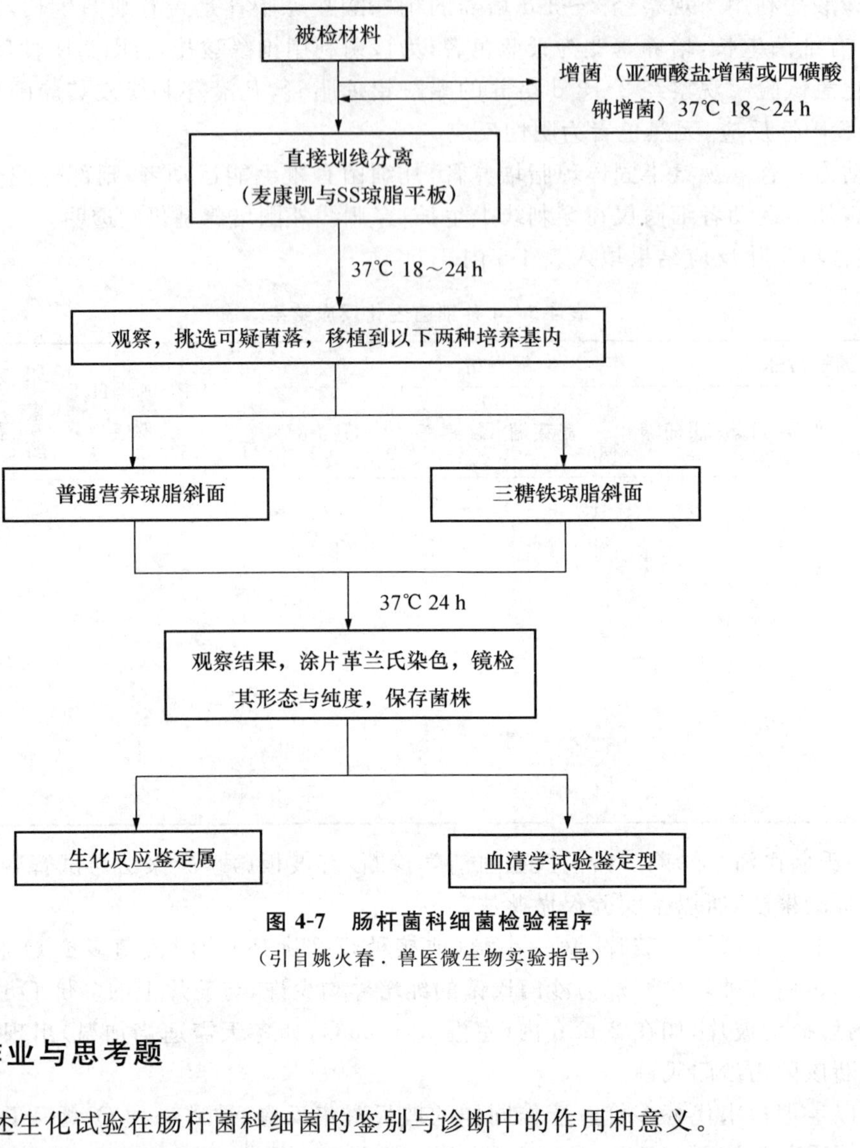

图 4-7　肠杆菌科细菌检验程序

（引自姚火春．兽医微生物实验指导）

五、作业与思考题

1. 试述生化试验在肠杆菌科细菌的鉴别与诊断中的作用和意义。
2. 记录并分析试验结果。

实验十二　芽孢杆菌的诊断

一、实验目的与要求

1. 学会炭疽杆菌实验室检验的步骤和方法。
2. 掌握炭疽杆菌和类炭疽杆菌鉴别要点。

3. 掌握炭疽杆菌的分离培养技术。

二、实验器材

1. 器械

干燥箱、高压蒸汽灭菌锅、酒精灯、接种棒。

2. 材料

炭疽杆菌和蜡样杆菌普通斜面培养物、普通平板培养基、普通肉汤培养基、明胶培养基、消毒液等。

三、实验内容与方法

如表 4-6 和图 4-8 所示，注意比较两种细菌的培养特征。

表 4-6　炭疽杆菌与蜡样杆菌的鉴别

（引自姚火春．兽医微生物实验指导）

鉴别项目	炭疽杆菌	蜡样杆菌
菌落	扁平粗糙、边缘不齐，呈卷发状	扁平、边缘不齐，蜡样光泽
荚膜形成	+	−
肉汤生长	上液清亮，有絮状沉淀，无菌膜	均匀浑浊，颗粒状沉淀，有菌膜
溶血反应	不溶血或微溶血	呈 β-溶血
动力	−	+（±）
串珠试验	+	−
青霉素抑制	+	−
γ 噬菌体裂解	+	−
碳酸氢钠琼脂	M 型菌落	R 型菌落
对豚鼠的治病能力	+	−
Ascoli 反应	强阳性	阴性或阳性

1. 检验材料的采取

对疑为死于炭疽的动物尸体，通常严禁解剖，应自耳根部等末梢血管处采血或取天然孔流出的血液图片镜检，作初步诊断。必要时可切开肋间采取脾脏。疑为皮肤炭疽可采取病灶水肿液或渗出物，疑为肠炭疽可采取粪便。若已错剖畜尸，则可去脾、肝、淋巴结等进行检验。需要时也可将皮、毛、骨粉等畜产品或饲草、饲料、土壤等送检。

2. 涂片染色镜检

挑取炭疽杆菌斜面培养物作涂片，革兰氏染色，镜检；待炭疽杆菌致死小鼠剖解分离培养后，用肝或脾制成触片，进行美蓝或吉姆萨染色，然后镜检。菌体呈砖形、单个或 2～5 个短链的竹节状，两节之间有清晰的间隙，菌体外有明显红色荚膜的革兰氏阳性大杆菌，体外培养物有芽孢但不形成荚膜。陈旧、腐败的病料镜检时，往往仅能见到无菌体的荚膜残骸，即所谓“菌影”。

3. 分离培养

(1)分区划线法　无菌操作取材。分区划线接种于普通琼脂平板上，37℃培养 24 h，观察

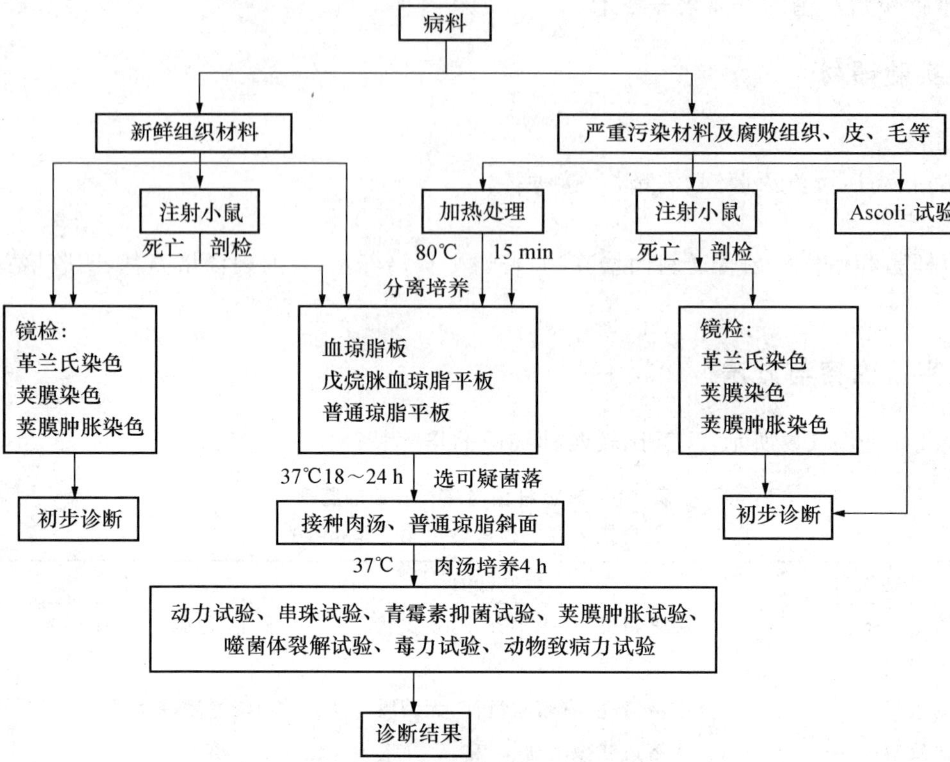

图 4-8 炭疽杆菌的微生物学诊断程序

(引自姚火春．兽医微生物实验指导)

其生长特性,有低、扁平、表面粗糙、干燥、边缘卷发状的典型菌落生长。

(2)肉汤培养法　取上述病料或普通斜面培养物接种于肉汤培养基,37℃培养 24 h后可见肉汤澄清,管底有絮状生长物沉淀,轻摇成丝状而不散,随即渐渐降下,不形成菌膜或菌环。

对污染严重或陈旧材料,以及皮、毛、骨粉、土壤、饲草和饲料等,可剪碎或直接浸泡于悬液接种于上述平板或戊烷脒血琼脂等炭疽杆菌选择性琼脂平板。将接种好的琼脂平板置 37℃培养 18～24 h后,挑选可疑菌落,并经抹片、革兰氏染色、镜检,转接普通琼脂斜面和普通肉汤进行纯培养,做进一步的鉴定。

4. 穿刺鉴别试验

以铂金针取炭疽杆菌斜面培养物,垂直穿刺接种明胶培养基,置 20℃温箱培养 48～72 h后,观察炭疽杆菌的特征性生长。沿穿刺线形成白色的倒立松树状生长,培养 2～3 d后,其液面往往液化呈喇叭口状。

5. 鉴别试验

通过鉴别试验,区别炭疽杆菌与蜡样芽孢杆菌及其他需氧芽孢杆菌,并对所分离菌进行鉴定。以下列举几项鉴别试验。

(1)培养特性观察　观察琼脂平板上纯培养物的培养特性,典型的炭疽杆菌菌落大而扁平、表面粗糙、灰白色、干燥、无光泽、不透明、边缘呈卷发状、在血琼脂平板上不溶血或极轻微溶血;肉汤纯培养物在 24 h后观察,肉汤应澄清,管底有白色絮状沉淀物,轻摇不散,液面无菌膜、菌环；对平板和肉汤中的纯培养物涂片，革兰氏染色，镜检；在明胶穿刺培养中呈倒立松树状生长，培养 2～3 d 后，明胶上部逐渐液化呈漏斗状。

(2)噬菌体裂解试验　取待检菌 37℃培养 4～6 h 的肉汤培养物，用接种环密集涂布于普通琼脂平板一定区域(直径约 2 cm)，待干后，在涂菌中部滴加诊断用的炭疽杆菌噬菌体一接种环，待干后，置 37℃培养 8 h，观察有无噬菌斑。若出现明显而透明噬菌斑者为炭疽杆菌。必要时可继续培养至 18 h，再观察一次，以防错判。试验最好以已知炭疽杆菌作为阳性对照。

(3)串珠试验　取待检菌接种肉汤，37℃培养 6 h，摇匀取一接种环，转种于 1.8 mL 肉汤管中，同时加入 5 IU/mL 青霉素液 0.2 mL，使最终浓度为 5 IU/mL，另取 2 mL 肉汤管接种待检菌，不加青霉素作为对照。均置 37℃水浴中作用 1～2 h，取出加入甲醛，使最终浓度为 2%，固定 10 min，涂片，晾干，再火焰固定，用 1∶10 石炭酸复红或美蓝染色 2～3 min，镜检。若试验管菌体呈串珠状而对照管菌体仍呈长链杆状，表示被检菌为炭疽杆菌。串珠试验也可结合荧光抗体染色，更具有实用价值。

(4)青霉素抑菌试验　取待检菌 2～3 h 的肉汤培养物 0.1 mL，滴在 2%兔血清琼脂平板中心处，用 L 棒均匀涂布于表面。待干后用无菌镊子夹取青霉素纸片(青霉素 100 IU/片)一张，贴于琼脂平板中央，置 37℃培养 1～2 h，用低倍镜观察，先找到纸片边缘，由内向外移动检查，由于青霉素向四周扩散而形成不同的浓度差，可见纸片周围形成 3 个圈。第 1 圈青霉素浓度高，炭疽杆菌生长完全被抑制，为无菌生长的透明圈；第 2 圈青霉素浓度较低，炭疽杆菌形态发生改变，菌体肿大呈串珠状；第 3 圈无青霉素的作用，炭疽杆菌生长良好。此结果观察后，仍将琼脂平板置 37℃继续培养 8～12 h，测量纸片周围抑菌圈的大小，炭疽杆菌一般为 20 mm 左右，其他需氧芽孢杆菌不形成抑菌圈，少部分菌株可能会有大小不等的抑菌圈，这可与炭疽杆菌相区别。

(5)毒力试验　将待检菌接种于含 0.5%～0.75%碳酸氢钠的琼脂平板上，置于 10%～20%CO_2 环境中，37℃培养 18～24 h，肉眼观察菌落。有毒炭疽芽孢杆菌可发生菌落形态变异，由粗糙型变为黏液型，而无毒炭疽芽孢杆菌及类炭疽芽孢杆菌在此条件下不发生菌落形态变异，仍为粗糙型。

6. 动物致病力试验

(1)材料准备　培养 18 h 的肉汤培养物及血液、渗出液等，可直接注射试验动物；组织材料制成 1∶5 乳悬液注射动物；污染严重的材料及皮、毛、土壤和饲料等可按分离培养时的处理方法制备悬液，将加热处理或不经加热处理的悬液注射动物。

(2)接种方法与剂量　一般用皮下注射法。小鼠 0.1～0.2 mL、豚鼠 0.2～0.5 mL、家兔 0.2～1 mL。通常于接种 12 h 后可见局部水肿，18～72 h 后动物死于败血症。猪局部淋巴结的炭疽“菌影”毒性常弱小，应当用乳兔或小鼠作腹腔注射接种。

(3)死后剖检　动物死亡后应尽快剖解，如在注射部位皮下出现胶样渗出物，肝、脾肿大，发暗黑色，为炭疽杆菌有毒株的特征。取心、血和脾，做分离培养，并制成涂片或触片染色镜检。如发现带有荚膜的粗大杆菌，即可判定为由炭疽杆菌引起的死亡。

(4)快速检验　将准备好的材料 0.2 mL 腹腔注射 1～2 只小白鼠，同时皮下注射 1 只小白鼠，于注射后 2 h、4 h 和 6 h，分次抽取极少量的腹腔渗出液，涂片染色镜检，观察是否有带荚膜的大杆菌。小鼠一般在注射后 10～48 h 死亡，死亡后断其尾，以断尾涂片染色镜检。

此外还可做荚膜荧光抗体染色、荚膜肿胀试验、琼脂扩散试验等进行检验。

7. 注意事项

在微生物实验室诊断时，对疑似炭疽病死亡的动物尸体及其他材料，在取材时应小心，取材后的尸体应立即焚毁，器械须严格消毒，严防污染、传播。

四、作业与思考题

1. 培养物与动物组织中的炭疽杆菌在形态结构上有何差异？各常用什么染色方法？
2. 描述炭疽杆菌和蜡样杆菌的培养特征。
3. 炭疽杆菌的诊断要点是什么？

实验十三　病毒鸡胚培养

一、实验目的与求

1. 掌握鸡胚的孵化过程和不同日龄鸡胚的接种途径和接种方法。
2. 掌握新城疫病毒在鸡胚尿囊腔增殖过程，掌握接毒和收毒的方法。

二、实验原理

病毒培养可用动物接种、鸡胚培养和组织培养法。鸡胚接种培养是病毒学的重要方法之一，来自禽类的病毒，均可在鸡胚中繁殖，哺乳动物的病毒如蓝舌病病毒、流感病毒等也可在鸡胚中繁殖。目前，鸡胚尤其是 SPF 鸡胚被广泛用于分离病毒、制造疫苗和抗原等，其来源丰富，操作简便。除病毒外，衣原体、立克次氏体也可用鸡胚来培养，衣原体可在鸡胚卵黄囊繁殖，致死鸡胚；部分立克次氏体也可在卵黄囊中繁殖。

三、实验器材

1. 器械

孵化箱、蛋架、1 mL 注射器。

2. 材料

白壳鸡胚、新城疫Ⅰ系和Ⅱ系弱毒苗等。

四、实验内容与方法

(一)实验准备

1. 鸡胚的选择和孵化

应选健康无病鸡群或 SPF 鸡群的新鲜受精蛋。为便于照蛋观察，以来航鸡蛋或其他白壳蛋为好。用孵卵箱孵化，要特别注意温度、湿度和翻蛋。孵化条件一般选择相对湿度为60%，最低温度36℃，一般37.5℃。每日翻蛋最少3次，开始可以将鸡胚斜放，在接种前2天立放，大头向上，注意鸡胚位置，如胚胎偏在一边易死亡。

孵化3～4 d，可用照蛋器在暗室观察。鸡胚发育正常时，可见清晰的血管及活的鸡胚，血管及其主要分支均明显，呈鲜红色，鸡胚可以活动。未受精和死胚胚体固定在一端不动，看不到血管或血管消散，应剔除。鸡胚的日龄根据接种途径和接种材料而定，卵黄囊接种，要用6～8日龄的鸡胚；绒毛尿囊腔接种，要用9～10日龄鸡胚；绒毛尿囊膜接种，要用9～13日龄的鸡胚；血管注射，要用12～13日龄鸡胚；羊膜腔和脑内注射，要用10日龄鸡胚。

2. 接种前的准备

(1)病毒接种材料的处理　怀疑污染细菌的液体材料，加抗生素(青霉素100～500 IU和链霉素100～500 μg)置于室温中1 h或冰箱12～24 h高速离心取上清液，或经滤器滤过除菌。如为患病动物组织，应剪碎、研磨、离心取上清液，必要时加抗生素处理或过滤。

(2)照蛋　以铅笔画出气室、胚胎位置见图4-9，若要作卵黄囊接种或血管注射，还要画出相应的部位。

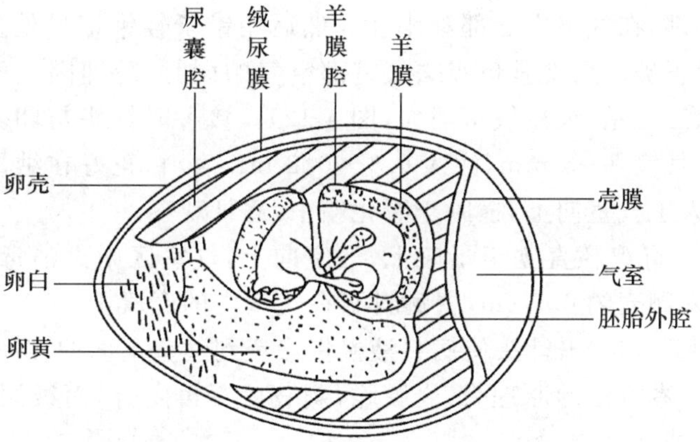

图4-9　10～11日龄鸡胚各部结构示意图

(引自姚火春．兽医微生物学实验指导)

(3)打孔　用碘酊在接种处的蛋壳上消毒，并在该处打孔。

(二)鸡胚的接种

鸡胚接种一般用结核菌素注射器注射，注射完后均应用熔化的石蜡将接种孔封闭。

1. 绒毛尿囊腔内注射

取9～10日龄鸡胚，用锥子在酒精灯火焰烧灼消毒后，在气室顶端蛋壳消毒处钻一小孔，针头从小孔处插入，深1.5 cm，即已穿过了外壳膜且距胚胎有半指距离(图4-10)，注射量0.1～0.2 mL。注射后以石蜡封闭小孔，置孵育箱中直立孵育。

2. 卵黄囊内注射

取6～8日龄鸡胚，可从气室顶侧接种(针头插入3～3.5 cm)，因胚胎及卵黄囊位置已定，也可从侧面钻孔，将针头插入卵黄囊接种。侧面接种不易伤及鸡胚，但针头拔出后部分接种液有时会外溢，需用酒精棉球擦去。其余同尿囊腔内注射(图4-11)。

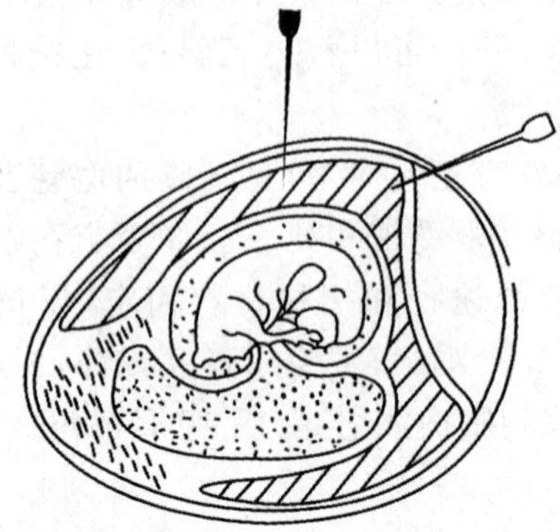

图 4-10　尿囊腔接种的两种途径示意图

(引自姚火春．兽医微生物学实验指导)

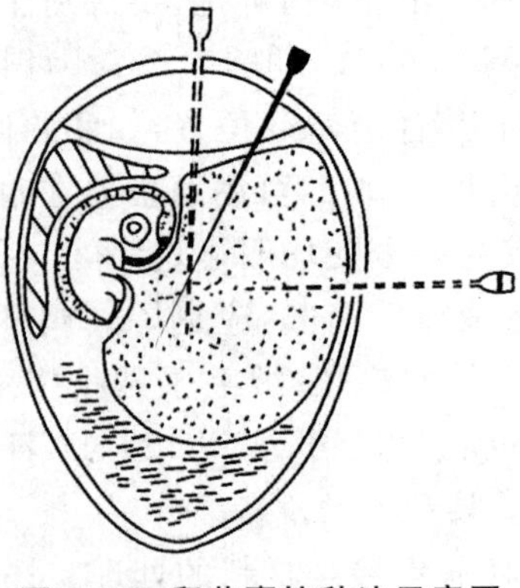

图 4-11　卵黄囊接种法示意图

(引自姚火春．兽医微生物学实验指导)

3．绒毛尿囊膜接种

(1)人工气室法　取 10～11 日龄鸡胚,先在照蛋灯下检查鸡胚发育状况,画出气室位置,并选择绒尿膜发育区做一“记号”。将胚蛋横卧于蛋座上,绒尿膜发育区记号朝上。用碘酒消毒记号处及气室中心部,在气室中心部锥小孔。然后用锥子轻锥记号处蛋壳,约 0.5 mm 深,使其卵壳穿孔而壳膜不破。用洗耳球吸去气室部空气的同时,随即因上面小孔进入空气而绒尿膜陷下形成一个人工气室,天然气室消失(图 4-12)。接种时针头与卵壳呈直角。自上面小孔直刺破卵膜进人工气室 3～5 mm,注入 0.1～0.2 mL 病料,正好在绒尿膜上。接种完毕用熔化石蜡封闭两孔,人工气室向上,横卧于孵化箱中,逐日观察。

(2)直接接种法　将鸡胚直立于蛋座上,气室向上,气室区中央消毒打孔,用针头刺破壳膜,接种时针头先刺入卵壳约 0.5 cm,将病料滴在气室内的壳膜上(0.1～0.2 mL),再继续刺入 1.0～1.5 cm(图 4-13),拔出针头使病料液慢慢渗透到气室下面的绒尿膜上,然后用石蜡封孔,放入孵化箱培养。本方法的原理为:壳膜脆,刺破后不再闭合,而绒尿膜有弹性,当针头拔出后被刺破的小孔立即又闭合。

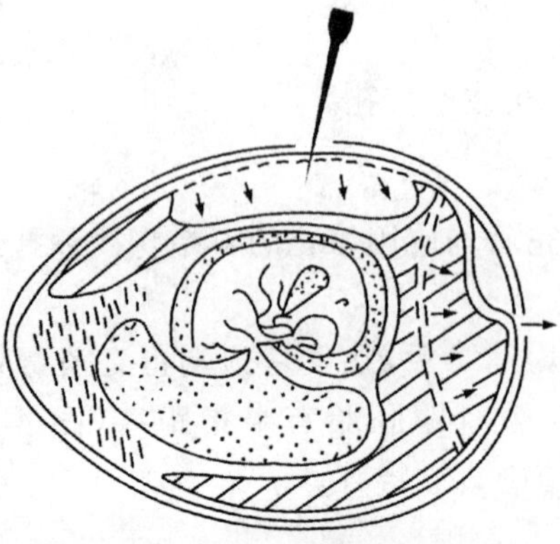

图 4-12　鸡胚绒尿膜人工气室接种示意图

(引自姚火春．兽医微生物学实验指导)

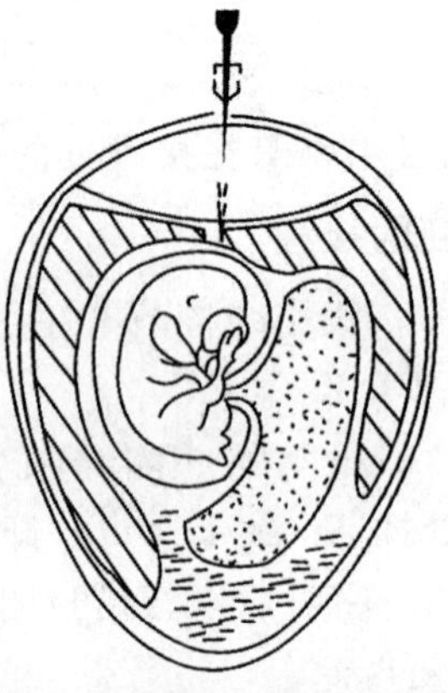

图 4-13　鸡胚绒尿直接接种法

黑线针头为第一次刺入深度;

虚线针头为第二次刺入深度

(引自姚火春．兽医微生物学实验指导)

4. 羊膜腔内接种

所用鸡胚为10日龄，有两种方法。

(1)开窗法　从气室处去蛋壳开窗，从窗口用小镊子剥开蛋膜，一手用平头镊子夹住羊膜腔并向上提，另一手注射0.05～0.1 mL病料液入腔内，然后封闭人工窗，使蛋直立孵化，此法可靠，但胚胎易受伤而死，而且易污染。

(2)盲刺法　将鸡胚放在灯光向上照射的蛋座上，将蛋转动使胚胎面向术者。在气室顶部到边缘的一半处打一孔，用40 mm长的针头垂直插入，深约30 mm以上。如已刺入羊膜腔，能使针头拨动胚即可注入病料液0.1～0.2 mL，如针头左右移动时胚胎随着移动，则针头已刺入胚胎，这时应将针头稍稍提起后再注射(图4-14)。拔出针头后石蜡封闭小孔。置于孵化箱中培养。

将接种材料滴在人工气室的绒尿膜上。虚线表示原先的壳膜位置，小箭头表示绒尿膜移动方向。

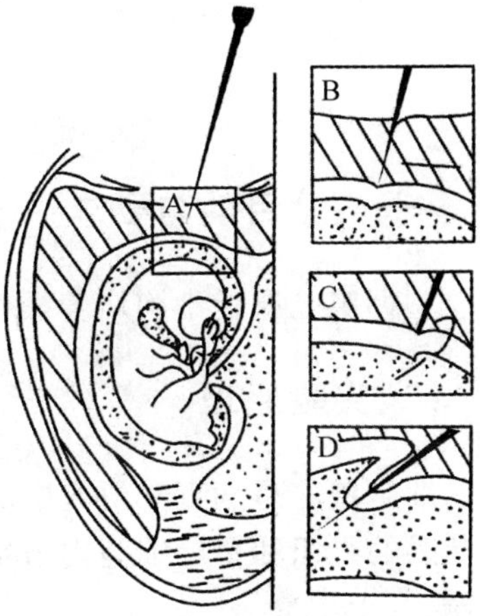

图4-14　羊膜腔接种示意图

A. 针头刺入触及尿囊-羊膜(此膜弹性很大)；B. 针头向左移动；C. 形成一个褶皱；D. 针头呈45°刺入羊膜

(引自姚火春．兽医微生物学实验指导)

(三)接种后检查

接种后24 h内死亡的鸡胚，是由于接种时鸡胚受损或其他原因而死亡，应弃去；24 h后，每天照蛋2次，如发现鸡胚死亡立即放入冰箱，于一定时间内不能致死的鸡胚亦放入冰箱冻死。死亡的鸡胚置于冰箱中1～2 h即可取出收取材料并检查鸡胚病变。

(四)鸡胚材料的收获

原则上接种什么部位，收获什么部位。

(1)绒毛尿囊腔内接种者用无菌手术去气室顶壳，开口直径为整个气室区大小，用无菌镊子撕去一部分蛋膜，撕破绒尿膜而不破羊膜。用镊子轻轻按住胚胎，用无菌吸管或消毒注射器吸取绒毛尿囊液置于无菌试管中，多时可收获5～8 mL，将收获的材料低温保存。

收获时注意将吸管尖置于胚胎对面，管尖放在镊子两头之间。若管尖不放镊子两头之间，游离的膜便会挡住吸管吸不出液体。收集的液体应清亮，浑浊则表示有细菌污染。最后取2滴绒毛尿囊液滴于斜面培养基上放在温箱培养作无菌检查。无菌检查不合格，收集材料废弃。

(2)羊膜腔内接种首先收完绒毛尿囊液，然后用注射器带针头插入羊膜腔内收集，可收到约1 mL液体，无菌检查合格保存。

(3)卵黄囊内接种者，先收掉绒毛尿囊液和羊膜腔液，后用吸管吸乱晃液。无菌检查同上。并将整个内容物倾入无菌平皿中，剪取卵黄膜保存，若要做卵黄囊膜涂片时，应于此时进行。

五、作业与思考题

1. 常用鸡胚接种方法有哪些？
2. 鸡胚接种时应注意哪些事项？

实验十四　鸡胚原代细胞培养

一、实验目的与要求

掌握鸡胚原代细胞培养操作的基本程序,观察单层细胞生长情况。

二、实验原理

细胞培养是病毒学研究中的重要手段,是进行病毒性疾病诊断必不可少的工具。病毒能在易感的组织和单层细胞内增殖,并可产生细胞病变。细胞培养分为原代细胞培养、传代细胞培养。

细胞培养对玻璃器皿洗涤要求严格,彻底洗涤后用蒸馏水冲洗,再用双蒸水冲洗,干燥灭菌后备用。所用的溶液都要用双蒸水配制,所有药品要用分析纯试剂,严格要求无菌操作。

三、实验器材

1. 器械

培养箱、培养盘、蛋座、水浴锅、手术剪、镊子、灭菌的培养皿、50 mL 三角瓶、滴管若干、链霉素小空瓶若干(加入细胞悬液培养用)、高压灭菌塞子若干。

2. 材料

9～10 日龄鸡胚、Hank's 液 50 mL、0.5%水解乳蛋白液或 MEM 培养液 20 mL(内含犊牛血清 1 mL,双抗 0.2 mL,pH 7.2)、0.25%胰蛋白酶 5 mL、7%$NaHCO_3$ 1 mL、95%酒精等。

四、实验内容与方法

1. 配液

制备细胞前先在 Hank's 液中加青霉素、链霉素,使其含量为青霉素 100 IU/mL,链霉素 100 μg/mL,调整 pH 至 7.2～7.4,将胰蛋白酶调整 pH 7.6(玫瑰红色)。置 37℃水浴锅中预热备用。

2. 取胚及剪碎

将胚蛋气室端向上直立于蛋座上,用碘酊消毒气室,用镊子击破卵壳并弃去,撕破卵膜揭开,再撕破绒尿膜、羊膜,取出胚胎于灭菌平皿中。剪去头部、翅爪及内脏,用 Hank's 液(简称 H 液)洗去体表血液,移入灭菌三角瓶中,用灭菌剪刀剪碎鸡胚,使之成为约 1 mm^3 大小的碎块,加 5 mL H 液轻摇,静置 1～2 min,使其组织块下沉。吸去上层悬液,依同法再洗两次,至上悬液不浑浊为止,吸干 H 液留组织。

3. 消化

自水浴锅内取出预热的胰酶,按组织块量 3～5 倍加入三角瓶中,1 个鸡胚约需 5 mL 胰酶，三角瓶上加塞，以免 CO_2 挥发及污染。37℃水浴约 20 min，每隔 5 min 轻轻摇动 1 次，由于胰酶作用，使细胞与细胞之间的氨基和羧基游离，待液体变混而稍稠，此时再轻摇组织块悬浮在液体内而不易下沉时，则需中止消化，如再继续消化下去可破坏细胞膜而不易贴壁生长，如果消化不够，则细胞不易分散。

4. 洗涤

取出三角瓶后静置 1 min，让组织块下沉后，吸去胰酶液，用 10 mL Hank's 液反复清洗 3 次，以洗去胰酶，吸干上清液，留组织块。

5. 吹打

加 2 mL 含血清的 0.5%水解乳蛋白营养液或 MEM 培养液，以粗口吸管反复吹吸数次，使细胞分散，此时可见营养液浑浊即为细胞悬液。静置 1 min，使未冲散的组织块下沉后，小心将细胞悬液吸出 1 mL 于 20 mL 营养液中，此液细胞数(5～7)×10^5 个/mL。如需大量细胞，可继续加营养液冲打，一个鸡胚可做约 100 mL 细胞悬液。

6. 细胞计数

取上述细胞悬液 0.5 mL 加入 0.1%结晶紫—柠檬酸(0.1 mol/L)溶液 2 mL，置室温或 37℃温箱中 5～10 min，充分振动混合后，用毛细管吸取滴入血细胞计数板内，在显微镜下计数。计数方法按白细胞计数法，计算四角大格内完整细胞总数。如 3～5 个聚集在一起，则按 1 个计算，然后将细胞总数按下法换算成每毫升中的细胞数。

$$\text{细胞数/mL}=\frac{4\text{ 大格细胞总数}}{4\times 10\ 000\times \text{稀释倍数}}$$

例如：4 大格的细胞总数为 284 个，而稀释倍数为 5(0.5 mL 染色液)，则每毫升细胞悬液的细胞数为 $284/4\times 10\ 000\times 5=3.5\times 10^4$(个)。

7. 稀释

按照每毫升(5～7)×10^5 个细胞密度的标准，将细胞悬液用营养液稀释之。

计数时，可见到大部分细胞完整分散，3～5 个细胞成堆，且细胞碎片很少，说明消化适度；如分散细胞少，则消化不够；如细胞碎片多，则消化过度。

活细胞计数法：取 2%台盼蓝溶液 1 滴，细胞悬液 1 滴，混合计数，活细胞不着色，死细胞呈蓝色。

8. 分装培养

分装于链霉素瓶中，每瓶约 1 mL，瓶口橡皮塞要塞紧。不合适者弃去，以免漏气造成污染或 CO_2 跑掉而营养液变碱。将细胞瓶横卧于培养盘中，于瓶上面画一直线，以表示直线的对侧面为细胞在瓶内的生长位置。瓶上注明组别、日期，置于 37℃温箱培养，4 h 后细胞即可贴附于瓶壁，24～36 h 生长成单层细胞，此时可吸去培养液，更换维持液，并接种病毒。

附：细胞培养所需的常用培养基与试剂

1. Hank's 液配制

原液甲

NaCl	8 g
KCl	2 g
$MgSO_4\cdot 7H_2O$	2 g

$MgSO_4 \cdot 6H_2O$	2 g
2.8% $CaCl_2$	100 mL
双蒸水	加至1 000 mL

先将固体成分加于800 mL双蒸水中,加温至50～60℃加速溶解,再加入 $CaCl_2$ 溶液,最后加双蒸水补足到1 000 mL。加氯仿2 mL,摇匀后于4℃贮存。

原液乙

$Na_2HPO_4 \cdot 2H_2O$	1.2 g
$KH_2PO_4 \cdot 2H_2O$	1.2 g
葡萄糖	20 g
0.4酚红	100 mL
双蒸水	加至1 000 mL

将上列各物混合后使其溶解,加氯仿2 mL,摇匀后于4℃贮存。

Hank's 工作液

原液甲	1份
原液乙	1份
双蒸水	18份

工作液分装100 mL或500 mL盐水瓶中,115℃灭菌10 min,使用前以7% $NaHCO_3$ 调节pH到7.2～7.6。

2. 0.4%酚红溶液配制

酚红	0.4 g
0.1%NaOH溶液	11.28 mL

将酚红置于研钵中,边磨边缓缓加NaOH溶液,直到所有颗粒完全溶解,置于100 mL量杯中,最后加双蒸水100 mL,摇匀后,保存于4℃冰箱内备用。

3. 0.5%乳蛋白水解物溶液配制

乳蛋白水解物	5 g
Hank's液	1 000 mL

将乳蛋白水解物放入1 000 mL Hank's液中,待完全溶解后,摇匀分装于100 mL的盐水瓶中,每瓶95 mL,115℃10 min灭菌,4℃贮存备用。

4. 营养液(生长液)配制

0.5%乳蛋白水解物	95 mL
犊牛血清	5 mL
青霉素、链霉素	1 mL

将上述溶液混合后,以7% $NaHCO_3$ 调节pH到7.2～7.4。维持液按上述方法,加入犊牛血清2.5 mL即成。

5. MEM培养液

MEM培养基一袋,加1 000 mL双蒸水,过滤除菌或高压蒸汽灭菌,分装于100 mL盐水瓶中,每瓶90 mL,用前以7% $NaHCO_3$ 调节pH到7.2～7.4,并加10%犊牛血清。

6. 双抗配制

青霉素	100 万 IU
链霉素	1 g
Hank's 液	100 mL

将青霉素、链霉素溶解于 100 mL Hank's 液中，此为双抗溶液，无菌操作。分装小瓶，每瓶 1 mL，内含有青霉素 1 IU，链霉素 10 000 μg，低温冻结保存。

使用时每 100 mL 营养液中加双抗 1 mL，即每毫升营养液中含青霉素 100 IU，链霉素 100 μg。

7. 7%$NaHCO_3$ 溶液配制

$NaHCO_3$	7 g
双蒸水	100 mL

将 $NaHCO_3$ 溶于双蒸水中，置于水浴锅加热溶解，115℃10 min 灭菌后，无菌操作分装小瓶，每瓶 1 mL，4℃保存。

8. 0.25%胰蛋白酶配制

胰蛋白	0.25 g
Hank's 液	100 mL

将胰蛋白酶溶于 Hank's 液中，待完全溶解后，用 0.2 μm 滤膜过滤，检验无菌后才能使用。无菌操作分装小瓶，每瓶 5 mL，低温冻结保存。使用时，以 7%$NaHCO_3$ 调节 pH 到 7.6～7.8。

五、作业与思考题

原代细胞培养操作过程应注意哪些事项？

实验十五　琼脂双向扩散试验

一、实验目的与要求

1. 了解抗原抗体在琼脂糖凝胶中产生沉淀反应的原理及其应用。
2. 掌握琼脂扩散试验的操作技术及结果判定方法。

二、实验原理

将可溶性抗原和相应抗体分别加入含有电解质的琼脂糖凝胶板上两个相邻的孔内，孔内的抗原抗体分别向四周扩散，抗原抗体在两孔之间的琼脂凝胶中相遇并特异性结合成抗原抗体复合物，并在最适比例处形成可见的白色沉淀带。沉淀带具有半渗透屏障作用，将一种抗原抗体对阻隔在两个不同区域,可以阻止同一种抗原或者抗体通过此带扩散到对方的领域里;任何相同的抗原或特异性抗体扩散到此沉淀带附近,即迅速与对应的抗体或抗原发生特异性结合并沉淀于带上,但其他不同的抗原或抗体分子仍可自由通过。由于这种选择性渗透作用,一对抗原抗体系统只能生成一条沉淀带。因此,双向免疫扩散试验可用已知抗体或抗原检测未知抗原或抗体。

三、实验器材

1. 器械

恒温培养箱、高压蒸汽灭菌锅、电磁炉、恒温水浴锅、微量移液器、酒精灯、记号笔、打火机、湿盒、打孔器、注射器针头等。

2. 材料

抗原、抗体、1.0%琼脂糖凝胶、载玻片、微量移液器吸头、10 mL 移液管、烧杯、打孔和加样示意图等。

四、实验内容与方法

1. 制备琼脂糖凝胶板

称量 1 g 琼脂糖加入 100 mL 生理盐水中,加热至完全融化。取一块洁净载玻片置于水平桌面上,用 10 mL 移液管吸取 4 mL 融化的琼脂糖凝胶紧贴载玻片,使其自然流成水平面并铺满载玻片,制成厚度约 2.5 mm、厚薄均匀的琼脂糖凝胶板,然后自然冷却至凝固(琼脂糖凝胶由透明转变为半透明)。

2. 打孔

用打孔器按图 4-15 所示打孔(注意:打孔器必须垂直进出琼脂糖凝胶板,不可水平晃动以免琼脂糖游离载玻片),然后用注射器针头轻轻挑去孔内琼脂,尽可能去除干净。

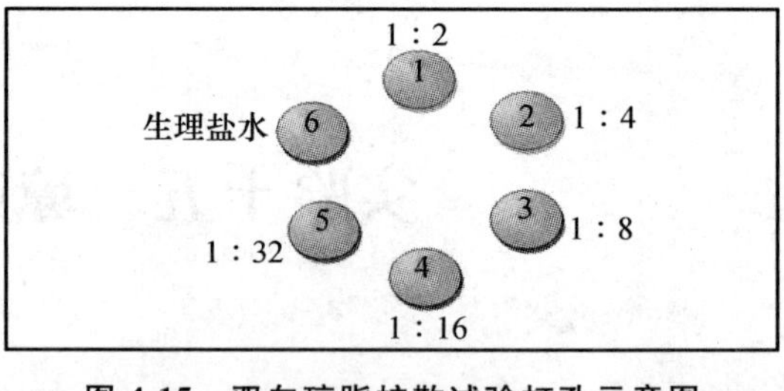

图 4-15 双向琼脂扩散试验打孔示意图

3. 倍比稀释待检抗体(以检测抗体水平为例)

(1)加稀释液 用微量移液器吸取生理盐水,加入一微量反应条(或其他容器)上,自左向右从第 1 孔至第 6 孔,每孔加 30 μL,共加 6 孔。

(2)稀释抗体 用微量移液器吸取抗体 30 μL,加入微量反应条的第 1 孔,反复吹打 8~10 次后,从第 2 孔吸出 30 μL,加入第 3 孔;重复上次操作直至第 5 孔。第 6 孔保持生理盐水。

4. 封底

将打孔后的载玻片置点燃的酒精灯外焰来回拖动三四次,其间用手背触摸其底部,以感觉载玻片明显发热但不烫手为宜。过热可导致琼脂糖融化;加热不足则起不到封底的作用。

5. 加样

用微量移液器在中央孔加入抗原约 25 μL(以满而不溢为准),周边孔以逆时针方向(从第 5 孔至第 1 孔)加入稀释的抗体(图 4-15),每孔约 25 μL,第 6 孔加生理盐水作为空白对照。

（注意：所有加样液面不能溢出）。

6. 反应

将加样后的琼脂糖凝胶板水平放入湿盒内，置37℃温箱（或室温）中过夜反应，观察结果。

7. 结果分析

根据观察到的结果，画出抗原抗体孔间的沉淀带。并根据沉淀带的有无，沉淀带的多少、位置和深浅，分析抗原抗体复合物成分以及抗体效价。

8. 注意事项

（1）制备琼脂糖凝胶板时，注意琼脂的厚度，做到厚薄均匀，无气泡。

（2）封底完全，注意加热温度适当。

（3）加样时，滴加不同的试剂应更换吸头，以免混淆，影响试验结果。

五、作业与思考题

1. 在琼脂双向扩散反应中沉淀带形成原理及结果判读。
2. 在确定琼脂双向扩散反应最佳条件时，应该考虑哪些因素？

实验十六　细菌凝集试验

一、实验目的与要求

1. 掌握玻片细菌凝集反应和微量凝集反应的操作技术及判定标准。
2. 了解凝集反应的原理。

二、实验原理

颗粒性抗原与相应的抗体混合后，在电解质参与下，经过一定时间，两者即可发生特异性结合，并凝集形成肉眼可见的凝集块。

三、实验器材

1. 器械

恒温培养箱、微量振荡器、载玻片（洁净）、96孔V形微量反应板、移液管、接种环、微量移液器、酒精灯、记号笔、打火机、湿盒。

2. 材料

抗原（如大肠杆菌）、抗体（如兔源抗大肠杆菌抗体）、生理盐水。

四、实验内容与方法

1. 载玻片法(用于定性)

(1)取一块洁净的载玻片，用微量移液器在载玻片两端距边缘约 1 cm 各加 1 滴(约 30 μL)生理盐水，用接种环挑取少量试管斜面上的细菌，混匀；或直接滴加 30 μL 菌液于载玻片两端。以形成乳白色浑浊为宜(图 4-16)。

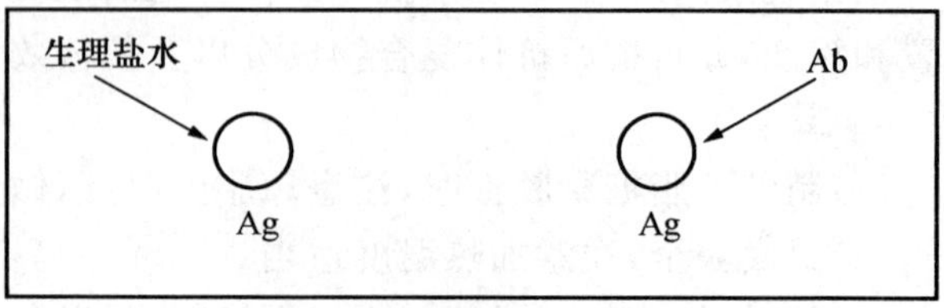

图 4-16　玻片凝集试验加样示意图

(2)在载玻片的右端菌液中加等量适当稀释的抗体，左端加等量生理盐水作对照(图 4-16)。

(3)轻轻摆动载玻片以混匀(注意：小心防止菌液溢出载玻片)，静置 3～5 min，观察并记录结果。在摆动过程中，就可以观察到在加抗体的一端，浑浊的菌液在形成由小到大的白色颗粒以至片块状凝集物的同时，逐渐变清。

2. 微量板法(用于定量)

(1)倍比稀释抗体　用微量移液器吸取生理盐水，从第 1 孔至第 12 孔，每孔 50 μL，在第 1 孔加入等量抗体，经微量移液器反复吹打混匀(注意避免气泡产生)，从第 1 孔吸出 50 μL，加入第 2 孔，反复吹打混匀，依此类推直至第 11 孔混匀后弃去 50 μL，第 12 孔保持生理盐水作为空白对照(图 4-17)。

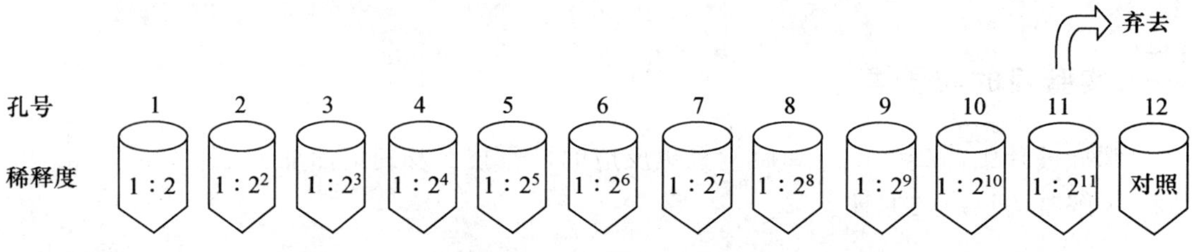

图 4-17　细菌凝集试验微量板法抗体稀释示意图

(2)加菌液反应　每孔加约 50 μL 适当稀释的菌悬液(将菌悬液每次混匀后加样)，将反应板在微量振荡器上振荡 3 min，置于湿盒，室温或 37℃恒温培养箱内静置。

(3)分别在 45 min 后以及过夜后，观察并记录结果。

3. 结果判定

(1)玻片凝集　阳性菌液由均匀浑浊逐渐产生肉眼可见的乳白色小颗粒乃至片状凝集块，而阴性菌液则逐渐变清乃至透明。

(2)微量凝集(可将微量板倾斜 45°观察)

＋＋＋　菌体完全凝集，均匀覆盖于整个孔底；振荡时，凝集物呈片、块状。

＋＋　菌体部分凝集，孔中央存在明显小点状凝集；振荡时，呈片絮状和浑浊。

＋　菌体部分凝集，孔中央存在明显点状凝集；振荡时，呈小片絮状和浑浊。

－　菌体不凝集，孔底中央呈小圆点状沉淀；振荡时，液体浑浊。

确定凝集效价时，应以出现“＋＋”以上的凝集现象的最高血清稀释度为血清的凝集价。

五、作业与思考题

1. 图示玻片凝集过程及现象(提示:按时间顺序),并对各现象分别进行解释。
2. 观察微量板凝集结果,判读抗体效价。
3. 在确定凝集反应的最佳条件时,应确定哪些因素? 如何确定?

实验十七　免疫电泳

一、实验目的与要求

1. 了解免疫电泳的原理,以及分析沉淀带的数量、位置、形状与抗原性质的关系。
2. 掌握免疫电泳的基本操作方法。

二、实验原理

免疫电泳是由琼脂电泳与琼脂扩散结合而成。首先将复合蛋白质抗原在琼脂糖凝胶板上电泳,根据各组分的迁移率不同初步分开。然后在点样孔一侧打槽,加入抗血清,进行双向扩散。电泳迁移率相近不能分开的抗原组分,又可按扩散系数不同形成不同的沉淀弧,从而提高了对复合抗原组成的分辨力。

三、实验器材

1. 器械

恒温培养箱、电泳槽、电泳仪、电磁炉、恒温水浴锅、微量移液器器、记号笔、打火机、湿盒、打孔器、挖孔槽、注射器针头等。

2. 材料

抗原、抗体、1.0%～1.2%琼脂糖凝胶、电泳缓冲液(pH 8.6,离子强度 0.05)、打孔和加样示意图等。

四、实验内容与方法

1. 制板

用 10 mL 洁净吸管取 4 mL 加热融化的 1.2%琼脂糖,均匀灌浇在载玻片上,然后使其自然冷却至凝固。凝固要完全,其判断:原透明的琼脂糖逐渐成半透明的乳白色。如夏季可待其凝固后,在 4℃冰箱放置 5～10 min。

2. 打孔

按图 4-18 用打孔器打孔,约在载玻片的 1/3 处,注意:打孔器必须垂直于载玻片,保持垂

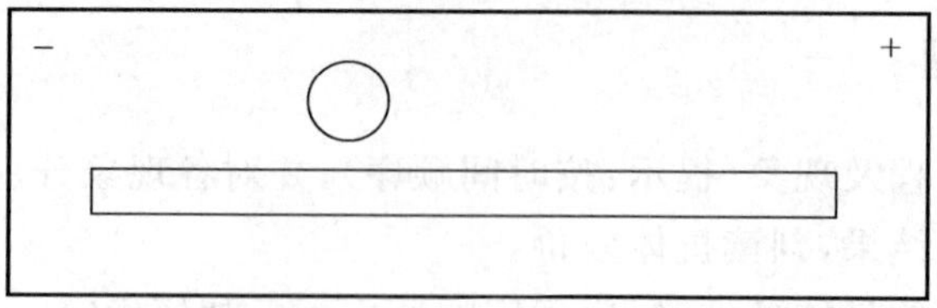

图 4-18 免疫电泳示意图

直运动,不可水平晃动以免琼脂糖游离载玻片;用解剖刀划出槽,注意槽两端需各留>5 mm的空间,在电泳时铺设电桥用。然后用针头轻轻挑去孔内和槽内琼脂糖。

3. 封底

将打孔后的载玻片置点燃的酒精灯上方加热,此时可来回晃动三四次,其间用手背触摸其底部,以感觉载玻片发热但不烫手为宜。过热可导致琼脂糖融化;加热不足则起不到封底的作用。

4. 加样

用加样器在孔内加鸡血清,要求尽可能把孔加满。

5. 电泳

加样后把载玻片放置电泳槽上(注意:垂直于槽架上),两端用纱布或滤纸作电桥。要求纱布或滤纸以两层或三层为宜,先将其放置在槽内浸泡,然后将其一端仍浸在缓冲液中,另一端轻轻压盖在琼脂糖上,接触面约 5 mm。开启电源,将电压调至 40 V(5~6 V/cm),或电流调至 10 mA/块(载玻片),维持 60~90 min。注意:在开启电源前,仔细检查正负极。正负极性如图 4-18 所示。

6. 加样

将电桥从载玻片两端轻轻去掉,取移液器吸取兔抗鸡血清加于载玻片的琼脂糖槽内。以加满为宜。

7. 反应

在电泳槽或置湿盒内于室温反应 18~24 h。

8. 注意事项

(1)制备琼脂糖凝胶板时,注意琼脂的厚度,做到厚薄均匀,无气泡。

(2)使用低电压、低离子强度、电泳时间长些,效果会更好。

9. 观察和分析结果

五、作业与思考题

1. 免疫电泳过程中电压过高或过低(电流过大或过小)对实验结果有何影响?

2. 为什么在免疫电泳中出现的沉淀带在分布、粗细方面均不同?试结合本实验予以分析。

实验十八 对流免疫电泳

一、实验目的与要求

1. 了解对流免疫电泳的实验原理及其特点。
2. 掌握对流免疫电泳的操作方法及其应用。

二、实验原理

血清蛋白在 pH 8.6 条件下带负电荷，在电场作用下向正极移动。而免疫球蛋白(抗体)则带微弱的负电荷，而且它的分子质量又较大，所以泳动慢。此外，由于琼脂的电渗作用，抗体分子受电渗作用大于它本身的迁移，因而抗体分子就随着带正电荷的液体向负极移动。这样抗原、抗体相向而行，在两者相遇且比例合适时形成肉眼可见的沉淀线。

所谓电渗作用是指在电场中溶液对于一个固定固体的相对移动。琼脂是一种酸性物质，在碱性缓冲液中进行电泳，它带有负电荷，而与琼脂相接触的水溶液就带正电荷，这样的液体便向负极移动。

对流免疫电泳是在琼脂扩散基础上结合电泳技术而建立的一种简便而快速的方法。此方法能在短时间内出现结果，故可用于快速诊断，敏感性比双向扩散技术高 10～15 倍。

三、实验器材

1. 器械

电泳槽、电泳仪、加样器、载玻片。

2. 材料

待检血清、阳性血清、阴性血清、巴比妥缓冲液、生理盐水、1.2%琼脂糖等。

四、实验内容与方法

1. 制板

根据需要可选用大玻板、小玻片两种。凝固后按图 4-19 打孔，其方法同琼脂扩散实验。

2. 加样

左侧每孔内加约 25 μL 待检抗原，右侧每孔内加 25 μL 抗血清(勿溢出)，并设阴性对照(可以自制加样图案，需注意正负极)。

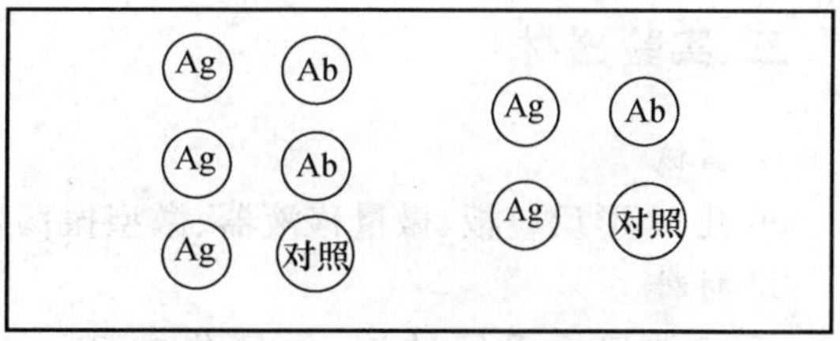

图 4-19 对流免疫电泳加样示意图

3. 电泳

电流量为 2～3 mA/cm，即大板为 20 mA，小板为 10 mA。电压为 4～6 V/cm。

通电 45 min,约 2 h 后观察结果。

4. 结果观察

在对孔之间有白色沉淀线即为阳性对照应出现明显的白色沉淀线。如果抗原两极微沉淀条纹不清晰,于 37℃保温数小时可增强沉淀条纹的清晰度。

5. 注意事项

(1)抗原抗体的比例应适合,这时容易出现沉淀带,反之不易发生。

(2)电压电流增大时,电泳时间可更短。但电压过高则孔径变形,电流过大抗原抗体蛋白易变性,干扰实验结果。

(3)适当的电渗作用是对流免疫电泳所必需的,但是当琼脂糖质量差时,电渗作用太大,而使血清中的其他蛋白成分也向负极泳动,造成非特异性反应。

五、作业与思考题

为什么对流免疫电泳比普通的免疫电泳具有更高的敏感性?

实验十九 补体结合试验

一、实验目的与要求

1. 了解补体结合试验的基本原理。
2. 初步掌握微量补体结合试验的操作步骤及其实验结果的判读标准。

二、实验原理

补体是一组具有酶样活性的蛋白分子。补体主要被抗原抗体复合物激活而清除之。如果在一个补体限量的体系内,先加入的抗原抗体可以消耗补体;由于补体的激活是不可逆反应,这时再加入其他抗原抗体复合物,就没有补体与之反应。在本试验中,先加入的是待检的反应系统(抗体和可溶性抗原),接着加补体,最后加指示系统(又称溶血系统,红细胞抗原与溶血素)。如果待检的反应系统中存在抗原抗体,由于补体被免疫复合物消耗,指示系统因缺失补体而不出现溶血现象;反之,则因补体仍然存在而出现溶血。

三、实验器材

1. 器械

96 孔 U 形反应板、微量移液器、微型振荡器。

2. 材料

pH 7.4 巴比妥缓冲液:取氯化钠 85 g、巴比妥酸 5.75 g、巴比妥钠 3.75 g、氯化镁 1.017 g、无水氯化钙 166.5 mg,逐一加至热蒸馏水中,冷却后加蒸馏水至 2 000 mL,过滤后即为贮存液，4℃冰箱保存。取贮存液 1 份，加蒸馏水 4 份，即为 pH 7.4 巴比妥缓冲液使用液，现配现用。

四、实验内容与方法

1. 补体和溶血素的滴定

用方阵滴定法获得补体结合试验最适的补体和溶血素稀释度。

(1)取一定量豚鼠血清加入 pH 7.4 巴比妥缓冲液先稀释成 1∶10，然后继续稀释成 1∶20、1∶40、1∶80、1∶160、1∶320、1∶640。

(2)先配制 1∶100 的溶血素，然后继续稀释为 1∶1 000、1∶2 000、1∶3 000、1∶4 000、1∶6 000、1∶8 000、1∶10 000、1∶12 000。

(3)用移液器在微量反应板横排上加 25 μL 被稀释成不同浓度的补体，在纵列上加不同浓度的溶血素 25 μL，然后用微型振荡器混匀，再在每孔加缓冲液 50 μL，补体和溶血素对照孔各加缓冲液 75 μL。最后于各孔内加入 2%绵羊红细胞悬液 25 μL(每孔总量为 125 μL)。置微型振荡器上振荡 1～3 min，再置 37℃温箱内反应 30～45 min，观察结果。

(4)判读结果　以完全溶血的补体和溶血素最高稀释度作为其单位，比如完全溶血时，溶血素稀释度为 1∶6 000，补体为 1∶80，则溶血素 1∶6 000 为 1 个单位，补体为 1∶80 为 1 个单位。在试验应用配制溶液工作浓度时，溶血素采用 2 个单位，即溶血素用缓冲液作 1∶3 000 稀释，补体 2 个单位，即作 1∶40 稀释。

2. 抗原、抗体的滴定

(1)在另一微量反应板上将抗原和抗体从 1∶512 至 1∶2 分别进行倍比稀释(反应板各孔内均加 40 μL 稀释液，然后从第一排第一列加抗体 40 μL，经吹打 5 次混匀后，移 40 μL 至第二列，……第二排第一列加抗原 40 μL，重复稀释抗体的操作)。

(2)按方阵排列试管，纵列各孔中加不同稀释度的抗体各 25 μL，横排各孔中加入不同稀释度的抗原各 25 μL，对照孔各加缓冲液 25 μL，然后加 2 个单位补体 25 μL，置微型振荡器振荡 2～3 min，充分混匀，置 37℃温箱内反应 45～60 min。

(3)将 2%绵羊红细胞加等量 4 个单位的溶血素溶液，混匀后置室温(25℃)反应 30～45 min 后，成为 1%致敏绵羊红细胞悬液。加该悬液于微量反应板，每孔 50 μL。置微量振荡器上混匀，再置 37℃温箱内 30 min 后观察结果。

(4)结果观察。完全不溶血的抗原或抗体的最高稀释度为 1 个单位。比如完全不溶血的孔，其抗体和抗原的稀释度分别为 1∶32 和 1∶64，则其抗体 1∶32、抗原 1∶64 为其 1 个单位。正式试验时，一般用 4 个单位，即抗体稀释 8 倍，抗原稀释 16 倍。

3. 正式试验

(1)在微量反应板上，画出标样和检测样品(抗体或抗原)排，分别需 1～7 孔。标样排设阳性抗原＋Ag(或抗体＋Ab)对照列，阴性抗原(或抗体)对照列，血清补体对照孔的区域(表 4-7)。

说明：

①标样检样孔　样品 25 μL，抗原(抗体)25 μL，补体 25 μL，溶血素红细胞 50 μL，共 125 μL。

表 4-7 补体结合试验样品处理

样品	孔号											
	1	2	3	4	5	6	7	8	9	10	11	12
标样	2^1	2^2	2^3	2^4	2^5	2^6	2^7	2^1	+Ab 或+Ag	−Ab 或−Ag		
样品 1	2^1	2^2	2^3	2^4	2^5	2^6	2^7	2^1	空白			
样品 2	2^1	2^2	2^3	2^4	2^5	2^6	2^7	2^1	空白			
样品 3	2^1	2^2	2^3	2^4	2^5	2^6	2^7	2^1	空白			

②阳性抗体(抗原)孔　缓冲液 25 μL,抗原(抗体)25 μL,补体 25 μL,溶血素红细胞 50 μL,共 125 μL。

③阴性抗体(抗原)孔　缓冲液 25 μL,抗原(抗体)25 μL,补体 25 μL,溶血素红细胞 50 μL,共 125 μL。

④空白对照孔　缓冲液 50 μL,补体 25 μL,溶血素红细胞 50 μL,共 125 μL。

⑤第 8 列 2^1 孔　为未稀释样品 25 μL,缓冲液 25 μL,补体 25 μL,溶血素红细胞 50 μL,共 125 μL。

(2)稀释样品。于上述各孔内先加入缓冲液 25 μL,然后于每排第一列加检样抗体(或抗原)25 μL,并用移液器连续倍比稀释。每个样品换一个枪头。

(3)分别于检测样品孔中加入 25 μL 经稀释的抗原(或抗体)、阳性抗原(或阳性血清)和缓冲液,振荡混匀。

(4)向各相应孔内分别加入 2 个单位补体 25 μL。并置振荡器振荡 1～3 min 混匀。

(5)置 37℃温箱内反应 45～60 min。

(6)按上述 2.(3)制备致敏绵羊红细胞。加 1%致敏羊红细胞悬液,每孔 50 μL。置振荡器振荡 1～3 min,37℃温箱反应 30 min 后,观察结果。

五、作业与思考题

1. 补体结合反应中为什么阳性结果是不溶血,而阴性结果则是出现溶血现象?
2. 为什么在正式实验前要确定抗原(抗体)以及补体的工作浓度?

实验二十　酶联免疫吸附试验

一、实验目的与要求

了解酶免疫技术的原理,掌握酶联免疫吸附试验的操作方法。

二、实验原理

免疫酶技术是将抗原抗体反应的特异性与酶的高效催化作用有机结合的一种方法，通过底物的颜色反应进行抗原抗体的定性定量分析，亦可用于组织中抗原或抗体的定位研究。酶联免疫吸附试验（enzyme linked immunosorbent assay，ELISA），是将抗原或抗体吸附于固相载体上，再与相应待检抗体或抗原反应，经洗涤后加入用酶标记的抗体或抗抗体，利用酶的高效催化特性和底物显色后用分光光度计测定抗原或抗体的量。

该方法于1971年由Engvall和Perlmann建立，敏感性高，可测定极微量的抗原或抗体。本法采用的是辣根过氧化物酶（HRP）标记的二抗，HRP催化 H_2O_2 生成 H_2O 过程中，供氢体选用邻苯二胺（OPD），显色为橙色或橘红色，最大吸收值为492 nm。

常用ELISA方法：间接法、夹心法、双夹心法、竞争法、斑点ELISA等。下面以间接ELISA检测方法为例。

三、实验器材

1. 器械

恒温培养箱、酶标仪、微量移液器、微量反应板、微量振荡器等。

2. 材料

经超速离心的鸡新城疫病毒（NDV）；抗体：鸡源抗NDV抗体；酶标记兔抗鸡IgG；包被缓冲液：碳酸缓冲液，0.05 mol/L，pH 9.5；稀释液（洗涤液）：PBS（pH 7.2，0.02 mol/L，0.85% NaCl，0.1%吐温-20）；底物：联苯二胺和过氧化氢，溶于碳酸柠檬酸缓冲液，pH 5.0；终止液：2 mol/L浓硫酸。

四、实验内容与方法

（1）包被抗原　将NDV抗原溶于包被缓冲液中，浓度为1～10 μg/mL。用移液器加入酶标专用96孔微量反应板（或12孔条），100 μL/孔。加完后，在振荡器上振荡1 min，使之均匀分布孔底。置4℃冰箱隔夜吸附。

（2）从冰箱取出，去除包被液，并用洗涤液洗涤3次（每次加约350 μL/孔，振荡或静置30～60 s，注意不能溢出）。

（3）倍比稀释抗体样品和加样　取一洁净反应板，先在选定孔内加稀释液100 μL/孔，然后取样品100 μL加入第1孔内，经反复吹打，吸取100 μL至第2孔内，……直至将样品稀释适当稀释度。并设阴性对照、阳性对照和空白对照孔。置37℃反应45 min。

（4）洗涤同（2）。

（5）加酶标兔抗鸡Ig：100 μL/孔，置37℃反应30～45 min。

（6）洗涤同（2）。

（7）加底物液100 μL/孔，反应10～30 min。

（8）终止反应：加终止液，150 μL/孔。

（9）酶标仪检测相应反应吸光值。

（10）注意事项

①酶标记抗体稀释后应一次用完,长时间存放或反复冻融可使酶活力下降。

②底物溶液必须使用前新鲜配制。

五、作业与思考题

1. 为什么酶联免疫吸附试验具有较高的敏感性?请列出试验操作中主要注意事项。

2. 判读抗体效价,并与同组其他人实验结果进行比对,分析现象。

实验二十一　实验动物免疫与抗体的制备

一、实验目的与要求

1. 了解动物抗体产生的基本条件。

2. 掌握抗原乳化、抗体制备的方法。

二、实验原理

抗原进入动物体内通过激活适应性免疫反应,诱导B淋巴细胞活化、增殖分化成浆细胞,由浆细胞分泌相应抗体。抗原种类、数量、免疫次数、免疫途径、动物种类、动物生理状态等均可影响抗原诱导的抗体水平。

三、实验器材

1. 器械

恒温培养箱、培养皿、冰箱、无菌注射器、1.5 mL离心管、动物饲养装置等。

2. 材料

抗原(以鸡血清蛋白或细菌为例);福氏完全佐剂、福氏不完全佐剂;清洁级家兔(或小鼠)若干只。

四、实验内容与方法

1. 抗原的制备

(1)鸡血清蛋白的提取　从健康鸡的翅静脉用灭菌注射器无菌采血5 mL后,即移血清于洁净离心管,37℃静止1 h,待其完全凝固,并部分血清析出。离心500g,15 min。小心吸取上层血清,分装,20℃保存。

(2)细菌抗原悬液　将大肠杆菌在液体或固体斜面上培养后,用灭菌生理盐水洗涤3次(每次5 000 r/min离心30 min)。加甲醛至终浓度为0.4%~0.7%,37℃灭活24 h。再用灭菌生理盐水洗涤3次备用。

(3)纯化的蛋白 根据来源不同进行现有的制备并纯化。

2. 抗原的乳化

将适量鸡血清蛋白或灭活大肠杆菌，配制成适当浓度，取适量等量福氏完全佐剂或福氏不完全佐剂中，充分研磨或用注射器吹打乳化。判定标准：滴于水中，油滴不散开。

3. 免疫动物(以家兔为例)

(1)首次免疫 四足皮内及背部皮内多点注射抗原和等量的福氏完全佐剂的乳化剂。注射剂量：血清蛋白为每千克体重 0.5～1 mg；大肠杆菌按 200 亿个菌/只。

(2)第二次免疫 一免 2～4 周后背部皮下多点注射及肌肉注射抗原和等量的福氏不完全佐剂混合并乳化完全，剂量同上。10 d 后测抗体效价。

(3)第三次免疫 二免 10 d 后取抗原耳静脉或腹腔注射，剂量同上。免疫前可用琼脂双扩散实验检测抗体效价，对于效价高的家兔，可先注射肾上腺素 0.5 mL/只。1 周后即可采血。

如果 3 次免疫后，抗体效价达不到要求，可追加免疫 1 次，方法同 3 免。

4. 采血和抗血清的分离及效价测定

(1)采血 三免后 1 周，从免疫兔耳静脉或鼠尾部采血检测抗体效价。抗体达到 1∶32 以上，即可直接心脏采血(动物麻醉后，判定心脏所在部位，用灭菌的 100 mL 注射器，刺入心脏采血至动物死亡；或麻醉后，分离颈动脉，插入导管，引流致死)。

(2)分离血清 将收集的血液移至直径 10 cm 平皿，放于室温或 37℃温箱 30 min，待其充分凝固后，用注射器无菌吸出血清，离心去除血细胞，收集血清并分装于灭菌离心管内，－20℃保存。

(3)效价测定 用琼脂双向扩散试验或 ELISA 方法检测抗体效价。

五、作业与思考题

结合试验结果及其观察到的现象，考虑从哪些因素入手，可在动物免疫接种中获得理想的实验结果，即较高的抗体效价？

(潘玲，刘雪兰)

第五章
兽医传染病学实验

实验二十二　消　毒

一、实验目的与要求

1. 掌握动物圈舍、土壤、粪便等消毒方法。
2. 了解肉类加工厂(屠宰场)消毒及消毒质量的检查方法。

二、实验原理

消毒是指杀灭物体中病原微生物的方法。消毒只要求达到消除传染性目的,而对非病原微生物及其芽孢、孢子并不一定要求全部杀死。常见的消毒方法包括:物理消毒法(紫外线、高温、超声波、电离辐射等)、化学消毒法和生物消毒法(发酵等)三大类。通常用化学消毒法来达到消毒的作用。用于消毒的化学药物叫作消毒剂。

三、实验器材

1. 器械

喷雾器、火焰喷灯、陶缸、木盆等。

2. 材料

来苏儿、氢氧化钠、漂白粉、甲醛、生石灰等。

四、实验内容与方法

1. 消毒器械及使用

(1)喷雾器　用于喷洒消毒液的器具称为喷雾器,是消毒常用的器械,主要有以下两种。

①手动喷雾器　又可分为压力式喷雾器和单管式喷雾器。压力式喷雾器使用时，药液不要装得太满，一方面不易打气，另一方面因空间小，喷雾气筒易爆炸。打气时，手上感觉有一些抵抗力时，就停止打气。放气时，不要一下子打开筒上盖，应先拧开旁边小螺丝放完气后再开盖。单管式喷雾器又称手压式喷雾器，适宜于大规模的消毒。

②机动（电动）喷雾器　目前定型生产使用的机动喷雾器有背负式、担架式和与拖拉机牵引配套的机型，应用较普遍的是背负式。该类喷雾器的特点是由于取消了抽吸式吸筒，从而有效地消除了药物外滤伤害操作者的弊病，并且省力，同时由于电动泵压力比人手动吸筒压力大，增大了喷洒距离和范围。常用于大面积消毒。

喷雾器使用前，应对各部分仔细检查，尤其注意喷头部分有无堵塞现象。消毒液必须充分溶解并进行过滤，避免药液中的不溶性颗粒堵塞喷头，影响消毒工作的进行。消毒完毕后，应立即将剩余的消毒液倒出，并用清水冲洗干净。喷雾器的打气筒应注意维修与保养。

欲装入喷雾器的消毒液，应先在一个桶内充分溶解、过滤，以免有些固体堵塞喷嘴而影响消毒工作的进行。

（2）火焰喷灯　是利用汽油或煤油做燃料的一种工业用喷灯，因喷出的火焰具有很高的温度，所以在兽医实践中常用以消毒各种被病原体污染的金属制品。但在消毒时不要用喷灯喷烧过久，以免将被消毒物品烧坏。在消毒时还应有一定的次序，以免发生遗漏。

2. 动物圈舍的消毒

动物圈舍的消毒分两个步骤进行：第一步先进行机械清扫；第二步是化学消毒液消毒。

机械清扫是搞好畜、禽舍环境卫生最基本的一种方法。据试验，采用清扫方法可以使鸡舍内的细菌数减少21.5%，如果清扫后再用清水冲洗，则鸡舍内细菌数即可减少54%～60%；清扫、冲洗后再用药物喷雾消毒，鸡舍内的细菌数即可减少90%。

用化学消毒液消毒时，消毒液的用量一般是以畜、禽舍内每平方米面积用1 L药液。消毒时，先喷洒地面，然后墙壁，先由离门远处开始，喷完墙壁后再喷天花板，最后再开门窗通风，用清水刷洗饲槽，将消毒药味除去。在进行畜、禽舍消毒时也应将附近场院以及病畜、禽污染的地方和物品同时进行消毒。

动物舍的消毒，包括定期预防消毒和发生传染病时的临时消毒。预防消毒一般是走廊过道每周用2%～3%氢氧化钠溶液喷洒消毒1～2次，以防止传染病的发生。临时消毒则应及时彻底。在消毒之前，先应将圈舍彻底清扫，若发生了人畜共患的传染病，如猪丹毒、炭疽等，清扫之前应用有效消毒药物喷洒后再打扫、清理，以免病原微生物随尘土飞扬造成更大的污染。清扫时要把笼架、饲槽洗刷干净，将垫草、垃圾、剩料和粪便等清理出去，打扫干净，然后用消毒药进行冲洗或喷雾消毒。常用的消毒剂有瑞得士206消毒剂、1210高效强力消毒剂、百毒杀消毒剂等，药液的浓度据具体情况而定。若发生了传染病，则应选择对该种传染病病原有效的消毒剂。

具体消毒程序：

（1）清扫　畜禽全部出舍后，将粪便、杂物、蜘蛛网等清扫出圈舍，可移动的设备和用具也要搬出圈舍，在指定的地点曝晒、清洗和消毒。

（2）焚烧　圈舍清扫后，用火焰喷灯对圈舍的墙壁、地面、笼具等不怕燃烧的物品进行火焰消毒。特别是残存的羽毛、皮屑、脂肪和粪便。

（3）水洗　对圈舍的墙壁、地面、笼具，特别是屋顶、梁柁等用高压水枪彻底冲洗干净，做到无垃圾和粪迹。

(4)消毒药物的喷洒　待圈舍地面水干后，喷洒消毒药。常用的消毒药有2%氢氧化钠溶液等。注意角落及物体的背面，喷洒药液以每平方米地面1.5～1.8 L用量。

(5)甲醛熏蒸　关闭门窗和风机、密封圈舍，按每立方米空间使用甲醛42 mL、高锰酸钾21 g，对圈舍进行甲醛蒸汽消毒。

(6)有条件的养殖场　经上述消毒后，将圈舍闲置2～3周。用消毒剂喷洒1次再接畜禽入舍。此外，要经常保持圈舍的卫生，饲养员要穿戴养殖场专用的工作服、帽和靴。经消毒池进入圈舍。每天要清扫圈舍的走道和工作间，防止尘埃飞扬，在清扫前可预先喷洒水和消毒液。工作人员在接触畜禽和饲料前，要用消毒液洗手消毒。坚持每日进行清粪，水槽、料槽每天冲刷消毒1次。

坚持预防消毒。每周2～3次，发生疫情时每日消毒1次。

3. 地面土壤的消毒

被病畜(禽)的排泄物和分泌物污染的地面土壤，可用含2.5%有效氯的漂白粉溶液、4%福尔马林或10%氢氧化钠溶液。停放过芽孢杆菌所致传染病(如炭疽)病畜尸体的场所，应严格加以消毒。首先用上述漂白粉溶液喷洒地面；然后将表层土壤掘起30 cm左右，撒上干漂白粉，并与土混合，将此表土妥善运出掩埋。其他传染病所污染的地面土壤，则可先将地面翻一下，深度约30 cm，在翻地的同时撒上干漂白粉(用量为0.5 kg/m^2)；然后以水洇湿，压平。如果放牧地区被某种病原体污染，一般利用自然因素(如阳光)来消除病原微生物；如果污染的面积不大，则应使用化学消毒药消毒。

4. 粪便的消毒

传染病病畜、禽粪便的消毒有多种方法，如焚烧法、化学药品消毒法、掩埋法和生物热消毒法等。实践中最常用的是生物热消毒法，此法能使非芽孢病原微生物污染的粪便变为无害，且不丧失肥料的应用价值。

粪便的生物热消毒法通常有两种：一种为发酵池法，另一种为堆粪法。

(1)发酵池法　此法适用于饲养大量家畜的农牧场，多用于稀薄粪便(如牛、猪粪)的发酵。在距农牧场200～250 m以外无居民、河流、水井的地方挖筑两个或两个以上的发群池(池的数量与大小决定于每天运出的粪便数量)。池的边缘与池底用砖砌后再抹以水泥，使其不透水。待倒入池内的粪便快满时，在粪便表面铺一层干草，上面盖一层泥土封严，经1～3个月即可掏出作肥料用。几个发酵池可依次轮换使用。

(2)堆粪法　此法适用于干固粪便(如马、羊、鸡粪等)的处理。在距农牧场100～200 m以外的地方设一堆粪场。堆粪的方法如下：在地面挖一浅沟，深约20 cm，宽1.5～2 m，长度不限，随粪便多少而定。先将非传染性的粪便或蒿秆等堆至25 cm厚，其上堆放欲消毒的粪便、垫草等，高达1～1.5 m，然后在粪堆外面再铺上10 cm厚的非传染性的粪便或谷杂草，并覆盖10 cm厚的沙子或泥土。如此堆放3周到3个月，即可用以肥田。当粪便较稀时，应加些杂草，太干时倒入稀粪或加水，以促其迅速发酵。处理牛粪时，因牛粪较稀不易发酵，可以掺马粪或干草，其比例为4份牛粪加1份马粪或干草。

5. 污水的消毒

被病原体污染的污水，可用沉淀法、过滤法、化学药品处理法等进行消毒。比较实用的是化学药品处理法。方法是先将污水处理池的出水管用一木闸门关闭，将污水引入水池后，加入化学药品（如漂白粉或生石灰）进行消毒。消毒药的用量视污水量而定（一般 1 L 污水用 2～5 g 漂白粉）。消毒后，将闸门打开，使污水流入深井或下水道。

6. 肉类加工厂、屠宰场的消毒

肉类加工厂、屠宰场、库房的消毒方法不同于畜牧场、医院或其他公共场所，因为食品或其他肉制品油脂较多，工具和场地易于沾上油污，由于场地等油污较多，不但加工操作时不方便，而且消毒效果也将事倍功半。此外，毒性较强或有公害的化学药品不能长期用来消毒，因为上述药品对产品质量和工人健康均有影响，除发生烈性疫病外，一般尽量少用化学药品消毒。常用的消毒方法如下：

（1）流动蒸汽或热水喷射消毒　利用蒸汽设备，安装安全管道，分送各车间供各项设备进行消毒。也可用 82℃的热水喷射消毒。采用这些措施消毒，必须严格注意安全操作，以防发生烫伤事故。通常加工场地、设备和工具等均可用此法消毒。

（2）化学药品消毒　定期的大消毒或发生烈性疫病后，均可采用高效药液消毒。油污严重的地方，先用热碱水冲扫洗净，而后用化学药液消毒，以增强消毒效果。常用的消毒药有漂白粉、新洁尔灭、过氧乙酸、克辽林等。

（3）刀具等消毒　屠宰或剔骨等用的刀具、刀锉和钩子等，必须经常消毒。所有车间内设有刀具热水消毒槽，水温维持在 80℃。

（4）工作衣、工作帽等的消毒　主要用煮沸消毒法，必要时可加 0.5%氢氧化钠。

（5）皮张的消毒　以 1%盐酸加 8%食盐配成消毒液，把皮张浸泡 48 h，或 2%甲醛溶液浸泡数分钟，再置碱水池内中和，然后用清水洗后出厂。

（6）粪便和胃肠内容物的消毒　方法同前所述。

7. 消毒质量的检查

为了验证消毒的效果，可对消毒对象进行细菌学检查。方法是在消毒以后由地面（在畜、禽舍的家畜后脚停留的地方）、墙壁上、畜、禽舍墙角以及饲槽上取样品，用小解剖刀在上述各部位划出大小为 10 cm×10 cm 的正方形数块，每个正方形都用灭菌的湿棉签（干棉签的重量为 0.25～0.33 g）擦拭 1～2 min，将棉签置于中和剂（30 mL）中并蘸上中和剂然后压出、蘸上、压出，如此进行数次之后，再放入中和剂内 5～10 min，用镊子将棉签拧干，然后把它移入装有灭菌水（30 mL）的罐内。

当以漂白粉作为消毒剂时，可应用 30 mL 的次亚硫酸盐中和；碱性溶液用 0.01%醋酸 30 mL 中和；福尔马林用氢氧化铵（1%～2%）作为中和剂。当以克辽林、来苏儿及其他药剂消毒时，没有适当的中和剂，而是在灭菌的水中洗涤 2 次，时间为 5～10 min，依次地把棉签从一个罐内移入另一个罐内。

送到实验室去的灭菌水里的样品在当天把棉签拧干和将液体搅拌之后，将此洗液的样品接种在远藤氏培养基上。为此，用灭菌的刻度吸管由小罐内吸取 0.3 mL 的材料倾入琼脂平皿表面，用巴氏吸管做成的“刮”，在琼脂平皿表面涂布，然后仍用此“刮”涂布第二个琼脂平皿表面。将接种了的平皿置于 37℃温箱内，24 h 检查初步结果，48 h 后检查最后结果。如在远藤氏培养基上发现可疑菌落时，即用常规方法鉴别这些菌落。如无肠道杆菌培养物存在时，证明所进行的消毒质量是良好的；有肠道杆菌生长，说明消毒质量不良。

8. 常用消毒药物配制的方法

（1）3%来苏儿溶液配制法　取来苏儿 3 份加清水 97 份（最好用 50～60℃温水配制），混合均匀即成。

(2)石灰乳配制法　1 g 生石灰加 5 g 水即为 20%石灰乳。配制时最好用陶缸或木桶、木盆。首先把等量水缓慢加入石灰内，稍停，石灰变为粉状时，再加入余下的水，搅匀即成。

(3)漂白粉乳剂及澄清液的配制法　①20%漂白粉乳剂：每 1 000 mL 水加漂白粉 200 g(含有效氯 25%)，混匀所得混悬液即是。②20%漂白粉澄清液：把 20%漂白粉乳剂静置一段时间，上液即为 20%澄清液，使用时可稀释成所需浓度。

(4)福尔马林溶液制法　福尔马林为 40%甲醛溶液(市售商品)。取 10 mL 福尔马林加 90 mL 水，即成 10%福尔马林溶液。如需其他浓度的溶液，同样按比例加入福尔马林及水。

(5)粗制氢氧化钠溶液　称取一定量的氢氧化钠，加入清水中(最好用 60～70℃热水)搅匀溶解。如配 4%氢氧化钠溶液，则取 40 g 氢氧化钠加 1 000 mL 水即成。

五、作业与思考题

1. 试述消毒剂的种类及作用机制。
2. 如何进行动物圈舍的消毒?
3. 如何进行消毒质量的微生物学检查?
4. 当某养猪场发生口蹄疫疫情时，如何实施消毒?

实验二十三　免疫接种

一、实验目的与要求

1. 掌握免疫接种方法及特点。
2. 熟悉兽医生物制剂的使用、保存、运送和检查方法。
3. 了解免疫接种所要注意的事项。

二、实验原理

免疫接种是指根据疾病预防控制规划，利用预防性生物制品(俗称疫苗)，按照制定的免疫程序，由兽医工作人员给适宜的接种动物进行接种，以提高畜禽免疫水平，达到预防和控制传染病发生和流行的目的。免疫接种是预防和控制传染病，特别是病毒性疾病的一种有效手段，它可以激发动物机体产生特异性免疫力，降低动物对某种疫病的易感性，具有非常重要的作用。

动物免疫接种的途径有点眼、滴鼻、饮水、喷雾、注射、刺种等，采用哪一种方法给动物接种是根据疫苗类型及抗体产生的形式决定的。

三、实验器材

1. 器械

金属注射器(5 mL、10 mL、20 mL 等规格),针头(兽用 12～14 号,人用 6～9 号),煮沸消毒锅、镊子、毛剪、体温计、气雾免疫器、脸盆、毛巾、纱布、脱脂棉、搪瓷盆、出诊箱、工作服、登记册、卡片、保定家畜用具。

2. 材料

5%碘酒、75%酒精、来苏儿、新洁尔灭等消毒剂,各种疫苗和免疫血清。

四、实验内容与方法

1. 免疫接种前的准备

(1)了解受免动物的种类、数量、年龄。计算及备妥所需疫(菌)苗的数量(比实际需要适量多些),并检查疫(菌)苗的质量。

(2)与饲养单位协商,确定接种日期、地点、保定人员及接种头数。向饲养单位交代清楚接种后的注意事项及可能出现的接种反应。

(3)准备足够的器材及消毒药品。

(4)接种前对动物进行健康检查,完全健康的动物可进行免疫;衰弱、妊娠后期的动物不能进行免疫接种。

(5)搞好接种操作人员消毒。免疫接种人员的手指甲应剪短,用消毒液洗刷后,再用 75%酒精消毒全手,穿消毒工作服,再与消毒过的器械接触。

2. 免疫接种的方法

免疫接种是预防传染病的最佳手段。免疫接种的方法大体可分为 3 种:注射免疫、经口免疫和气雾免疫。

(1)注射免疫　又可以分为皮下接种、皮内接种、肌肉接种和静脉接种 4 种。

①皮下接种　是常用的免疫接种法。选择富有皮下组织,皮肤容易移动的部位,如皮肤疏松的耳根、尾内侧、四肢内侧等部位皮下等。注射时提起皮肤,注射器与皮肤呈 30°～40°角刺入皮下约 2.5 cm,注入疫苗。如猪瘟、猪丹毒、猪肺疫、羊四防苗、炭疽苗、牛出败苗等。

皮下接种的优点是操作简单,吸收较皮内接种快;缺点是使用剂量多,而且同一疫苗,应用皮下接种时,其反应较皮内的大,大部分常用的疫苗和免疫血清,一般均采用皮下接种。

②皮内接种　皮内接种一般选择皮肤致密、被毛少的部位。大家畜宜在颈侧、尾根、眼睑,猪宜在耳外侧或耳后,羊宜在颈侧或尾根部,鸡宜在肉垂部位。接种时,用左手将皮肤夹起一皱褶或以左手绷紧固定皮肤,右手持注射器,将针头在皱褶或皮肤上斜着使针头几乎与皮面平行轻轻刺入皮内 0.5 cm 左右,放松左手,左手在针头和针筒交界处固定针头,右手持注射器,徐徐注入药液。如针头确在皮内,则注射时感觉有较大的阻力,同时注射出形成一个圆丘,突起与皮肤表面。

皮内接种的优点是使用药液少,同样的疫苗皮内注射比皮下注射反应小。同时,真皮层的组织比较致密,神经末梢分布广泛,特别是猪的耳根皮内比其他部位容易保持清洁,同量药液皮内注射时所产生的免疫力较皮下注射高。

皮内注射的缺点是操作工序比较麻烦，提高工作人员的操作技术可以克服这一缺点。

③肌肉接种 应选择肌肉丰满、血管少、远离神经干的部位。大家畜应在臀部或颈部，猪宜在耳后、臀部、颈部，羊宜在颈部，鸡宜在翅膀基部或胸部肌内。接种部位要严格消毒，大、中家畜的消毒方法为：首先剪毛，再用2%～5%碘酊棉球螺旋式由内向外消毒接种部位，最后用75%酒精棉球脱碘(接种弱毒疫苗时，不能用碘酊消毒接种部位，用75%酒精消毒，待干后再接种)。肌内接种方法有两种。一种方法是：左手固定注射部为皮肤，右手持注射器垂直刺入肌肉后，改用左手夹住注射器和针头尾部，右手回抽一下活塞，如无回血，即可慢慢注入药液。另一种方法是：把注射针头取下以右手拇指、食指、中指紧持针尾，对准注射部位垂直刺入肌肉，然后接上注射器，注入药液。根据畜禽大小和肥瘦程度掌握刺入深度，以免刺入太深(常见于小家畜)刺伤骨膜、血管、神经，或因刺入太浅(常见于大猪)将疫苗刺于皮下脂肪而不能吸收。注射剂量应严格按照规定的剂量注入，同时避免药液外漏。

肌肉接种的优点是药液吸收快，注射方法也较简便；其缺点是在一个部位不能大量注射，同时臀部接种如部位不当，容易引起跛行。

④静脉接种 马、牛、羊的静脉接种，一律在颈静脉部位，猪在耳静脉部位，鸡在翼下静脉部位。现用兽医生物制品的免疫血清，除了皮下或肌肉接种外，也可采用静脉接种，特别是在紧急治疗传染病患畜时。疫(菌)苗和诊断液一般不作静脉注射。

静脉接种的优点是可使用大剂量，奏效快，可以及时抢救病畜；缺点是手续比较麻烦，如设备及技术不完备时难以进行。此外，如所应用的血清为异种动物者，可以引起过敏反应。

(2)经口免疫 经口接种法有饮水法、饲喂法和口腔灌服法。根据口服免疫接种畜禽头只数计算所需疫苗数量和饲料饮水数量，按规定将疫(菌)苗加入饲料和水中，让畜禽自由采食、饮水或用容器直接灌入动物口腔。口服免疫接种时，饲料和饲喂温度要适当(一般要求15～25℃)，酸碱度适中。饮水接种时，疫苗要用加倍量；用冷开水、井水，忌用含有能使疫苗效价降低的物质(如氯、锌、铜、铁等离子)的水；饮水器要充足并且要干净；饮水前必须彻底清除铁锈、脏物等，以免降低疫苗效价；饮水接种前必须停止饮水3～5 h，使畜禽能短时间内尽可能一致的饮水；饮水接种前、后24 h内不许饮用含高锰酸钾或漂白粉的水；饮水中最好能加入1%脱脂奶粉或山梨糖醇。

(3)气雾免疫 此法是用压缩空气通过气雾发生器，将稀释疫苗喷射出去，使疫苗形成直径10 μm以下的雾化粒子，均匀地浮游在空气之中，通过呼吸道吸入肺内，进行免疫。目前已用于布氏杆菌病羊型5号弱毒菌苗和鸡新城疫弱毒疫苗等。其优点是节省人力和时间，适于大群动物的免疫。

气雾发生器由喷头及动力机械组成。喷头有对口式、平行式两种。压缩空气的动力可因地制宜，利用各种气泵或用电动机、柴油机带动空气压缩泵。无论何种方法做动力，都要保持每平方厘米有2 kg以上的压力，才能达到疫苗雾化的目的。

①室内气雾免疫法 免疫时，疫苗用量主要根据房舍的大小而定。如对羊只免疫，可按下式计算：

$$\text{疫备用量}=\frac{D\cdot A}{t\cdot V}$$

式中：D—计划免疫剂量；

A—免疫室容积(L)；

t—免疫时间(min)；

V—呼吸常数。

疫苗用量计算好以后，用生理盐水将其稀释，装入雾化器械瓶中，即可将动物赶入室内，关闭门窗。操作者将喷头保持与动物头部同高，均匀喷射。喷射完毕后，让动物在室内停留20～30 min。操作人员要注意防护，戴上大而厚的口罩。如操作人员出现发热、关节酸痛等症状，应及时就医。

②野外气雾免疫法　疫苗用量主要依据动物数量而定。以羊为例，如为1 000只，每只羊免疫剂量为50亿活菌，则需50 000亿，如果每瓶菌苗含活菌4 000亿，则需12.5瓶，用500 mL灭菌生理盐水稀释。实际应用时，往往要比计算用量略高一些。免疫时，将动物群赶入四周有矮墙的围栏内，操作人员手持喷头站在动物群中，喷头与动物头部同高，朝动物头部方向喷射。操作人员要随时走动，使每一动物都有机会吸入。如遇微风，还应注意风向，操作者站在上风，以免雾化粒子被风吹走。喷射完毕，让动物在圈内停留数分钟即可放出。进行野外气雾免疫时，操作者更应注意个人防护。

除了上述3种主要接种方式外，滴鼻、滴眼接种法和刺种法，在个体鸡的免疫接种中也较为常用。

3. 免疫接种用生物制剂的保存、运送和用前检查

(1)保存　各种生物制剂应保存在低温、阴暗及干燥的场所，灭活疫苗、致弱菌苗、类毒素等应保存在2～15℃防止冻结；弱毒疫苗，如鸡新城疫弱毒疫苗、猪瘟兔化弱毒疫苗等，应保存在0℃以下冻结保存。

(2)运送　要求包装完善，防止碰坏瓶子和散播活的弱毒病原体。运输途中避免日光直接照射和高温，尽快送到保存地点或预防接种地点。弱毒疫苗应放在装有冰块的广口瓶内运送，以免降低或丧失生物制剂的性能。

(3)用前检查　各种生物制剂在使用前，均需详细检查，如有下列情况之一者，不得使用：

①没有瓶签或瓶签模糊不清或没有经过合格检查的；

②过期失效的；

③生物制剂的质量与说明书不符者，如色泽、沉淀有变化，药品内出现异物，发霉，有臭味的；

④瓶塞不紧或玻璃破裂的；

⑤经过检查，确实不能使用的生物制剂应立即废弃、煮沸或予以深埋。

4. 接种后的护理和观察

动物接种疫苗后可发生暂时性的抵抗力降低现象。所以应有较好的护理和管理条件，避免一切应激因素的产生，同时必须特别注意控制家畜的使役，以免过度劳累而产生不良后果。此外，由于动物在接种疫苗后，有时可能会发生反应，故在接种以后，要进行认真的观察，观察期限一般为7～10 d。如有反应，可根据情况给予适当的治疗(注射血清或对症治疗)。反应极为严重者，可予屠宰。接种后的一切反应情况应记载于专门的表册中。

5. 免疫接种时的注意事项

(1)参加免疫接种的工作人员应分工明确并紧密配合。事先指定牵出牵入动物的路线，注射过的动物立即牵出场外，以免重复与遗漏。

(2)工作人员需穿工作服及胶鞋,必要时戴口罩。工作前后均应洗手消毒,工作中必须保持手指清洁,禁止吸烟和吃食物。

(3)注射器、针头经严格消毒后方可使用。注射时每头动物须调换一个针头,在针头不足时,至少应每吸液一次调换一个针头。

(4)生物药品的瓶塞上应固定一个消毒过的针头,上盖酒精棉球。吸液时必须充分振荡疫苗,使其均匀混合。

(5)针筒排出溢出的药液,应吸积于酒精棉球上,并将其收集于专用瓶内。用过的酒精、碘酊棉球应放入专用瓶内,集中处理。

(6)进行注射时应向饲养员询问每头动物的恶习,以保证人畜安全。

(7)免疫接种时还应认真做好登记工作。

五、作业与思考题

1. 试述免疫接种方法及其各自优缺点。
2. 叙述免疫接种用生物制剂的保存、运送和用前检查。
3. 试述免疫接种时的注意事项。

实验二十四　病料的取材与送检

一、实验目的与要求

结合病例诊断工作,学会被检病料的采取、保存、包装和记录。

二、实验原理

很多动物传染病,其临床症状和病理变化常不明显,难以确诊。因此,需要从患病动物或尸体采取病料,进一步做微生物学、免疫学、分子生物学或病理学检验,以便迅速确诊,及时采取相应的防控措施,达到预防和扑灭动物传染病的目的。采样的时机是否适宜,样品是否具有代表性,样品处理、保存、运送是否合适及时,与检验结果的准确性、可靠性关系极大。

三、实验器材

1. 器械

大号搪瓷方盘、剪刀、镊子、手术刀、广口瓶、载玻片、注射器、真空采血管、冷藏瓶(箱)、酒精灯。

2. 材料

病鸡(兔)或者其他患病动物、消毒液、30%甘油生理盐水、10%福尔马林溶液、酒精棉球、火柴、乳胶手套。

四、实验内容与方法

(一)病料的采取

1. 剖检前检查

凡发现草食动物(包括马、牛、羊等)急性死亡时,须先采取末梢血液涂片镜检,只有认为不是炭疽时,才可解剖和全面采取病料。

2. 取材时间

采取病料,应在动物死亡后立即进行,夏季要在动物死亡后 2 h 内采取病料,否则,尸体腐败或因肠道内的细菌侵入内脏而造成污染,影响检验结果。

3. 器械消毒

所用器械、容器都必须消毒灭菌。一件器械只能采取一种病料,否则,必须经过火焰或煮沸消毒后,才能采取另一种病料。采取的各种脏器,应分别装入不同的容器内。但供病理组织学检查的同一动物的不同组织,可以放在一个容器内固定。

4. 病料采取

采取病料的种类,应根据各种传染病的特点采取相应的脏器、排泄物或分泌物。如败血性传染病可采取心、肝、脾、肾、淋巴结等;肠毒血症采取小肠及其内容物;有神经症状的传染病采取脑、脊髓等。如果无法判断是什么传染病时,应全面采取。为了避免杂菌污染,病理变化检查应在病料采取完毕后进行。各种组织及液体的病料采取方法如下:

(1)脓汁、鼻液、阴道分泌物、胸水、腹水的采取　一般用灭菌棉拭子蘸后,放入灭菌试管中保存。对未破溃的脓汁和胸水等,可直接用灭菌注射器抽取,放入灭菌容器内。如脓汁黏稠不易吸取,可向脓肿内先注入 1～2 mL 灭菌生理盐水,然后再吸取。

(2)淋巴结及实质脏器的采取　将淋巴结、肺、肝、脾及肾等有病变的部位各采取 1～2 cm^3 小方块,分别置于灭菌试管和瓶中。若为供病理组织检查的材料,应将典型病变部分及相连的健康组织一并切取,组织块大小 2 cm^3 左右,同时要避免使用金属容器,尤其是当病料供色素检查时(马传染性贫血、焦虫病等)更应注意。

(3)血液的采取　需要全血时,无菌采取 10 mL 全血,立即注入盛有含 0.5%肝素溶液或 5%柠檬酸钠 1 mL 的灭菌试管中,搓转混合片刻后即可。要分离血清学时,以无菌操作由静脉吸取 5～10 mL 沿试管壁流入灭菌试管中,待血液自然凝固后分离血清,吸出血清于另一灭菌试管中。从尸体采取血液时,通常采取右心房心血,先用烧红的铁片或刀片烙烫心肌表面,然后用灭菌的手术刀自烙烫处刺一切口,再用灭菌吸管或注射器吸出血液,放入灭菌的试管中。

(4)流产胎儿　将整个流产胎儿放入不漏水的桶内或用塑料薄膜包紧,装入木箱内立即送检。

(5)皮肤和黏膜的采取　采取病变局部皮肤和黏膜及其所属淋巴结,分别放入甘油盐水中。

(6)脑和脊髓的采取　无菌采取脑和脊髓 1～2 cm^3 大小的方块,放入甘油盐水中。

(7)肠管的采取　采取外观有病变部位的肠管一段(5～10 cm),两端结扎,在结扎外端剪断,放入灭菌容器内。

(二)病料的保存

病料采取后,如不能立即检验,或需要送往有关单位检验时,应当加入适量的保存剂,使病料尽量保持新鲜状态。

1. 细菌检验病料的保存

将采取的脏器组织块,保存于灭菌的饱和氯化钠溶液或30%甘油缓冲盐水中,容器加塞密封。如果是液体,可装在封闭的毛细玻管内或带盖塑料离心管中运送。

2. 病毒检验病料的保存

将采取的脏器组织块,保存于灭菌的50%甘油缓冲盐水溶液中,容器加塞密封。

3. 病理组织学检验病料的保存

将采取的脏器组织块放入10%福尔马林溶液或95%酒精中固定;固定液的用量应为病料的10倍以上。如用10%福尔马林溶液固定,应在24 h后换新鲜溶液1次。

(三)病料的运送

装病料的容器应贴上标签,标签要防止因冻结而脱落,标签要标明采集时间、地点、号码和病料名称,并附上发病、死亡等相关资料(病料送检单)。病料包装容器要牢固,做到安全稳妥,对于危险材料、怕热或怕冻的材料要分别采取措施。病料经包装密封后,必须尽快送往实验室,延误送检时间会严重影响诊断结果。

因为进行病原学检验的病料怕热,应放入加有冰块的冷藏瓶(箱)内,并防止碰撞,保持尽可能的平稳运输。供细菌检验、寄生虫检验及血清学检验的冷藏病料,必须在24 h内送到实验室;供病毒检验的冷藏处理病料,须在数小时内送达实验室,经冻结的病料须24 h内送到,24 h内不能送到实验室的,需要在运送过程中保持病料温度处于−20℃以下。供病理学检验的病料在10%福尔马林溶液中,不必冷藏。用飞机运送时,病料应放在增压仓内,以防压力改变,病料受损。

五、作业与思考题

1. 试述正确采取病料和运送病料的实际意义。
2. 对疑似人畜共患病病死的家畜,在进行采集病料时应注意哪些事项?
3. 现有疑似猪瘟病猪尸体一具,试述其病料采取、保存和运送的方法。

实验二十五　结核病的检疫

一、实验目的与要求

掌握牛结核菌素变态反应的诊断方法。

二、实验原理

动物受结核分枝杆菌感染4～8周后，即可产生免疫变态反应，结核菌素能使感染结核分枝杆菌的动物产生迟发型变态反应。因此，可根据动物皮内注射结核菌素后注射部位出现的炎性反应，判断该动物是否感染结核分枝杆菌。

三、实验器材

1. 器械

卡尺、2.5 mL金属注射器、针头、煮沸消毒锅、镊子、剪毛剪、鼻钳。

2. 材料

提纯结核菌素(PPD)、灭菌生理盐水、酒精棉球、工作服、帽子、口罩、线手套、牛结核病检疫记录表、胶鞋等。

四、实验内容与方法

(一)牛型结核分枝杆菌PPD皮内变态反应试验

用结核分枝杆菌PPD进行的皮内变态反应试验对检查活畜结核病是很有用的。该试验用牛型结核分枝杆菌PPD进行。

牛的牛型结核分枝杆菌PPD皮内变态反应试验，出生后20 d的牛即可用本试验进行检疫。

1. 操作方法

(1)注射部位及术前处理　将牛只编号后在颈侧中部上1/3处剪毛(或提前一天剃毛)，3个月以内的犊牛，也可在肩胛部进行，直径约10 cm。用卡尺测量术部中央皮皱厚度，做好记录。注意术部应无明显的病变。

(2)注射剂量　不论大小牛只，一律皮内注射0.1 mL(含2 000 IU)。即将牛型结核分枝杆菌PPD稀释成每毫升含2万IU后，皮内注射0.1 mL。冻干PPD稀释后当天用完。

(3)注射方法　先以75%酒精消毒术部，然后皮内注射定量的牛型结核分枝杆菌PPD，注射后局部应出现小疱，如对注射有疑问时，应另选15 cm以外的部位或对侧重做。

(4)注射次数和观察反应　皮内注射后经72 h判定，仔细观察局部有无热痛、肿胀等炎性反应，并以卡尺测量皮皱厚度，做好详细记录。对疑似反应牛应立即在另一侧以同一批PPD同一剂量进行第二回皮内注射，再经72 h观察反应结果。

对阴性牛和疑似反应牛，于注射后96 h和120 h再分别观察一次，以防个别牛出现较晚的迟发型变态反应。

2. 结果判定

(1)阳性反应　局部有明显的炎性反应，皮厚差≥4.0 mm。

(2)疑似反应　局部炎性反应不明显，2.0 mm≤皮厚差<4.0 mm。

(3)阴性反应　无炎性反应。皮厚差<2.0 mm。

凡判定为疑似反应的牛只，于第一次检疫60 d后进行复检，其结果仍为疑似反应时，经60 d再复检。如仍为疑似反应，应判为阳性。

3. 其他动物牛型结核分枝杆菌PPD皮内变态反应试验

参照牛的牛型结核分枝杆菌PPD皮内变态反应试验进行。

(二)禽型结核分枝杆菌PPD皮内变态反应试验

禽型结核分枝杆菌PPD皮内变态反应试验是最广泛使用于家禽的试验。牛及其他哺乳动物也可用牛型结核分枝杆菌PPD和禽型结核分枝杆菌PPD同时在不同的部位进行,以区分特异性变态反应和非特异性变态反应。

1. 禽的禽型结核分枝杆菌PPD皮内变态反应试验

(1)操作方法　用10 mm×0.5 mm针头,作肉垂皮内注射0.1 mL(0.25万IU)禽型结核分枝杆菌PPD,48 h后观察结果。

(2)结果判定　阳性反应为接种部位肿胀,从5.0 mm直径的小硬结到扩展至其他肉垂与颈部的广泛性水肿。火鸡肉垂的结核分枝杆菌PPD皮内变态反应试验,没有家禽的试验那样可靠。其他禽类也可用翼蹼作试验,但结果一般不理想。水禽可接种脚蹼,但试验不敏感并经常与接种部位的感染相混淆。

2. 牛的禽型结核分枝杆菌PPD皮内变态反应试验

(1)操作方法　与牛型结核分枝杆菌PPD皮内变态反应试验相同,只是禽型结核分枝杆菌PPD的剂量为每头0.1 mL,含0.25万IU。即将禽型结核分枝杆菌PPD稀释成每毫升含2.5万IU后,皮内注射0.1 mL。

(2)结果判定

①对牛型结核分枝杆菌PPD的反应为阳性(局部有明显的炎性反应,皮厚差大于或等于4.0 mm),并且对牛型结核分枝杆菌PPD的反应大于对禽型结核分枝杆菌PPD的反应,二者皮厚差在2.0 mm以上,判为牛型结核分枝杆菌PPD皮内变态反应试验阳性。

对已经定性为牛型结核分枝杆菌感染的牛群,其中即使少数牛的皮厚差在2.0 mm以下,甚至对牛型结核分枝杆菌PPD的反应略小于对禽型结核分枝杆菌PPD的反应(反应差小于或等于2.0 mm),只要对牛型结核分枝杆菌PPD的反应在2.0 mm以上,也应判定为牛型分枝杆菌PPD皮内变态反应试验阳性牛。

②对禽型结核枝杆菌PPD的反应大于对牛型结核分枝杆菌PPD的反应,两者的皮厚差在2.0 mm以上,判为禽型结核分枝杆菌PPD皮内变态反应试验阳性。

对已经定性为副结核分枝杆菌或禽型结核分枝杆菌感染的牛群,其中即使少数牛的皮差在2.0 mm以下,甚至对禽型结核分枝杆菌PPD的反应略小于对牛型结核分枝杆菌PPD的反应(不超过2.0 mm),只要对禽型结核分枝杆菌PPD的反应在0.2 mm以上,也应判为禽型结核分枝杆菌PPD皮内变态反应试验阳性牛。

五、作业与思考题

1. 试述不同牛型结核菌素的优缺点。
2. 试述应用变态反应试验检测牛结核病的原理和判定方法。
3. 试述不同型结核菌素对牛的检疫关系。

实验二十六 巴氏杆菌病的实验室诊断

一、实验目的与要求

1. 掌握巴氏杆菌病的病理剖检变化。
2. 初步掌握巴氏杆菌病的诊断方法。

二、实验器材

1. 器械

外科刀、外科剪、镊子、载玻片、2 mL 玻璃注射器、组织研磨器、酒精灯、酒精棉球、消毒的培养皿及试管、接种棒、染色缸、显微镜等。

2. 材料

革兰氏、瑞氏和美蓝染色液，香柏油、鲜血琼脂平板、营养琼脂平板、擦镜纸、小鼠等。

三、实验内容与方法

1. 巴氏杆菌病的病理剖检

根据具体情况，选择猪肺疫、禽霍乱或兔出血性败血症等病例或尸体，应用病理剖检技术进行剖检，详细观察其病理变化。家畜的主要病变是黏膜、浆膜和内脏器官出血、水肿，胸膜肺炎，皮下胶样浸润。家禽的主要病变是黏膜、浆膜出血，胸腹腔和肠浆膜以及心包腔有纤维素性炎症，肝脏上有密布灰白色坏死灶，慢性者有脓性干酪性关节炎。

2. 检查材料

大家畜取新鲜的实质器官（肝、脾、肾等）、心血（焊封于毛细管内），另做心血和实质器官的涂片数张；小动物或家禽可取完整的尸体。

3. 镜检

将病料触片染色（美蓝或瑞氏染色等）镜检时，多杀性巴氏杆菌呈卵圆形，有明显的两极性染色。血片用瑞氏染色时，两极性细菌呈蓝色或淡青色，红细胞染成淡红色（家禽红细胞含有紫色的核）。

4. 培养

将病料分别接种于鲜血琼脂、血清琼脂，在 37℃ 中培养。多杀性巴氏杆菌在鲜血琼脂上呈较平坦、半透明的露滴样菌落，不溶血。在血清琼脂上生长丰盛，于 45° 角折射光线下检查，可见有不同色泽的荧光。如 Fg 型菌落呈现蓝绿色而带金光，边缘有狭窄的红黄光带；Fo 型菌落较大，呈现橘红带金光，边缘有乳白色光带。分离细菌后，在观察其形态、染色特性的同时做生化试验。

5. 动物试验

将病料研磨成糊状,用灭菌生理盐水稀释成 1∶(5～10)乳剂,接种于实验动物皮下或肌肉内,剂量为 0.2～0.5 mL。猪、牛、羊等家畜的病料可用小鼠或家兔;家禽的病料用鸽、鸡或小鼠。实验动物如于接种后 18～24 h 死亡,则采取心血及实质器官做触片染色镜检和接种培养基进行分离培养。根据病原菌的形态、染色、培养、生化等特性加以鉴定。在采取材料做培养、镜检完毕后,还需对实验动物尸体剖检进行病理观察。在接种局部可见到肌肉及皮下组织发生水肿;胸腔和心包有浆液性纤维素性渗出物;心外膜有多数出血点;肝脏淤血(如用鸡接种,可见有密布的小点坏死灶)。由于巴氏杆菌带菌者多,且巴氏杆菌病常发于其他传染病之后,所以不能以单纯检出巴氏杆菌而诊断为巴氏杆菌病,必须结合临床诊断和病理剖检,才能做出正确判断。

四、作业与思考题

1. 试述多杀性巴氏杆菌的形态和培养特征。
2. 巴氏杆菌引起的畜禽传染病有哪些?说明其主要临床特征。
3. 结合剖检,根据细菌检查结果,写一份巴氏杆菌病诊断报告。

实验二十七　链球菌病的实验室诊断

一、实验目的与要求

初步掌握猪、羊链球菌病的实验室诊断步骤和方法。

二、实验器材

1. 器械

显微镜、恒温培养箱、注射器、外科刀、外科剪、镊子、载玻片、酒精灯、酒精棉球、消毒的培养皿及试管、接种棒、染色缸等。

2. 材料

家兔或小鼠;革兰氏和美蓝染色液、香柏油、鲜血琼脂平板、营养琼脂平板、擦镜纸等。

三、实验内容与方法

(一)检查病料的采集

(1)表现为淋巴结脓肿时,可采取肿胀或化脓的淋巴结,以无菌的注射器抽取未破溃的淋巴结内的脓汁,放入灭菌的试管或小瓶中;破溃的脓肿可以灭菌的棉拭蘸取脓汁放入灭菌试管送到实验室检验。

(2)败血性链球菌病时，采取患病动物的血液、淋巴结、肝、脾、肾、肺和化脓的关节等。

(二)检查方法

1. 涂片镜检

将新鲜病料(心血、肝脏、脾脏、肾脏、肺脏、淋巴结、胸水等)制成涂片或触片，用革兰氏染色或碱性美蓝法染色后镜检。链球菌的直径为 0.5～1.0 μm，圆形或椭圆形，成对或 3～5 个菌体排成短链。偶尔可见 30～50 个菌体相连的长链，但不成丛、成堆，不运动，无芽孢，偶见有荚膜存在。革兰氏染色阳性，经数日培养的链球菌可染成革兰氏阴性。

2. 分离培养

将脓汁或其他实质脏器划线于血液琼脂平板上，置 37℃培养 24 h 或更长。培养基中加有 5%无菌的绵羊血液，细菌生长良好并可发生溶血。链球菌在普通培养基上多生长不良。

链球菌在血液琼脂上呈小点状，培养 24 h 溶血不完全，48～72 h 菌落直径大约为 1 mm，呈露珠状，中心浑浊，边缘透明，有些黏性菌株融合粘连，菌落呈单凸或双凸，有 α-溶血(绿色)、β-溶血(完全透明)或 γ-溶血(不溶血)，这在链球菌的鉴定中是很重要的。多数具有致病性的链球菌呈 β-溶血。

3. 动物接种

将病料制成 5～10 倍生理盐水悬液或细菌培养物制成的菌液，接种家兔或小鼠，剂量为兔腹腔注射 1～2 mL，小鼠皮下注射 0.2 mL。家兔于接种后 12～26 h 死亡；小鼠于接种后 12～24 h 死亡。死后动物采心血、腹水、肝、脾抹片、染色镜检，可见有大量单个、成对或 3～5 个菌体相连的球菌。

(三)培养特性

1. 猪链球菌

本菌在有氧及无氧环境中都能生长。菌落小，灰白透明，稍黏。在血平板上一般先为 α-溶血，延时培养后则变为 β-溶血。或者菌落周围不见溶血，刮去菌落则可见 α-溶血或 β-溶血。猪链球菌Ⅱ型在绵羊血平板呈 α-溶血，马血平板则为 β-溶血。在血清肉汤中先均匀浑浊，后在试管底部形成沉淀，上部澄清，不形成菌膜。

猪链球菌Ⅱ型为 R 群，猪链球菌Ⅰ型为 S 群，有的不能分群，有的属于 S-R 群或 T 群，但不是 C 群。

2. 羊链球菌

在鲜血琼脂平板，生长出淡灰色、透明、露珠样小菌落，β-溶血；普通琼脂上菌落更小，生长缓慢；肉汤形成清，变浑浊，继而变清，于管底形成沉淀。

我国各地分离的羊链球菌多属于 C 群的兽疫(羊)链球菌。

四、作业与思考题

1. 叙述链球菌病实验室诊断的步骤和方法。
2. 试述猪链球菌病与羊链球菌病的病原体的异同点。

实验二十八 鸡白痢的净化

一、实验目的和要求

1. 掌握鸡白痢全血平板凝集试验和血清凝集试验的操作方法及结果判断。
2. 了解种鸡场鸡白痢检测、净化的方法。

二、实验原理

鸡白痢是由鸡白痢沙门菌引起的一种极常见的各种年龄鸡均可发生的传染病。初生雏鸡的发病率和死亡率都很高,特别是2周龄以内的雏鸡死亡最多,病雏鸡以白痢为特征。消灭鸡白痢的根本方法是有计划地培育无白痢的种鸡群,检疫和淘汰阳性种鸡,从而净化鸡群。鸡白痢沙门菌颗粒性抗原与特异性抗体结合后,在有电解质的情况下,会出现肉眼可见的凝集块,称为凝集反应。凝集试验是疾病诊断及体内抗体水平测定的常用方法,适用于监测鸡白痢沙门氏菌感染和种鸡群鸡白痢的净化。

三、实验器材

鸡白痢全血凝集反应抗原、鸡白痢阳性血清、生理盐水、洁净玻璃板、记号笔、7#或9#注射针头、75%酒精棉球、移液器、手电筒。

四、实验内容和方法

(一)快速全血平板凝集反应

1. 主要材料

(1)抗原:鸡白痢沙门菌凝集抗原。

(2)鸡:从农贸市场购买。

(3)其他用具:玻璃板或载玻片一块,不锈钢金属丝环针或一次性注射器。

2. 操作方法

在20℃以上室温进行操作。先将凝集抗原充分振荡均匀,用滴管吸取抗原垂直滴一滴(0.05 mL)于玻板上,随即用一次性注射器从翅静脉采血,或针头刺破被检鸡的翅静脉,使之出血。以不锈钢丝环醮取血一满环(约0.02 mL)放于玻板上,与抗原搅拌均匀,并散开至直径约2 cm为度。

3. 结果判断

(1)抗原和血液混合后,于2 min内出现明显的颗粒凝集或块状凝集的为阳性反应。

(2)在2 min内不出现凝集,或仅呈现均匀一致的微细颗粒或在边缘处由于临干前形成有细絮状物等，均判为阴性。

(3)上述反应以外，不易判定为阳性或阴性的，可判为可疑。

4. 注意事项

(1)抗原应保存于 8～10℃冷暗干燥处，用时要充分振荡均匀。

(2)本凝集抗原适用于成年鸡，幼龄鸡敏感度较差。

(二)血清凝集反应

1. 血清试管凝集反应

(1)主要材料　鸡血清样品、抗原。

(2)操作方法　在试管架上依次摆上试管 3 支，以吸管吸取稀释抗原 2 mL 注入试管 1，在试管 2 及试管 3 分别注入抗原 1 mL。然后以另一吸管吸取被检血清 0.8 mL 注入试管 1，反复吸吹数次使抗原与血清充分混合，然后从试管 1 吸出抗原血清混合液 1 mL，注入试管 2，并反复吸吹试管内混合液使充分混合。自试管 2 吸取混合液 1 mL 注入试管 3，依上法混合后吸出混合液 1 mL 舍弃，最后将血清管振荡数次，使抗原与血清充分混合后，在 37℃温箱中放置至少 20 h 后观察。

(3)结果判断　试管 1、2、3 的血清稀释倍数依次分别为 1∶25、1∶50、1∶100。凝集阳性者，抗原显著凝集于试管底，上清液透明；阴性者，试管仍均匀浑浊；可疑者；介于阳性与阴性之间。在鸡 1∶50 以上凝集者为阳性。在火鸡 1∶25 以上凝集者为阳性。

2. 血清平板凝集反应

(1)主要材料　血样采取和血清析出同试管法。抗原与试管凝集反应相同，但其浓度比试管法大 50 倍，悬浮于含 0.5%石炭酸的 12%氯化钠溶液内。

(2)操作方法　用一块玻板以记号笔按约 3 cm^2 画成若干方格，一个方格检查一只鸡的血清样品。每一方格加被检鸡血清 1 滴和抗原 1 滴，用牙签将抗原与血清混合。

(3)结果判断　观察 30～60 s，凝集者为阳性，否则为阴性。此试验应在 10℃以上室温进行。

五、作业与思考题

1. 写出鸡白痢全血平板凝集试验的操作方法及结果判断。
2. 试比较鸡白痢检疫的全血平板凝集反应与血清平板凝集反应的异同点。
3. 我国绝大多数鸡群鸡白痢的阳性率比较高，试分析其原因和拟定防制对策。

实验二十九　动物传染病诊疗现场教学

一、实验目的

掌握动物传染病临床病例诊断的基本方法和步骤。

二、实验材料与用品

结合前来就诊的临床动物传染病病例,包括解剖器械、酒精灯、鲜血平板、接种棒等。

三、实验内容和方法

利用前来就诊的病例进行现场教学,包括流行病学资料收集、症状观察、病理剖检、诊断、实验室检查病料的采集和防治措施制定。

四、实验结果综述

在老师的现场指导下,总结临床病例的诊疗过程和方法,并提出处置和治疗方案等。

五、作业与思考题

1. 动物传染病临床病例的综合性诊断方法有哪些?
2. 如何通过流行病学方法分析畜禽传染病病因?

实验三十 猪瘟的实验室诊断

一、实验目的与要求

1. 学会猪瘟兔体交互免疫试验诊断法。
2. 初步掌握猪瘟荧光抗体试验诊断法。

二、实验器材

1. 器械

荧光显微镜、冰冻切片机、煮沸消毒锅、染色缸、注射器(1 mL、5 mL 或 10 mL)、注射针头、肛门体温计、灭菌乳钵、剪刀、镊子、兔笼等。

2. 材料

载玻片、盖玻片、pH 7.2 0.01 mol 磷酸盐缓冲液(PBS)、伊文思蓝溶液、丙酮、缓冲甘油、青霉素、链霉素、生理盐水、猪瘟荧光抗体、猪瘟兔化弱毒苗、1.5 kg 以上健康家兔;疑似猪瘟病料等。

三、实验内容与方法

1. 兔体交互免疫试验

选择健壮、体重 1.5 kg 以上、未做过猪瘟试验的家兔 4 只,分成 2 组,试验前连续测温

3 d，每天 3 次，间隔 8 h，体温正常者才可用。将可疑病猪的淋巴结及脾脏做成 1∶10 悬液（每毫升悬液加青霉素、链霉素各 1 000 IU 处理），给试验组家兔每只 5 mL 肌内注射。如用血液须加抗凝剂，每头接种 2 mL。对照组不注射。注射后对实验组和对照组兔测温，每 6 h 一次，连续 3 d（应无体温反应）。7 d 以后，用 1∶20 稀释的猪瘟兔化弱毒疫苗同时给试验组与对照组家兔耳静脉各注射 1 mL。24 h 后，每隔 6 h 测温一次，连续测温 3 d。

判定标准：因一般猪瘟病毒不能使兔发生热反应，但可使之产生免疫力，而猪瘟兔化弱毒则能使家兔发生热反应。据此原理，如试验组接种病料后无热反应，后来接种猪瘟兔化弱毒也不发生热反应，对照组有热反应，则为猪瘟。如试验组接种病料后有热反应，后来接种猪瘟兔化弱毒不发生热反应，则表明病料中含有猪瘟兔化弱毒。如试验组接种病料后无热反应，后来接种猪瘟兔化弱毒发生热反应；或接种病料后有热反应，后来对猪瘟兔化弱毒又发生热反应，则都不是猪瘟。

2. 荧光抗体诊断法

（1）扁桃体冰冻切片或组织压片的制备　采取活体或新鲜尸体的扁桃体，按常规方法用冰冻切片机制成切片，吹干后在预冷的纯丙酮中于 4℃ 固定 15 min，取出风干。制作压片时，首先切取病猪的扁桃体、淋巴结、脾或其他组织一小块，用滤纸吸去外面的液体，取干净载玻片一块，稍微烘热，将组织小块的切面触压玻片，做成压印片，置室温内干燥。

（2）染色　用 1∶40 000 伊文氏蓝溶液将荧光抗体作 8 倍稀释，将稀释的荧光抗体滴加到标本片上，于 37℃ 温箱内感作 30～40 min。再用 pH 7.2 0.01 mol PBS 充分漂洗，分别于 2 min、5 min、8 min 更换 PBS，最后蒸馏水漂洗 2 次，风扇吹干，滴加缓冲甘油数滴，加盖玻片封片，用荧光显微镜检查。

（3）镜检　在腺窝（隐窝）上皮细胞内可见到明显的猪瘟病毒感染的特异性荧光。在 100 倍放大观察时能清楚地看到腺窝的横断面，上皮细胞部分呈现新鲜的黄绿色，腺腔呈红色，其他组织呈淡棕色或黑绿色。高倍放大观察时细胞核呈黑色圆形或椭圆形，细胞质呈明亮的黄绿色。

四、作业与思考题

1. 根据猪瘟流行病学、临诊病状和剖检变化作出初诊及利用实验室诊断作出确诊报告。
2. 试述当前猪瘟的流行特点及非典型猪瘟的防治要点。

实验三十一　口蹄疫的实验室诊断

一、实验目的与要求

初步掌握口蹄疫的反向间接红细胞凝集试验和琼脂扩散试验等血清学诊断技术。

二、实验原理

将抗口蹄疫抗体致敏于红细胞表面,以检测病料中的口蹄疫病毒抗原,致敏的红细胞与被检病料发生凝集反应,证明病料中含有口蹄疫病毒。

三、实验器材

1. 器械

WZ-2 微量振荡器或 MM-1 型微型混合器,25 μL、50 μL 移液器。

2. 材料

96 孔聚苯乙烯 V 形血凝滴定板(110 度),打孔器、平皿(直径 5.5 cm);标准阳性血清:用已知的口蹄疫 O 型鼠毒制备。用反向间接血凝抑制试验测定效价为 1∶80,工作液为 1∶20。猪水疱病标准阳性血清效价为 1∶400,工作液为 1∶100。

标准抗原:本抗原用口蹄疫 O、A、C、Asia-Ⅰ型鼠毒和猪水疱病乳鼠毒分别制成;稀释液Ⅰ、稀释液Ⅱ、AGB 液、敏化红细胞诊断液;琼扩抗原与阳性血清 A、O、C 精制抗原与阳性血清;被检血清以 56℃灭能 30 min,加入 0.1% NaN_3 防腐,置 4℃冰箱中备用。

四、实验内容与方法

(一)口蹄疫反向间接红细胞凝集试验

1. 被检材料处理

(1)水疱皮的处理　牛采取舌面、蹄、蹄叉或母畜乳头;猪采取鼻镜、蹄部:羊采取上齿龈等新鲜水疱皮,样品采集量为 0.5 g 以上。将水疱皮用 pH 7.2 0.11 mol/L 磷酸缓冲液洗 2~3 次,用消毒滤纸吸去水分,称重。将此病料加少量石英砂或玻璃砂置乳钵中研磨,配成 1∶(2~5)的悬液(*W*/*V*),放室温浸毒 1 h 或 4℃冰箱过夜。最后用 3 000~5 000 r/min 离心 20~30 min,取上清液。

(2)水疱液　将水疱表面用 75%酒精棉球消毒后抽取水疱液,不作处理直接检测。

2. 正式试验

(1)操作方法Ⅰ　使用标准抗原进行口蹄疫 A、O、C、Asia-Ⅰ型及与水疱病鉴别诊断。

①被检样品的稀释　试管架上摆上一排 8 支试管,自第一管开始由左至右用稀释液Ⅰ进行倍比稀释(1∶6、1∶12、1∶24…1∶768),每管体积 0.5 μL。

②滴加被检样品和对照　在血凝滴定板上的第一至第五排,每排的第 8 孔滴加第 8 管稀释液被检样品 0.05 mL,每排的第 7 孔滴加第 7 管稀释液被检样品 0.05 mL,依此类推至第 1 孔。

③每排的第 9 孔滴加稀释液Ⅰ0.05 mL,作为稀释液对照　每排的第 10 孔按顺序分别滴加 A、O、C、Asia-Ⅰ型和猪水疱病标准抗原(1∶30 稀释)各 0.05 mL,作为阳性对照(注意每型换一只吸嘴)。

④滴加敏化红细胞诊断液,先将其摇匀,在第一至第五排的第 1~10 孔分别滴加口蹄疫 A、O、C、Asia-Ⅰ型及猪水疱病敏化红细胞诊断液,每孔 25 μL,置微量振荡器上振荡 1~2 min,放置 20~25℃1.5~2 h 后判定结果。

(2)操作方法Ⅱ 使用标准阳性血清进行口蹄疫O型和猪水疱病鉴别诊断。

①在96孔血凝滴定板上，每份被检样品做四排孔，每孔先各加25 μL稀释液Ⅱ。

②每排第1孔各加被检样品25 μL，然后分别由左至右顺序作二倍连续稀释至第7孔(竖板)或第11孔(横板)。每排最后孔留作稀释液对照。

③加标准阳性血清 第一和第三排每孔加25 μL稀释Ⅱ；第二排每孔加入25 μL 1∶20稀释的口蹄疫(O型)标准阳性血清；第四排每孔加入25 μL 1∶100稀释的猪水疱病标准阳性血清。然后放微型混合器上振荡1～2 min，加盖置37℃作用30 min。

④加敏化红细胞诊断液 第一和第二排每孔加入1%口蹄疫O型抗体敏化红细胞诊断液25 μL；第三和第四排每孔加入1%猪水疱病抗体敏化红细胞诊断液25 μL。然后放微型混合器上振荡1～2 min，加盖，20～35℃放置2 h后观察结果。

3. 结果判定

(1)判定标准 按以下标准判定红细胞凝集程度：

"＋＋＋＋"——100%完全凝集，红细胞均匀分布于孔底周围。

"＋＋＋"——75%凝集，红细胞均匀分布于孔底周围，但孔底中心有红细胞形成的针尖大的小点。

"＋＋"——50%凝集，孔底周围有不均匀的红细胞分布，孔底有一红细胞沉下的小点。

"＋"——25%凝集，孔底周围有不均匀的红细胞分布，但大部分红细胞已沉积于孔底。

"－"——不凝集，红细胞完全沉积于孔底成一圆点。

(2)操作方法Ⅰ的结果判定 稀释液Ⅰ对照孔不凝集、标准抗原阳性孔凝集试验方成立。若第一排出现2孔以上的凝集(50%凝集)，其余四排孔不出现凝集，判为口蹄疫A型；若只第二排出现2孔以上的凝集(50%凝集)，其余四排孔不出现凝集，判为口蹄疫O型；依此类推。若只第五排出现2个孔以上的凝集(50%凝集)，其余四排孔不出现凝集，则被检样品为猪水疱病。

致红细胞50%凝集的被检样品最高稀释度为其凝集价。

如出现两排以上孔的凝集，以某排孔的凝集效价高于其余排孔的凝集效价2个对数(以2为底)浓度以上者即为可判为阳性，其余判为阴性。

(3)操作方法Ⅱ的结果判定 稀释液Ⅱ对照孔不凝集试验方成立。若第一排出现2孔以上的凝集(＋＋以上)，且第二排相对应孔出现2个孔以上的凝集抑制，第三、四排不出现凝集判为口蹄疫O型阳性。若第三排出现2孔以上的凝集(＋＋以上)，且第四排相对应孔出现2个孔以上的凝集抑制，第一、二排不出现凝集则判为猪水疱病阳性。

致红细胞50%凝集的被检样品最高稀释度为其凝集效价。

(二)口蹄疫琼脂扩散试验

1. 琼脂平板的制备

取琼脂糖1 g，加99 mL AGB溶液，15磅10 min高压溶解，吸取7 mL浇入直径为5.5 cm的平皿中，凝胶层厚3 mm，室温冷却。4℃冰箱过夜。

2. 打孔

用打孔器按六角形打孔，中央孔和外周孔的孔径及孔距均为3 mm，用烧热的大头针沿孔底周围划一圈，溶化的琼脂可将底部封住，防止样品从孔底部流失。

3. 加样

中央孔加 O 型其他型的精制抗原,1 孔和 4 孔加 O 型其他型的口蹄疫标准阳性血清,2、3、5、6 孔加被检血清,加满为止,但不外溢。

4. 扩散

将加好的样品室温放置 2～3 h,待样品扩散入琼脂层后,置于潮湿小盒中,37℃中扩散。

5. 观察

于 24 h 进行第一次观察,72 h 进行第二次观察,168 h 作最后观察。观察时背景要暗,可借助灯光与自然光源,特别是弱反应须借助于强烈光源才能看清沉淀线。

6. 结果判定

当 1 孔和 4 孔标准阳性血清与中央孔抗原孔之间形成沉淀线时,若被检血清孔与中央抗原孔之间也出现沉淀线,并与阳性沉淀线末端相融合,则被检血清判为阳性;被检血清孔与中央孔之间虽不出现沉淀线,但阳性沉淀线的末端向内弯向被检血清孔,则被检血清判为弱阳性。如被检血清孔与中央孔之间不出现沉淀线,且阳性沉淀线直向被检血清孔,则被检血清判为阴性。

附:相关试剂的配制

(1)稀释液

稀释液Ⅰ:

聚乙二醇(M_W 1 200)	0.5 g
兔血清(62℃灭能 30 min)	10 mL
NaN_3	1 g

加 pH 7.2 0.11 mol/L 磷酸缓冲液至 1 000 mL。

稀释液Ⅱ:(TPBS)

NaH_2PO_4	0.1 mol/L	115 mL
Na_2HPO_4	0.1 mol/L	385 mL
NaCl		8.5 g
PVP(聚乙烯吡咯烷酮)		25 mg
Tween-80		0.05 mL
NaN_3		1 g
蒸馏水加至		1 000 mL

取上述缓冲液 100 mL 加小牛血清 0.5 mL 放 4～8℃贮存。

(2)AGB 液

甘氨酸	15.0 g
巴比妥钠	0.52 g
去离子水	加至 200 mL

用 HCl 调 pH 至 7.9(用 0.2 mol/L HCl)。

五、作业与思考题

1. 试述口蹄疫病毒血清型鉴定的意义。目前我国主要流行的口蹄疫病毒血清型有哪些?
2. 鉴定口蹄疫病毒血清型的主要方法有几种?试述其优缺点。

3. 试述反向间接红细胞凝集试验检测口蹄疫病毒的试验原理及判定标准。

4. 琼脂扩散试验检测口蹄疫病毒的实验原理是什么？

实验三十二　新城疫的实验室诊断

一、实验目的与要求

1. 掌握鸡新城疫的临诊诊断要点。
2. 掌握鸡胚接种、病毒分离方法，并用 HA、HI 试验鉴定其病毒。

二、实验原理

有些病毒，如禽流感病毒、新城疫病毒、EDS76 病毒等，能凝集某种动物的红细胞，故可以来推测材料中有无该病毒的存在。如有能凝集血细胞的病毒，其凝集性可被相应的抗体所抑制，这种抑制还有特异性，故病毒的血细胞凝集抑制试验，可用已知病毒来检查被检血清中的相应抗体，也可用已知血清来鉴定未知病毒。

三、实验器材

1. 器械

96 孔 V 形微量反应板、微量移液器（配有滴头）。

2. 材料

1%红细胞悬液制备：采集无禽流感和新城疫等抗体的健康成年公鸡的血液与 1/4 体积的抗凝剂混合，用 pH 7.2 0.01 mol/L PBS 液洗涤 3 次，每次均以 3 000 r/min 离心 10 min，洗涤后用 PBS 配成体积分数为 1%的红细胞悬液，4℃保存备用；0.9%的生理盐水。

抗凝剂的制备：5%枸橼酸钠＋0.9%生理盐水，分装、纱布扎口、灭菌消毒 15 磅 20 min。

四、实验内容与方法

1. 鸡新城疫的临诊诊断要点

由新城疫病毒（NDV）引起的临诊症状依宿主和病毒毒力两方面的因素而定。在鸡上不同的毒株引起疾病的严重程度不同，有的造成急性死亡，病死率可高达 100%，有的仅表现为亚临床型。不同的宿主感染同一毒株的后果也不同。例如某些毒株可引起鸡和火鸡发生严重疾病，但它们在鸭和鹅仅引起隐性感染。此外，我国的商业鸡群绝大多数为新城疫（ND）的免疫鸡群，发生 ND 流行主要是由于各种原因造成群体对 ND 的免疫保护水平下降或免疫失败所致，在临诊症状上大多不典型。与 ND 有关的临诊症状有：呼吸困难、腹泻、产蛋下降或停止、精神抑郁、神经症状和死亡。这些症状在有的病例可全部出现，但大多数病例仅部分出现。对不同的鸡群来说，出现临诊症状的鸡所占的比例及发病鸡的严重程度可能有很大差异。典型ND的特征性病变是全身呈出血性败血变化：腺胃乳头出血或溃疡；肠道，特别是盲肠扁桃体和直肠——泄殖腔黏膜呈条纹状出血，间有纤维素性坏死点；腺胃和肌胃的浆膜以及全身脂肪组织多见针尖样出血点。非典型ND的出血性变化大多不明显，剖检时需仔细辨认，盲肠扁桃体和直肠——泄殖腔黏膜出血变化发生的频率通常较高。这里必须指出，ND的临诊症状，无论是消化道、呼吸道或神经系统，都不是ND所特有的。因此，ND的临诊诊断只能是初步的诊断。ND的确诊还需进一步进行流行病学调查、血清学试验等综合判定。但最后确诊需要对感染鸡进行病原分离、鉴定。

2. 鸡新城疫病毒的分离

(1)接种材料　无菌取病死鸡病料(脑、肝、脾、喉气管)1 g左右放入研磨器内，加入3～5 mL生理盐水，研磨后倒入离心管内，加入青霉素、链霉素0.1 mL(总浓度800 U/mL)；置水浴箱37℃ 30 min，离心后取上清，作为接种材料。

(2)鸡胚接种　尿囊腔接种9～11日龄非新城疫免疫鸡胚0.1～0.2 mL/胚，蜡封后继续卵乳化，开始照蛋每日两次，连续5 d，弃去24 h内死胚，收集24～120 h死胚和剩余活胚置4℃保持过夜，鸡胚液(尿素液和羊水)最好在24 h内收集，做HA、HI试验，用于病毒鉴定。

3. 鸡新城疫病毒的鉴定

血凝(HA)试验见表5-1。

表5-1　血凝(HA)试验　　μL

项目	1	2	3	4	5	6	7	8	9	10	11	12
稀释度	1∶2	1∶2^2	1∶2^3	1∶2^4	1∶2^5	1∶2^6	1∶2^7	1∶2^8	1∶2^9	1∶2^{10}	1∶2^{11}	1∶2^{12}
PBS	25	25	25	25	25	25	25	25	25	25	25	25
鸡胚液	25	25	25	25	25	25	25	25	25	25	25	/
1%红细胞	25	25	25	25	25	25	25	25	25	25	25	25
振荡混匀37℃作用15 min观察结果												
结果举例	++++	++++	++++	++++	++++	++++	+++	++	+	−	−	−

注：++++ 为完全凝集；+++和++为不完全凝集；−为不凝集。

凡能使鸡红细胞完全凝集的病毒最高稀释倍数称为该病毒的血凝滴度，如表5-1所示，病毒滴度为1∶2^6。用于下述血凝抑制(HI)试验的病毒需含4个血凝单位，即将一个血凝单位的稀释度增加4倍浓度，例如，一个血凝单位为1∶2^6，4个血凝单位则为1∶2^4。

HA试验完成后，确定4个HA单位的抗原，进行HI试验(表5-2)。

表5-2　血凝抑制(HI)试验　　μL

项目	1	2	3	4	5	6	7	8	9	10	11	12
稀释度	1∶2	1∶2^2	1∶2^3	1∶2^4	1∶2^5	1∶2^6	1∶2^7	1∶2^8	1∶2^9	1∶2^{10}	1∶2^{11}	1∶2^{12}
PBS	25	25	25	25	25	25	25	25	25	25	25	25
标准血清	25	25	25	25	25	25	25	25	25	25	/	25
鸡胚液	25	25	25	25	25	25	25	25	25	25	25	25

续表 5-2

项目	1	2	3	4	5	6	7	8	9	10	11	12
振荡感作：37℃　10 min												
1%红细胞	25	25	25	25	25	25	25	25	25	25	25	25
振荡混匀 37℃或常温作用 15 min 观察结果												
结果举例	++++	++++	++++	++++	++++	++++	+++	++	+	−	−	−

注：++++为完全凝集；+++和++为不完全凝集；−为不凝集。

4. 结果分析

HI 试验结果判定　在对照出现正确结果的情况下，以完全抑制红细胞凝集的最大稀释度为该血清的 HI 滴度(表 5-2，HI 试验)，HI 价为 1∶26，一般写作 6 lg2，证明该病鸡中含有 ND(因为其标准血清为 ND 标准)。血清鸡群 HI 滴度的高低在一定程度上反映了免疫保护水平的高低。鸡群 HI 滴度离散度较小时，而 HI 滴度较高，其保护水平也高。HI 滴度在 4 lg2 的鸡群保护率约为 50%；在 4 lg2 以下的非免疫鸡群约为 10%，免疫鸡群约为 40%；HI 滴度在(6～10) lg2 的鸡群保护率达 90%～100%。若鸡群有 10%左右的鸡出现 11 lg2，或 11 以上的 HI 滴度，说明鸡群已发生新城疫强毒的感染。

5. 注意事项

(1)NDV 中含有 HN→神经氨球酶→解凝作用可与红细胞发生凝集作用，但时间过长，又发生解凝作用，在时间把握上很重要，解凝后，红细胞受体被破坏，就不能再凝了。

(2)一个血凝价(HA)含有一个单位病毒，需 4 个单位病毒，即用：2−7×4=2−7×22=2−5，也就是向前推两孔，国际标准需用 4 单位病毒。

五、作业与思考题

1. 试述血凝和血凝抑制试验检测新城疫抗体的原理。
2. 鸡胚接种的途径有哪几种？接种时如何选择合适的接种途径进行病毒分离？
3. 如何应用鸡胚接种试验判定不同新城疫病毒的致病力？
4. 免疫鸡群发生新城疫流行时有何特点？
5. 简述确诊新城疫的实验室诊断程序。

实验三十三　猪圆环病毒感染的诊断

一、实验目的与要求

1. 学会猪圆环病毒感染临床诊断方法。
2. 初步掌握猪圆环病毒实验室诊断技术。

二、实验器材

1. 器械

煮沸消毒锅、注射器(1 mL、5 mL 或 10 mL)、注射针头、灭菌乳钵、剪刀、镊子、微量加样器、水平电泳系统、37℃恒温培养箱、低温冷冻离心机、高速离心机、超洁净工作台、常温离心机、PCR 扩增仪、恒温循环水浴槽。

2. 材料

DNA 提取试剂盒、PCV2 特异性引物 E1/E2、PCR 试剂盒、DL2000 DNA Marker、疑似猪圆环病毒感染的病料等。

三、实验内容与方法

1. 临床诊断

断奶仔猪多系统衰竭综合征(PMWS)是由猪圆环病毒 2 型(PCV2)引起的一种新的病毒性疾病,根据流行病学、临床症状和病理变化可以初步诊断,但确诊必须依靠实验室诊断。

(1)流行病学　猪圆环病毒(PCV)具有 PCV1 和 PCV2 两种基因型。PCV1 无致病性,广泛存在于猪体内及猪源传代细胞系;PCV2 具有致病性,可以引起 PMWS。PCV1 对猪无有致病性,但能产生血清抗体,并且在调查的猪群中普遍存在。PCV2 对猪只具有较强的易感性,可经口腔、呼吸道途径感染不同年龄的猪。现有证据表明,怀孕母猪感染 PCV2 后,也可经胎盘垂直传播感染仔猪。

(2)临床症状　PCV2 可引起 PMWS、肺炎、繁殖障碍、猪皮炎与肾病综合征(PDNS)等多种疾病,但以 PMWS 最为常见。PMWS 多发于 5～12 周龄的仔猪。临床症状以进行性消瘦、行动迟缓、呼吸困难、黄疸、皮肤苍白为特征,有的猪有腹泻症状。致死率和死亡率随饲养条件、暴发的阶段不同而不同,总体上来说,致死率可达 5%～30%。

(3)病理变化　主要病理变化为患猪消瘦,贫血,皮肤苍白,黄疸;淋巴结异常肿胀,切面为均匀的白色;肺脏肿胀,坚硬似橡皮样;肝脏发暗,肝小叶间结缔组织增生;肾脏水肿,苍白,被膜下有坏死灶。显微镜观察,淋巴结的皮质区及副皮质区显著扩张,有单核和巨噬细胞浸润,有时散布有大量的多核巨细胞,有些淋巴细胞萎缩,少数情况还有坏死。肝脏表现不同程度的炎症,有淋巴细胞、巨噬细胞和嗜酸性粒细胞浸润;肾脏的皮质和髓质也有炎症存在。

鉴于临床诊断结果,疑似猪圆环病毒感染,可进一步进行实验室诊断以确诊。

2. 猪圆环病毒实验室诊断技术

PCV 感染实验室诊断方法常有:免疫荧光法、ELISA 方法和聚合酶链式反应(PCR)等方法。前两种方法是利用已知病原或抗体去检测未知病原或抗体的方法来测定猪体是否有圆环病毒或血清中是否有抗圆环病毒的抗体存在,以此判断感染情况。

PCR 方法是利用事先人工设计好的特异性圆环病毒引物,通过 PCR 技术去检测猪体中是否有圆环病毒核酸存在,以此判定是否有圆环病毒感染。具体方法如下:

(1)PCV2 的 DNA 提取　按 DNA 提取试剂盒说明进行疑似病料的处理,以提取病毒 DNA,设阳性病料与阴性病料分别为阳性对照组和阴性对照组。在此以 TaKaRa 公司 DNA 提取试剂盒操作说明为例进行:

将适量新鲜待检组织研钵研磨，加入 650 μL 的 Solution A，混匀制成悬液，室温静置 1 min。

①用移液枪的枪头进一步混匀，取 650 μL 的悬浮液转移至 Collection Tube 中；

②加入 0.8 μL 的 RNase A1，激烈震荡 15 s，然后室温静置 1 min；

③加入 400 μL 的 Solution B，振荡混合；

④加入 1 mL 的 4℃预冷的 Solution C，充分混匀后，12 000 r/min 离心 2 min；

⑤弃去上层有机相，加入 1 mL 的 4℃预冷的 Solution C，充分混匀后，12 000 r/min 离心 2 min；

⑥弃去上层有机相，然后将水相溶液（无色下层）转移至置于 Collection Tube 上的 Filter Cup 中，12 000 r/min 离心 1 min（有机相带有颜色，请务必除尽，否则会阻碍 DNA 结合到 DNA 制备膜上。相间沉淀不必考虑，在过滤时将被去除）；

⑦弃 Filter Cup，在滤液中加入 400 μL 的 DB Buffer，混合均匀；

⑧将试剂盒中的 Spin Column 安置于 Collection Tube 上。将上述操作的混合液转移至 Spin Column 中，12 000 r/min 离心 1 min，弃滤液；

⑨将 500 μL 的 Rinse A 加入 Spin Column 中，12 000 r/min 离心 30 s，弃滤液；

⑩将 700 μL 的 Rinse B 加入 Spin Column 中，12 000 r/min 离心 30 s，弃滤液（请沿 Spin Column 管壁四周加入 Rinse B，这样有助于完全冲洗黏附于管壁上的盐分）；

⑪重复上一步；

⑫将 Spin Column 安置于新的 1.5 mL 离心管上，在 Spin Column 膜的中央加入 50～200 μL 的灭菌蒸馏水或 Elution Buffer，室温静置 1 min（把灭菌蒸馏水或 Elution Buffer 加热至 65℃使用时有利于提高洗脱效率）；

⑬12 000 r/min 离心 1 min 洗脱 DNA；

⑭提取的 DNA －20℃保存，用时取适量作为模板。

(2)引物设计　PCV2 ORF2 引物序列设计如下：

P1：5′-TTA GGA TCC CAA TGG CAT CCT CAA CAC-3′

P2：5′-TTA AAG CTT AGG GGT TAA GTG GGG-3′

预计扩增出约 580 bp 的 PCR 产物。合成的引物稀释为 10 pmol/μL，－20℃保存备用。

(3)PCR 扩增 ORF2 基因　PCR 反应体系（50 μL）：

PremixTaq		25 μL
P1		1 μL
P2		1 μL
模板 DNA		1 μL
ddH_2O	加至	50 μL

混匀后放入 PCR 自动扩增仪中进行扩增，扩增程序为：94℃预变性 2 min；94℃变性 1 min，53℃退火 1 min，72℃延伸 1.5 min，共 35 个循环；72℃延伸 10 min。

(4)PCR 产物观察与结果判定　将 2.3 中 PCR 产物用新配制的低熔点琼脂糖凝胶在 TBE 缓冲液中进行电泳，100 V，40 min，观察结果。

如图 5-1 所示，比对观察结果，进行结果评定。若泳道 3 出现 580 bp 大小的白色条带，则说明样品能检测到 PCV2。若如泳道 1，不出现白色条带，则说明样品中检测不到 PCV2。

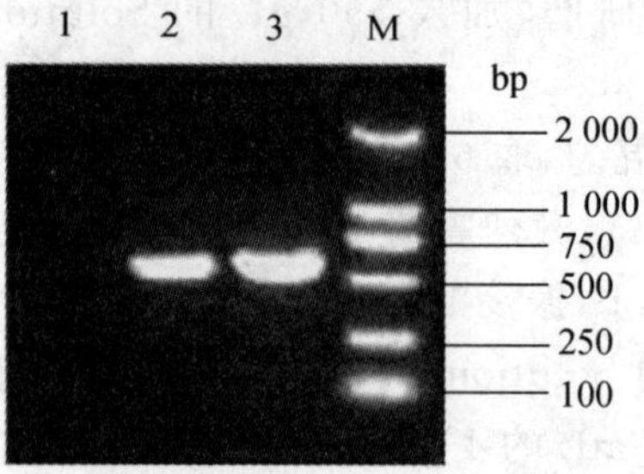

图 5-1 PCR 扩增 PCV2-ORF2 基因 PCR 产物

1. 阴性对照 2. 阳性对照 3. 被检样,M,核酸相对分子质量标准(DL2000 DNA Marker)

四、作业与思考题

1. 猪圆环病毒分为哪两种基因型？其致病性如何？

2. 写出一份根据猪圆环病毒感染流行病学、临诊病状和剖检变化作出初诊及利用实验室诊断作出确诊的报告。

(王桂军)

第六章

兽医寄生虫学实验

实验三十四　蠕虫学粪便检查技术(一)

一、实验目的与要求

1. 掌握直接涂片法和饱和盐水漂浮法的操作技术。
2. 学会在显微镜下区分虫卵和异物。
3. 认识吸虫卵、绦虫卵、线虫卵和棘头虫卵，掌握其一般形态特征。

二、实验器材

1. 器械

生物光学显微镜、粪筛、特制铁丝圈、粗天平、眼科镊、玻璃棒、100 mL 烧杯、胶头滴管、载玻片、盖玻片、各种动物虫卵挂图、电视视频投影设备和多媒体设备等。

2. 材料

动物新鲜粪便、虫卵浸渍标本(吸虫卵、绦虫卵和棘头虫卵)、50%甘油生理盐水、饱和盐水、擦镜纸、二甲苯(或乙醇/乙醚混合液)等。

三、实验内容与方法

1. 直接涂片法

在洁净的载玻片上滴 1～2 滴甘油与生理盐水的等量混合液，用眼科镊或竹签挑取少量新鲜粪便置入其中，与载玻片上的甘油生理盐水溶液混匀，并去掉较大的或过多的粪渣，将已混匀的粪液涂成薄膜，薄膜的厚度应以能隐约透视纸上的字迹为宜，然后在粪膜上覆以盖玻片，置低倍显微镜下检查,如发现虫卵,再换高倍镜仔细观察。

此法操作简便,能检查各种蠕虫卵,但在粪便中虫卵数量不多时,其检出率不高。因此,每次必须做3张涂片检查,才能收到比较好的效果。

附:碘液染色直接涂片法

此法用于原虫包囊的检查。要看清原虫包囊的核、拟染色体、糖原泡形态,必须用碘液才能显示。此法简便、经济,应用广泛,但因不宜使用油镜观察细微结构,且当包囊太小或包囊发育成熟后,囊内细胞核变多变小,拟染色体及糖原泡消失后,不易于虫种的鉴定。

操作方法如下:用卢戈氏碘液代替生理盐水滴加于载玻片上,挑取米粒大小的粪便置于碘液中,调匀涂片,加盖玻片。若需同时检查滋养体,可在玻片的另一侧滴一滴生理盐水,同上法涂抹粪便标本,再加盖玻片。这样可使一侧查活滋养体,而加碘液的另一侧查包囊。染色后包囊呈浅棕色,糖原泡为棕红色,囊壁、核仁和拟染色体不着色。注意:碘液的量不宜太多,太浓,否则着色过深,粪便凝成团块,包囊折光降低,结构不易看清,不利于观察。

2. 漂浮法

其原理是采用密度大于虫卵的漂浮液,使粪便中的虫卵与粪渣分开而浮集于液体表面,然后进行检查。漂浮液通常多采用饱和盐水,其方法简便、经济、易行。饱和盐水漂浮法对大多数线虫卵、绦虫卵及某些原虫卵囊或包囊均有效,对吸虫卵和棘头虫卵等效果较差。

饱和盐水配制:先将水煮沸,然后加入食盐搅拌,使之溶解,边搅拌边加食盐,直加至食盐不再溶解而生成沉淀为止(1 000 mL 沸水中约加食盐 380 g,其相对密度约为 1.18),再以双层纱布或脱脂棉过滤,待凉后即可使用。

饱和盐水漂浮法操作步骤:取新鲜粪便约 5 g,置于烧杯内,用镊子或玻璃棒压碎,加少量饱和盐水,充分搅拌:待粪便与盐水充分混匀后,再加入粪便的 10～12 倍量饱和盐水,并搅拌均匀;用 40 目或 60 目铜丝筛或双层纱布过滤,滤液静置 30 min 左右,则虫卵上浮;用直径 5～10 mm 的铁丝圈,与液面平行接触以蘸取表面液膜,抖落在载玻片上,加盖玻片,镜检。

也可以取粪便 1 g,加饱和盐水 10 mL,混匀、筛滤;滤液注入试管中,补加饱和盐水使试管充满,上覆以盖玻片,并使液体和盖玻片接触,其间不留气泡,直立 30 min 后,取下盖玻片,以湿面覆于载玻片上镜检。

对于不能使用饱和盐水漂浮的虫卵(如猪的后圆线虫卵),检查它们时应使用密度更大的溶液,如饱和硫代硫酸钠溶液、硫酸镁溶液、硫酸锌溶液、硝酸铅溶液和甘油等。但应注意,除了特殊的需要外,采用过大密度的溶液也是不适宜的,因为加大了密度会浮起更多的粪内杂质,反而影响检出率,有时过浓的溶液,虽然可使密度加大,但同时出现黏稠度的增加,使虫卵浮起的速度减缓。

3. 各纲蠕虫卵的特征

(1)吸虫卵　多呈卵圆形或椭圆形,大小不一,卵壳由数层卵膜组成,大多数吸虫卵其一端有一个卵盖(日本血吸虫卵除外),卵内含有 1 个胚细胞和许多卵黄细胞,或含有 1 个已形成的毛蚴,颜色多为黄色、黄褐色,少数呈灰白色。

(2)绦虫卵　绦虫卵因种类不同,形态上差异很大。假叶目绦虫虫卵卵壳颇厚,其一端常有卵盖。圆叶目绦虫的卵壳不但脆弱,还缺卵盖。卵壳多在未离母体前脱落,因此,常见的并非虫卵,而是卵中的胚胎。多呈三角形、立方形或近似圆形,大小不一,外层多数较厚,内有 1 个梨形器,梨形器内含有 1 个六钩蚴,在高倍镜下可以看到 3 对小钩状物,颜色多为无色,少数为黄色或黄褐色。

(3)线虫卵 多呈椭圆形或近似圆形，大小不一，卵壳由4层卵膜组成，最外一层卵膜多数平滑，有的凹凸不平或呈蜂窝状，卵内含有多个卵细胞或1个已发育的幼虫，颜色多为无色透明，有的呈灰白色、褐色或黄褐色。

(4)棘头虫卵 多呈椭圆形或长椭圆形，卵壳很厚，外膜常呈点窝状或蜂窝状，卵内中央有一个长椭圆形的胚胎，胚胎的一端有6个小钩，颜色多呈棕黄色。

镜检时一定要仔细观察，严格区别虫卵与非虫卵。

①虫卵 都有一定的卵壳结构，并且都有一定的形状，如圆形、椭圆形、三角形等，多数都是两侧对称的，内含有卵细胞或1个已发育的幼虫或毛蚴。

②非虫卵 在粪便中容易与虫卵混淆的杂物有各种植物细胞、花粉颗粒、脂肪球、气泡、真菌孢子、螨类及其卵、纤毛虫等。但这些物质，由于种类不同，其形状、大小、颜色也各不相同。如各种植物细胞，有的呈螺旋形、有的呈双层环状、也有的呈铺石状，但都有明显的细胞壁，与虫卵结构显然不同；各种花粉颗粒，往往多带有一定的颜色，易误认为蛔虫卵，但花粉颗粒没有卵壳的构造，表面呈网状或锯齿状，仔细观察，可以区别；脂肪球和气泡之类，亦很像虫卵，但脂肪球和气泡往往大小不一，无色，且折光性很强，周围壁较厚，而内部是空虚的，不具有虫卵的一般结构。总之，虽然粪渣中与虫卵混淆的杂物较多，但只要掌握虫卵的构造和特征便可以把虫卵和其他物体区别开来。

四、作业与思考题

1. 在显微镜下怎样区分虫卵与异物？
2. 记录粪检虫卵结果，并对直接涂片法和饱和盐水漂浮法进行总结。
3. 绘吸虫卵、绦虫卵和线虫卵(各1个)形态结构图，并注明虫卵各部构造名称。

实验三十五 蠕虫学粪便检查技术(二)

一、实验目的与要求

1. 掌握沉淀法和粪便幼虫培养法的操作技术。
2. 学会虫卵计数法，以便了解动物寄生虫卵感染强度。

二、实验器材

1. 器械

电热恒温培养箱、生物光学显微镜、离心机、粪筛、粗天平、眼科弯头镊、玻璃棒、烧杯(100 mL)、离心管、胶头滴管、三角烧瓶(100 mL)、胶塞、玻璃珠、虫卵计数板、培养皿、载玻片、盖玻片、各种动物虫卵挂图、电视视频投影设备和多媒体设备等。

2. 材料

动物新鲜粪便、氢氧化钠、擦镜纸、二甲苯(或乙醚/乙醇混合液)等。

三、实验内容与方法

1. 沉淀法

其原理是利用虫卵密度比水大的特点,使虫卵沉于容器底部,然后进行检查。常用于检查吸虫卵和棘头虫卵。沉淀法可分为自然沉淀法和离心沉淀法两种。

(1)自然沉淀法 取粪便 5～10 g,加入 10～20 倍量的水,充分搅拌成混悬液,经 40 目或 60 目铜丝筛(或 2 层纱布)过滤于锥形量杯内,再加清水至距离量杯口 2 cm,静置 15～20 min,待粪渣沉到杯底后倾去上层液,留下沉淀物再加满清水静置 10～15 min,如此反复进行 2～3 次,直至上层液体透明为止,最后倾去上层液取沉渣涂片,镜检。

(2)离心沉淀法 取粪便 1～2 g,置于小烧杯内,加约 10 倍量的水,充分搅拌成混悬液,用 40 目或 60 目铜丝筛过滤至另一小烧杯内,倒入离心管中,置于离心机内,以 1 500 r/min 离心 3 min,最后倾去上层液,取沉渣涂片,镜检。

附:锦纶筛兜淘洗法

取粪便 5～10 g,加水调匀成糊状,先通过 40 目或 60 目铜丝筛过滤;滤液再通过 260 目锦纶筛兜过滤,并在锦纶筛兜中继续加水冲洗,直到洗出液体清澈透明为止;取兜内粪渣涂片,镜检。此法适用于检查宽度＞60 μm 的虫卵。

2. 幼虫培养法

圆线目中有很多线虫的虫卵在形态结构上非常相似,难以区别。有时为了进行科学研究或达到确切诊断目的,常将含有虫卵的粪便加以培养,待其中虫卵发育成为幼虫时,再检查幼虫,根据幼虫的形态加以鉴别。此外,进行人工寄生性线虫感染试验时,也要用到幼虫培养技术。

幼虫培养法操作步骤:取新鲜粪便或经水洗沉淀后所收集的粪渣放入培养皿内,加水调成糊状,塑成半球形,使半球形的顶部略高于皿的边缘,后加盖与粪相接触。置 25～30℃恒温培养箱中,每日观察粪便是否干燥,要保持皿内湿度(加水或加灭菌粪液)。经 7～15 d,用胶头滴管吸取皿盖上的水珠或皿内液体,滴在载玻片上覆以盖玻片,在显微镜下进行观察,或用贝尔曼氏装置收集幼虫。

3. 虫卵计数法

虫卵计数法主要用于了解动物感染寄生虫的强度及判断药物驱虫的效果。虫卵计数所得数据受很多因素的影响,只能对寄生虫的寄生量作一个大致的判断。影响虫卵计数精确性的因素,首先是虫卵在粪便内的分布不均匀,测定少量粪便内的虫卵量以推算全部粪便中的虫卵总量就不准确;此外,寄生虫的年龄、宿主的免疫状态、粪便的浓稠度、雌虫的数量、驱虫药的服用等很多因素,均影响着排出虫卵的数量和体内虫体数量的比例关系。虽然如此,虫卵的计数仍常被用为某种寄生虫感染强度的指标。在实际工作中,为了获得较准确的结果,需在每天的不同时间里检查 3 次,连续检查 3 d,然后取其平均数。

(1)斯陶尔氏法 在小三角烧瓶(或大试管)的容量 56 mL 和 60 mL 处各做一个标记;先取 0.1 mol/L(或 0.4%)氢氧化钠溶液注入容器内到 56 mL 处,再加入被检粪便使液体升到 60 mL 处(大约加进 4 g 粪便)。然后加入 10 个直径 3 mm 的小玻璃珠,盖上橡皮塞,充分振荡，使粪便完全破碎混匀。而后在混匀的情况下用胶头滴管吸取粪液 0.15 mL（内含粪便 0.01 g），滴于载玻片上，覆以 20 mm×40 mm 的长盖玻片，在显微镜下循序检查，统计其中虫卵总数（注意不可遗漏和重复）。将所数得的虫卵数乘以 100，即为 1 g 粪便中所含有的虫卵数。此法适用于大部分虫卵的计数。

计算原理：在 60 mL 粪汁中含有粪便 4 g，那么 15 mL 粪汁中就含有 1 g 粪便，依此类推，则 0.15 mL 粪汁中就含有 0.01 g 粪便。因此，将 0.15 mL 粪汁中所得的虫卵数乘以 100，即为 1 g 粪便中含有的虫卵数。

（2）麦克马斯特氏法（简称麦氏法）　麦氏计数板制作法：在一载玻片上刻出 1 cm^2 的正方格 2 个，再把每个正方格平分为 5 个长方格。另取 3 片厚度为 1.5 mm 的小玻璃条，放在此玻片上，用树胶黏好。再取另一载玻片盖黏在 3 个玻璃条上。如此做成的计数室每个正方格的容积为 0.15 cm^3（0.15 mL）。

麦氏法操作步骤：取粪便 2 g，放入小三角烧瓶或其他玻璃容器内，加饱和盐水 58 mL，充分振荡混匀，吸取粪液，注入计数室，置显微镜载物台上，静置 1～2 min，在低倍镜下将 2 个正方格内所见虫卵全部数完，求 2 个正方格中虫卵的平均值，再乘以 200，即为 1 g 粪便中的虫卵数。此法只适用于检查可被饱和盐水浮起的各种虫卵。

（3）片形吸虫卵的计数法　片形吸虫卵在粪便中量少，比重大，需要采用特殊的方法。

称取羊粪 10 g，置于一个 300 mL 容量瓶中，加入少量 1.6%氢氧化钠溶液，静置过夜。次日，将粪块搅碎，再加入 1.6%氢氧化钠溶液到 300 mL 刻度处。再摇匀，立即吸取此粪液 7.5 mL 注入一离心管内，在离心机内以 1 000 r/min 离心 2 min，倾去上层液体，换加饱和盐水，再次离心后，倾去上层液体，换加饱和盐水，如此反复操作，直到上层液体完全清澈为止。倾去上层液体，将沉渣全部分滴于数张载玻片上，检查全部所制的载玻片，统计其虫卵总数，以总数乘以 4，即为每克粪便中的肝片形吸虫虫卵数。

在进行牛粪中肝片吸虫虫卵计数时，操作步骤基本同上，但用粪量改为 30 g。加入离心管中的粪液量为 5 mL，因此最后所得虫卵总数乘以 2，即为每克粪便中虫卵总数。

虫卵计数的结果，常可作为诊断寄生虫病的参考。如果是马的线虫卵数量达到每克粪便中含卵 500 枚时，为轻度感染；800～1 000 枚时为中度感染；1 500～2 000 枚时为重感染。如果是羔羊还应考虑感染线虫的种类，一般每克粪便中含 2 000～6 000 枚虫卵时应认为是重感染，每克粪便中含卵 1 000 枚以上，即认为应给以驱虫。牛每克粪便中含虫卵 300～600 枚时，即应给以驱虫。

在肝片形吸虫，牛每克粪便中的虫卵数达到 100～200 枚时，羊达到 300～600 枚时即应考虑其致病性。

附：蠕虫虫卵标本的采集与保存

（1）虫卵材料的采集

①可用漂浮法、沉淀法或锦纶筛兜集卵法从粪中采集，自动物粪便中收集虫卵的缺点在于多数动物体内常有多种寄生虫同时寄生，不易获得单一种的虫卵。

②将解剖动物时所采集的每种寄生虫挑入生理盐水中，此时虫卵尚未死亡，常可在生理盐水中继续产出一部分虫卵。然后将虫体取出，将此盐水静置沉淀，待虫卵集中于底部后收集之。

③将解剖动物时所采集的寄生虫虫体，按其构造特点，取其虫体中含虫卵部分（吸虫取其

子宫部,绦虫取孕节,线虫取其子宫后部),在乳钵中研碎,使其中虫卵分离;加水,过筛,滤去其粗大的虫体碎片。将滤液沉淀,收集虫卵。

后两种方法所得虫卵,因为未经肠道与粪便混合,在颜色上淡于粪中采得者;可将后两种方法所得虫卵混入粪便中,存放数天,使之染色。

(2)虫卵标本的保存

①将虫卵保存于瓶内 将含有虫卵的沉淀倾入一小烧杯中,加入已加热到75~80℃的巴氏液,待冷后,保存于标本瓶内,用时吸取沉淀,涂片,镜检。加热保存液可杀死虫卵,以免虫卵继续发育。也可将下液加入虫卵沉淀中以保存虫卵:福尔马林10 mL、95%酒精30 mL、甘油40 mL、蒸馏水56 mL。

②制成虫卵玻片标本 将收集到的虫卵,先在10%福尔马林热溶液中固定后,移入水中,待其沉淀;吸去上液,在沉淀中加入30%酒精,待沉淀后,将30%酒精吸去,再换入50%酒精,再沉淀,再换入70%酒精;最后使虫卵留于甘油5份和70%酒精95份的混合液内。置50℃温箱中,待5~6 d后,酒精完全挥发时,虫卵即留于甘油内。取含虫卵的甘油1滴放载玻片上,加1滴甘油明胶,覆以盖玻片即成。也可将已固定的虫卵材料少量放载玻片上,加1滴洪氏液,覆以盖玻片封固。

四、作业与思考题

1. 检查蠕虫卵的方法主要有哪几种?根据检查目的,应怎样选用?为什么?
2. 采用斯陶尔氏法对粪便中的虫卵进行计数,并把你计算的过程和结果写出来。
3. 记录粪检虫卵结果,并对沉淀法和虫卵计数法进行总结。

实验三十六 蠕虫学粪便检查技术(三)

一、实验目的与要求

1. 掌握贝尔曼氏幼虫分离法的操作技术。
2. 学会显微镜测微尺的使用方法。
3. 了解消化道线虫第三期幼虫的主要形态特征。

二、实验器材

1. 器械

恒温培养箱、生物光学显微镜、离心机、离心管、漏斗、漏斗架、胶头滴管、乳胶管、小试管、金属夹、温度计、粗天平、眼科弯头镊、搪瓷缸、目镜测微尺、物镜测微尺、载玻片、盖玻片、圆线虫第三期幼虫挂图、电视视频投影设备和多媒体设备等。

2. 材料

动物新鲜粪便或培养 7 d 后的动物粪便、卢戈氏(Lugol)碘液、纱布、擦镜纸、二甲苯(或乙醚/乙醇混合液)。

三、实验内容与方法

1. 幼虫分离法

(1)贝尔曼氏法 贝尔曼氏法主要用于生前诊断一些肺线虫病,即从粪便中分离肺线虫的幼虫,建立生前诊断。也可用于粪便培养物中圆线虫第三期幼虫的分离或动物某些组织器官中幼虫的分离,还可用于土壤中线虫幼虫的分离。

贝尔曼氏法的操作步骤如下:

①操作装置的安装:取直径 10～15 cm 的玻璃漏斗 1 个,漏斗的下端套一长约 10 cm 的乳胶管,并用金属夹夹住(或接小试管),将漏斗置于漏斗架上,漏斗内放入一粪筛(或纱布)。

②幼虫分离过程:取粪便 15～20 g,放入漏斗中的粪筛(或纱布)上,沿漏斗边缘加入 37～40℃温水,直至将粪便覆盖为止。此时应注意观察乳胶管,若管内有气泡应及时排出,以免阻碍幼虫下沉。静置 1 h,松开金属夹,徐徐放出乳胶管内的液体于离心管中,将离心管放入离心机中以 1 500 r/min 离心 3 min,然后取出离心管,倾去上清液,保留下层沉淀物。

③观察:用胶头滴管吸取沉渣,涂片后镜检。

(2)平皿法 平皿法特别适用于球状的粪便。操作时应取粪球 3～10 个,置于平皿中或表玻璃上,加约 40℃的少量温水,静置 10～15 min 后,取出粪球,吸取皿内的液体,在显微镜下检查幼虫。

采用上述两种方法检查时,所见的幼虫运动活泼,不易看清楚其结构。如欲致幼虫死亡,作较详细的观察,可在有幼虫的载玻片上滴加卢戈氏碘液,则幼虫很快死去,并染成棕黄色。

附:血液内蠕虫幼虫的检查

有些丝虫目线虫的幼虫,易出现于血液中,这些病的诊断常依靠血液中幼虫的检查。检查血液中的幼虫可采用下列方法之一:

(1)通常取新鲜血液一滴滴于载玻片上,覆以盖玻片,在低倍显微镜下检查,可见微丝蚴在其中活动;

(2)若血中幼虫量较多时,可推制血片,用姬氏液或瑞氏液染色后检查;

(3)若血中幼虫较少时,可采血一大滴,在载玻片上略加涂布,待其自然干燥,结一层厚血膜,而后将此玻片反转,血膜面向下,斜浸入一小杯蒸馏水中,待其完全溶血,取出,晾干,再浸入甲醇中固定 10 min,取出,晾干后,以明矾苏木素染色,待白细胞的核染成深紫色,取出以蒸馏水冲洗 1～2 min,显微镜下检查;

(4)若血中幼虫量稀少时,可采血于离心管中,加入 5%醋酸溶液以溶血。待溶血完成后,离心并吸取沉渣检查。

2. 测微技术

各种虫卵和幼虫常有恒定的大小,测量虫卵、幼虫的大小,可作为鉴定某种虫卵或幼虫的依据之一。虫卵或幼虫的测量需用测微器。

测微器由目镜测微尺和物镜测微尺组成。目镜测微尺是一个可放于目镜中隔环上的圆形玻片。它的中央刻有 100(或 50)等份的小格,每 5 个和 10 个小格之间有一稍长线或长线相隔。使用时,将目镜的上端旋开,将目镜测微尺放于镜头内隔位上,再将镜头旋好,此时通过此镜头即可在视野内见到一清晰的刻度尺。此刻度并不具有绝对的长度意义,而必须通过物镜测微尺换算之。物镜测微尺是一载玻片,其中央封有一标准刻度尺,一般是将 1 mm 均分为 100 小格,每 5 个和 10 个小格之间有一稍长线或长线相隔。每小格长度为 10 μm,这是绝对长度。使用时,将物镜测微尺放在显微镜载物台上,调节显微镜焦距,使能清楚地看到物镜测微尺上的刻度,移动物镜测微尺,使与目镜测微尺重合,此时即可确定在固定的物镜、目镜和镜筒长度的条件下,目镜测微尺每格所表示的长度。

方法:将目镜测微尺和物镜测微尺的零点对齐,再寻找目镜测微尺和物镜测微尺上较远端的另一重合线,算出目镜测微尺的若干格相当于物镜测微尺的若干格,从而计算出目镜测微尺上每格的长度。例如,在用 10 倍接目镜、40 倍接物镜、镜筒不抽出的情况下目镜测微尺的 44 格相当于物镜测微尺的 15 格(150 μm),即可算出目镜测微尺的每格长度为:

$$150\ \mu\text{m} \div 44 = 3.409\ \mu\text{m}$$

在测量具体虫卵时,可将物镜测微尺移去,只用目镜测微尺进行测量。如测量到某虫卵的长为 24 格,则其具体长度应为 3.409 μm×24=81.816 μm,但应注意,以上算得的目镜测微尺的换算长度只适用于一定的显微镜、一定的目镜、一定的物镜等条件。更换其中任一因素,其换算长度必须重新测算。如需用油镜头时,必须在物镜测微尺上加盖玻片,以防把格线弄模糊。

3. 消化道线虫第三期幼虫的特征

寄生于消化道内的线虫,其幼虫在体外的发育经历第一期、第二期和第三期 3 个阶段。各属间幼虫形态以第三期即侵袭性幼虫区别显著,主要按虫体大小、肠细胞数及其形状、尾长及鞘长等进行鉴别。

(1)类圆属　虫体细长,大小为(0.5～0.65)mm×(0.014～0.017)mm。肠细胞无形,呈成团的颗粒状。食道长而透明,占体长的 1/3 以上。尾短,长 0.08 mm,无尾鞘。

(2)食道口属　本属有如下两种不同类型:

尾管食道口线虫和粗纹食道口线虫　此两种虫形态相似,虫体长 0.800～0.880 mm,尾鞘较长,呈长丝状,为 0.23～0.25 mm,约占全长的 1/3。肠细胞在肠管的前、中部近于五角形,后部近于三角形,32 个。

辐射食道口线虫和哥伦比亚食道口线虫　此两种虫形态也相似,虫体大小和尾鞘长接近于微管、粗纹两种。但不同之处在于肠细胞少,为 20 个,且呈三角形。

(3)仰口属　虫体粗短,大小为(0.52～0.63)mm×(0.02～0.032)mm。肠细胞无形,为成团的颗粒状。食道后部有 1 个小而膨大的食道球,尾鞘呈丝状。

(4)毛圆属　虫体小,长 0.65～0.77 mm,肠细胞为 16 个尖三角形。尾鞘短,呈尖锐形,长 0.08～0.1 mm,其尾端有个小刺状结构。排泄孔位于食道后 1/3 处之上。

(5)奥斯特属　虫体较毛圆属为大,长 0.83～0.95 mm。肠细胞亦为 16 个尖三角形。尾鞘也呈尖锐形,长为 0.12～0.14 mm。但尾端无小刺结构,排泄孔位于食道后 1/3 处之下。

(6)血矛属　虫体较小,长 0.7～0.8 mm,肠细胞同样为 16 个尖三角形,但最后 1 对并齐排列。尾部有长丝状的尾鞘,长 0.15～0.18 mm。排泄孔呈朝前方倾斜状,位于食道后 1/3 处之上。

四、作业与思考题

1. 在贝尔曼氏法分离幼虫过程中,应注意哪些影响检测结果的因素?

2. 绘出一条你所看到的线虫第三期幼虫形态图,并注明其各部构造名称。

3. 用你所换算出的目镜测微尺测算一条幼虫的长度,并写出目镜测微尺的换算过程和幼虫长度的计算过程。

实验三十七　动物主要吸虫病病原形态学观察

一、实验目的与要求

1. 掌握肝片形吸虫、日本分体吸虫、前后盘吸虫、阔盘吸虫、姜片吸虫和华支睾吸虫成虫的形态特征。

2. 掌握肝片形吸虫卵、前后盘吸虫卵和姜片吸虫卵的形态特征。

3. 了解肝片形吸虫、日本分体吸虫、姜片吸虫和华支睾吸虫中间宿主的形态特征。

二、实验器材

1. 器械

生物光学显微镜、手持放大镜、标本盒、眼科弯头镊、解剖针、白瓷盘、培养皿、载玻片、盖玻片、胶头滴管、各种吸虫挂图、电视视频投影设备和多媒体设备等。

2. 材料

(1)浸渍标本　肝片形吸虫、日本分体吸虫、前后盘吸虫、阔盘吸虫、姜片吸虫、华支睾吸虫、前殖吸虫、棘口吸虫等。

(2)玻片标本　肝片形吸虫、日本分体吸虫(雄虫、雌虫、雌雄合抱体)、前后盘吸虫、阔盘吸虫、姜片吸虫、华支睾吸虫、前殖吸虫、棘口吸虫等。

(3)病理标本　肝片形吸虫引起胆管阻塞、日本分体吸虫引起肝脏虫卵结节、前后盘吸虫寄生于瘤胃、阔盘吸虫寄生于胰脏等。

(4)虫卵　肝片形吸虫卵、前后盘吸虫卵和姜片吸虫卵等。

(5)其他　苏木素染粉、卡红染粉、铵明矾、水杨酸甲酯、加拿大树胶、甘油、甲醛、氨水、擦镜纸、二甲苯(或乙醚/乙醇混合液)。

三、实验内容与方法

1. 实验内容

(1)肝片形吸虫成虫、虫卵、病理标本及其中间宿主　肝片形吸虫(*Fasciola hipatica*)成虫寄生于牛、羊等反刍动物的肝脏胆管内,也寄生于人体。外观呈树叶状,背腹扁平。活时为棕红色,固定后变为灰白色。大小为(21～41)mm×(9～14)mm。虫体前端有一呈三角形的锥状突,在其底部有1对“肩”。肩部以后逐渐变窄。口吸盘呈圆形,位于锥状突的前端。腹吸盘较口吸盘稍大,位于其稍后方。生殖孔位于口、腹吸盘之间。消化系统由口吸盘底部的口孔开始,下接咽和食道及两条具有盲端的肠管。肠管有许多外侧枝,内侧枝少而短。雄性生殖器官包括两个多分支的睾丸,前后排列于虫体的中后部,每个睾丸各有一根输出管,两条输出管上行汇合成一条输精管,进入雄茎囊,囊内有贮精囊和射精管,其末端为雄茎,通过生殖孔伸出体外,在贮精囊和雄茎之间有前列腺。雌性生殖器官有一个鹿角状的卵巢。曲折重叠的子宫位于卵膜和腹吸盘之间,内充满虫卵,其一端与卵膜相通,另一端通向生殖孔。卵黄腺由许多褐色颗粒组成,分布于体两侧,与肠管重叠。左右两侧的卵黄腺通过卵黄腺管横向中央,汇合成一个卵黄囊与卵膜相通。无受精囊,体后端中央处有纵行的排泄管。

虫卵　长卵圆形,大小为(133～157)μm×(74～91)μm,黄色或黄褐色,前端较窄,后端较钝。卵盖不明显,卵壳薄而光滑。卵内充满卵黄细胞和一个胚细胞。

中间宿主——椎实螺　长约1 cm,螺壳薄而透明,向右旋,最后一旋特别宽大。在我国已证实的有小土蜗、截口土蜗、椭圆萝卜螺、耳萝卜螺和斯氏萝卜螺,但小土蜗是肝片形吸虫的主要中间宿主。

(2)姜片吸虫成虫、虫卵及其中间宿主　布氏姜片吸虫(*Fasciolopsis buski*)成虫寄生于猪和人的十二指肠内。新鲜虫体呈肉红色,固定后变为灰白色,虫体大而肥厚,背面稍凸而腹面平,形似姜片,大小为(20～75)mm×(8～20)mm。口吸盘位于虫体前端,腹吸盘发达,与口吸盘相距较近。两条肠管呈波浪状弯曲,不分支,伸达体后端。睾丸两个,分支,前后排列在虫体后部的中央,两条输出管合并为输精管,膨大为贮精囊。雄茎囊发达。生殖孔开口在腹吸盘的前方。卵巢一个,分支,位于虫体中部而稍偏后方。卵膜周围为梅氏腺。输卵管和卵黄总管均与卵膜相通。卵黄腺分布在虫体的两侧。无受精囊。子宫弯曲在虫体的前半部,内含虫卵。

虫卵　卵圆形或椭圆形,大小为(130～150)μm×(85～97)μm,淡黄色。有卵盖,内含一个卵细胞,卵黄细胞致密而互相重叠。

中间宿主——扁卷螺　姜片吸虫的中间宿主有凸旋螺、大脐圆扁螺、尖口圆扁螺及半球多脉扁螺,其中以尖口圆扁螺和半球多脉扁螺分布较广。

(3)前后盘吸虫成虫、虫卵和病理标本　前后盘吸虫成虫寄生于牛、羊等反刍动物的瘤胃和胆管壁上。前后盘类吸虫的种类繁多,虫体的大小、颜色、形状及内部构造均因种类不同而有差异。兹以鹿前后盘吸虫(*Paramphistomum cervi*)为代表加以叙述。鹿前后盘吸虫呈圆锥形或纺锤形,乳白色,大小为(8.8～9.6)mm×(4.0～4.4)mm。口吸盘位于虫体前端,腹吸盘位于虫体亚末端,口、腹吸盘大小之比为1∶2。缺咽,肠支甚长,经3～4个回旋弯曲,伸达腹吸盘边缘。睾丸两个,呈横椭圆形,前后相接排列,位于虫体中部。贮精囊长而弯曲。生殖孔开口于肠支起始部的后方。卵巢呈圆形,位于睾丸后侧缘,通过输卵管经卵膜接子宫。子宫在睾丸后缘经数个回旋弯曲后,沿睾丸背面上升,至前睾前缘,弯曲上行于贮精囊腹面,开口于生殖孔。卵黄腺发达,呈滤泡状,分布于肠支两侧,前自口吸盘后缘,后至腹吸盘两侧中部。

虫卵　椭圆形,大小为(125～132)μm×(70～80)μm,淡灰色。卵黄细胞不充满整个虫卵。

(4)日本血吸虫成虫、虫卵、病理标本及其中间宿主　日本分体吸虫(*Schistosoma japonicum*)成虫寄生于人和牛、羊、猪、犬、啮齿类及一些野生哺乳动物的门静脉系统的小血管内。

雌雄异体，雄虫乳白色，大小为(10～20)mm×(0.50～0.55)mm。口吸盘在体前端，腹吸盘较大，在口吸盘后方不远处。体壁自腹吸盘后方至尾部，两侧向腹面卷起形成抱雌沟，雌虫常居雄虫的抱雌沟内，呈合抱状态，交配产卵。体被光滑，仅吸盘内和抱雌沟边缘有小刺。口吸盘内有口，缺咽，下接食道，两侧有食道腺。食道在腹吸盘前分为两支，向后延伸为肠管，至虫体后部1/3处合并为一单管，伸达体末端。睾丸7枚，呈椭圆形，在腹吸盘下排列成单行。每个睾丸有一输出管，共同汇合为一输精管，向前扩大为贮精囊。雄性生殖孔开口在腹吸盘后抱雌沟内。雌虫较雄虫细长，大小为(15～26)mm×0.3 mm，呈暗褐色，口、腹吸盘均较雄虫的小。消化器官基本上与雄虫相同。卵巢呈椭圆形，位于虫体中后部偏后方两侧肠管之间，其后端发出一输卵管，并折向前方伸延，在卵巢前部和卵黄管合并，形成卵膜。卵膜周围为梅氏腺。卵膜前为管状的子宫，其中含卵50～300个，雌性生殖孔开口于腹吸盘后方。卵黄腺呈较规则的分支状，位于虫体后1/4处。

虫卵　椭圆形，淡黄色，大小为(70～100)μm×(50～65)μm。卵壳较薄，无盖，在其亚侧方有一小刺，卵内含毛蚴。

中间宿主——钉螺　我国的钉螺为湖北钉螺。钉螺体型小，大小为1.0 cm×(0.25～0.30)cm，螺壳褐色或淡黄色，有厣，螺旋6～8个，螺旋上有直纹的叫有肋钉螺，无直纹的叫光壳钉螺。

(5)华支睾吸虫成虫　华支睾吸虫(*Clonorchis sinensis*)成虫寄生于人、犬、猫、猪及其他一些野生动物的肝脏胆管和胆囊内。虫体背腹扁平，呈叶状，前端稍尖，后端较钝，大小为(10～25)mm×(3～5)mm。口吸盘略大于腹吸盘，腹吸盘位于体前端1/5处，消化器官包括口、咽和短的食道及两肠支，肠支伸达虫体后端。睾丸分支，前后排列在虫体的后1/3处。从睾丸各发出一条输出管，向前两管汇合为输精管。其膨大部形成贮精囊，末端为射精管，开口于雄性生殖孔。缺雄茎和雄茎囊。卵巢分叶，位于前睾之前。受精囊发达，呈椭圆形，位于睾丸与卵巢之间。劳氏管细长，开口在虫体的背面。输卵管的远端为卵膜，周围为梅氏腺，位于前睾之前。卵黄腺由细小的颗粒组成，分布在虫体两侧，由腹吸盘向下延伸至受精囊的水平线。子宫从卵膜处开始盘绕而上，开口于腹吸盘前缘的生殖孔，内充满虫卵。排泄囊呈S状，弯曲在虫体后部。

(6)阔盘吸虫成虫　阔盘吸虫成虫寄生于牛、羊等反刍动物的胰脏胰管内，人也可寄生。我国报道的阔盘吸虫有3种：胰阔盘吸虫(*Eurytrema pancreaticum*)活时为棕红色。虫体扁平，较厚，呈长卵圆形，大小为(8～16)mm×(5～5.8)mm。口吸盘较腹吸盘大，咽小，食道短，肠支简单。睾丸两个，圆形或略分叶，左右排列在腹吸盘稍后。雄茎囊呈长管状，位于腹吸盘前方与肠管之间。生殖孔开口于肠叉的后方。卵巢分叶3～6瓣，位于睾丸之后，体中线附近，受精囊呈圆形，在卵巢附近。子宫弯曲，内充满棕色虫卵，位于虫体的后半部。卵黄腺呈颗粒状，位于虫体中部两侧。腔阔盘吸虫(*E. coelomaticum*)呈短椭圆形，体后端具一明显的尾突。虫体大小为(7.48～8.05)mm×(2.73～4.76)mm。卵巢大多数是边缘完整的，圆形，少数有缺刻或分叶。睾丸呈圆形或边缘有缺刻。枝睾阔盘吸虫(*E. cladorchis*)呈前端尖、后端钝的瓜子儿形。大小为(4.49～7.90)mm×(2.17～3.07)mm。卵巢分叶5～6瓣。睾丸大而分支。

(7)前殖吸虫成虫　前殖吸虫成虫寄生于家禽及其他鸟类的直肠、输卵管、腔上囊和泄殖腔，偶见于蛋内。前殖吸虫的种类较多，以卵圆前殖吸虫分布较广。卵圆前殖吸虫(*Pros-*

thogonimus ovatus)虫体扁平,呈梨形,前端较狭,后端钝圆,体表有小棘。虫体大小为(3～6)mm×(1～2)mm。口吸盘呈椭圆形,位于虫体前端,腹吸盘位于虫体腹面的前1/3处。睾丸两个,呈椭圆形,不分叶,并列于虫体中部之后。卵巢分叶,位于腹吸盘的背面。子宫盘曲于睾丸和腹吸盘前后。生殖孔开口于口吸盘的左前方。卵黄腺位于虫体前中部的两侧。

(8)棘口吸虫成虫　棘口吸虫主要寄生于家禽和野禽的大肠、小肠中,有的也寄生于哺乳动物(包括人)体内。棘口吸虫的种类繁多,以卷棘口吸虫分布较广。卷棘口吸虫虫体呈长叶形,大小为(7.6～12.6)mm×(1.26～1.60)mm,体表被有小棘。具有头棘37枚,其中腹角棘各5枚。口吸盘小于腹吸盘。睾丸呈椭圆形,边缘光滑,前后排列,位于卵巢后方。卵巢呈圆形或扁圆形,位于虫体中央或中央稍前。子宫弯曲在卵巢的前方,内充满虫卵。卵黄腺发达,分布在腹吸盘后方的两侧伸达虫体后端,在睾丸后方不向体中央扩展。

2. 实验方法

(1)对于虫体比较小的染色玻片标本应在光学显微镜下用低倍镜观察,而较大的虫体染色玻片标本可用手持放大镜观察。

(2)用肉眼或借助手持放大镜观察虫体浸渍标本、中间宿主及病理标本。

(3)取洁净的载玻片,在其中央滴一小滴虫卵保存液(内含有虫卵),在虫卵保存液上覆以盖玻片,置显微镜下检查。必要时,用解剖针轻轻移动盖玻片,以便能清晰辨认虫卵结构。

附:耕牛日本血吸虫虫体收集方法

利用试验动物人工定量感染血吸虫,作为药物的疗效考核,目前认为是一个比较可靠的方法。以耕牛作为试验对象,考核药物对耕牛血吸虫病的疗效,就更具有实际意义。但是,利用耕牛做试验价格昂贵,饲养管理条件要求较高,感染又比较困难。因此,必须正确地掌握收集虫体的方法,一方面避免因技术问题造成损失;另一方面以便对药物疗效作出正确的评价。

(1)胃、肠血管中虫体的收集方法　分离体和非离体两种冲洗方法。

①非离体冲洗法　试验牛经宰杀停止挣扎后,为防止发生血液凝固,影响虫体收集,应由4个人分别从4条腿开始从速进行剥皮,将牛头弯转至牛体左侧,使牛仰卧呈左倾斜姿势剖开胸腔和腹腔,除去胸骨。首先,分开左、右肺找出暗红色的后腔静脉进行结扎;其次,在胸腔紧靠脊柱的部位找到白色的胸主动脉,术者左手将其托起,右手用剪刀与血管平行的方向剪一开口,然后将带有橡皮管的玻璃接管以离心方向插入并以棉线结扎固定,橡皮管的一端与压缩式喷雾器相接,以备进水;第三,在肝脏的后面、肾脏的前面紧贴脊柱处,同时结扎并列的腹主动脉和后腔静脉,以避免冲洗液流向后躯其他部分;第四,在胆囊附近,肝门淋巴结背面,细心分离出门静脉,向肝的一端紧靠肝脏处先用棉线扎紧,离肝的一端取与血管平行的方向剪一开口,插入带有橡皮管的玻璃接管,并固定之。为防止血凝,接管内应事先装满5%枸橼酸钠溶液,在插入接管时此溶液即倾入血管中。橡皮管的一端接铜丝筛,以备出水收集虫体。手术结束后,即可启动喷雾器注入0.9%食盐水(已加温至37～40℃)进行冲洗,虫体即随血水落入铜丝筛中;直至水液变清,无虫体冲出为止。

②离体冲洗法　剖开腹腔后,于十二指肠幽门处和直肠部分分别进行结扎,并切断;接着分离门静脉,结扎并切断,切断食道后移去4个胃。细心分离全部肠道和肠系膜,放入盛有温水的盆中,在门静脉附近找到白色管壁较厚的肠系膜前动脉,插入接管并于喷雾器相连以备进水,切断门静脉的结扎线,以止血钳固定管壁一边,引入铜丝筛中以备出水收集虫体。手术毕,启动喷雾器进行冲洗。

这种方法比较简便，但不能收集到胃、脾静脉内的虫体。实验证明人工感染情况下，胃、脾静脉内可冲出一定数量的虫体。

(2)肝脏中的虫体收集法 胃、肠血管的虫体收集完毕后，取出肝脏，分离肝脏时应细心操作，严禁损伤肝组织，以免冲洗时发生大量漏水而失败。同时，通过肝脏的后腔静脉应尽量留得长些，便于结扎固定。取出的肝脏置于盆中，后腔静脉的一端用棉线结扎，另一端装置进水接管，同时与喷雾器相连，以备进水冲洗，解开门静脉的结扎线，装置出水接管，将橡皮管导至铜丝筛中，以备出水收集虫体。手术毕，启动喷雾器，徐徐注入冲洗液，待至血水变清再无虫体冲出为止。

(3)胎儿虫体收集法 由于胎儿血液循环上的差异，在冲洗方法上有所不同。胎儿取出后置于大盆中，取仰卧姿势，沿腹中线剖开胸、腹腔，分别结扎胸主动脉和后腔静脉。在已切断的脐带中，可见到两支管壁较厚的脐动脉和一支管壁较薄的脐静脉。血管分离后，一支脐动脉进行结扎，另一支脐静脉接以注射针头，并固定之。采用 100 mL 玻璃注射器作为入水动力，分离出脐静脉直接导入铜丝筛中，以便出水时收集虫体。手术毕，用两个 100 mL 玻璃注射器交替连续注入加温的生理盐水，至血水变清无虫体流出为止。

(4)痔静脉中的虫体检查法 有少量虫体寄生在痔静脉中，一般的冲洗方法不能收集到，因此必须另作检查。剖开盆腔，取出直肠，先排出其中残余粪便，再以左手伸入直肠中进行衬托；另一人持一尖头剪刀和眼科镊子，沿痔静脉进行检查。见到血管中的虫体或血块时，剪断血管，用镊子轻轻挤出，并对血块作进一步检查。

四、作业与思考题

1. 绘肝片形吸虫成虫及其虫卵图，并注明其各部构造名称。
2. 绘日本血吸虫雄虫前端及雌虫中部形态图，并注明其各部构造名称。
3. 日本血吸虫为什么会导致患病动物的肝脏出现虫卵结节？
4. 如何鉴别肝片形吸虫和布氏姜片吸虫的成虫？

实验三十八 绦虫蚴和绦虫的形态学观察

一、实验目的与要求

1. 掌握莫尼茨绦虫的形态特征和扩展莫尼茨绦虫、贝氏莫尼茨绦虫、曲子宫绦虫、无卵黄腺绦虫的鉴别要点。

2. 通过对猪囊尾蚴、细颈囊尾蚴、棘球蚴、多头蚴病理标本的观察，掌握其形态特征、寄生部位和鉴别要点。

3. 掌握猪带绦虫的形态特征和猪带绦虫、牛带绦虫、泡状带绦虫、多头带绦虫、细粒棘球绦虫的鉴别要点。

二、实验器材

1. 器械

生物光学显微镜、手持放大镜、标本盒、眼科弯头镊、解剖针、白瓷盘、培养皿、载玻片、盖玻片、胶头滴管、挂图、电视视频投影设备、多媒体设备。

2. 材料

(1)浸渍标本　莫尼茨绦虫、曲子宫绦虫、无卵黄腺绦虫、马裸头绦虫、双壳绦虫、赖利绦虫、膜壳绦虫、猪带绦虫和猪囊尾蚴、牛囊尾蚴、细颈囊尾蚴、细粒棘球绦虫和棘球蚴、多头蚴。

(2)玻片标本　莫尼茨绦虫、曲子宫绦虫、无卵黄腺绦虫、赖利绦虫、猪带绦虫、棘球绦虫。

(3)病理标本　莫尼茨绦虫、赖利绦虫引起的肠道阻塞,猪囊尾蚴寄生的横纹肌、心脏、舌、脑、眼,牛囊尾蚴寄生的横纹肌,细颈囊尾蚴寄生的肠系膜、肝、肺,棘球蚴寄生的肝、肺,多头蚴寄生的脑。

(4)虫卵　莫尼茨绦虫卵、猪带绦虫卵。

(5)其他　苏木素染粉、卡红染粉、铵明矾、水杨酸甲酯、加拿大树胶、甘油、甲醛、氨水、擦镜纸、二甲苯(或乙醚/乙醇混合液)。

三、实验内容与方法

1. 实验内容

(1)猪囊尾蚴及其成虫和虫卵　猪囊尾蚴是猪带绦虫(*Taenia solium*)的幼虫,主要寄生于猪(亦可寄生于人)的横纹肌内。猪带绦虫只寄生于人的小肠内。猪囊尾蚴的外观呈椭圆形囊泡状,大小为(6～10)mm×5 mm,囊内充满液体,囊壁是一层薄膜,壁上有一个圆形粟粒大的乳白色小结,其内有一内陷的头节,头节上有4个吸盘,最前端的顶突上有许多个角质小钩,分两圈排列。

猪带绦虫由700～1 000个节片组成,虫体长2～5 m,最长可达8 m。头节粟粒大,球形,顶突上有25～50个小钩,分内外两行交替排列,顶突后方有4个吸盘。颈节窄而短,幼节短而宽,成节近似方形,孕节长度大于宽度。孕节内子宫每侧有7～12个侧支,侧支还分出许多次生枝,呈树枝状,内充满虫卵。每一孕节含虫卵3万～5万个。

虫卵　呈圆形,直径为31～43 μm,卵壳有两层,内层较厚,浅褐色,有辐射状的纹理,称胚膜;外壳薄,易脱落,也叫真壳。卵内含有一个六钩蚴。

(2)牛囊尾蚴及其成虫　牛囊尾蚴是牛带绦虫(*Taeniarhynchus saginatus*)的幼虫,寄生于牛的横纹肌内。牛带绦虫只寄生于人的小肠内。牛囊尾蚴呈灰白色、半透明的囊泡状,直径约10 mm。囊内充满液体,囊壁一端有一内陷的粟粒大的头节,上有4个吸盘,无顶突和小钩。

牛带绦虫由1 000～2 000个节片组成,虫体长5～10 m,最长可达25 m以上。头节上有4个吸盘,无顶突和小钩,孕节内子宫每侧有15～30个侧支。

(3)棘球蚴及其成虫　细粒棘球蚴是细粒棘球绦虫(*Echinococcus granulosus*)的幼虫,寄生于牛、羊、猪等动物和人的肝、肺及其他器官内。细粒棘球绦虫寄生于犬科动物的小肠内。细粒棘球蚴的形状常因寄生部位不同而有变化,一般近似球形,直径为5～10 cm,小的仅有黄豆大,大的直径达 50 cm,含囊液十余升。囊壁分两层,外层为乳白色的角质层,内为胚层,又称生发层。囊内含有透明的液体。在囊内壁上生成数量不等的原头蚴,此小囊称为育囊或生发囊;原头蚴上有小钩和吸盘,具有感染性。但有的胚层不能长出原头蚴,无原头蚴的囊称为不育囊。母囊还能向内(或向外)衍生与母囊结构相同的子囊,甚至孙囊。游离于囊液中的育囊、原头蚴、子囊和孙囊统称为棘球砂。

细粒棘球绦虫很小,全长 2～7 mm,由头节和 3～4 个节片组成。头节有吸盘、顶突和小钩,孕节内子宫每侧有 12～15 个侧支。

(4)细颈囊尾蚴及其成虫　细颈囊尾蚴是泡状带绦虫(*Taenia hydatigena*)的幼虫,寄生于绵羊、山羊、猪,偶见于牛及其他野生反刍动物的肝脏浆膜、网膜、肠系膜及其他器官内。泡状带绦虫寄生于犬、狼和狐狸等动物的小肠内。细颈囊尾蚴呈乳白色,囊泡状,囊内充满透明液体,俗称“水铃铛”,由黄豆大到鸡蛋大,或更大,囊壁薄,在其一端的延伸处有一白结,即其头节所在。头节上有两行小钩,颈细而长。

泡状带绦虫呈乳白色或稍带黄色,体长 0.75～5 m,头节上有顶突和 26～46 个小钩,孕节内子宫每侧有 5～16 个侧支。

(5)脑多头蚴及其成虫　脑多头蚴又称脑包虫,是多头带绦虫的幼虫,寄生于绵羊、山羊、黄牛、牦牛,偶见于骆驼、猪、马及其他野生反刍动物的脑及脊髓内,极少见于人。多头带绦虫寄生于犬、狼和狐狸的小肠内。脑多头蚴为乳白色,半透明的囊泡,呈圆形或卵圆形,由豌豆到鸡蛋大,或更大,囊内膜上有 100～250 个原头蚴,囊内充满透明液体。

多头带绦虫由 200～250 个节片组成,虫体长 0.4～1 m。头节上有 4 个吸盘,顶突上有 22～32 个小钩,排列成两行,孕节内子宫每侧有 14～26 个侧支。

(6)莫尼茨绦虫成虫及其虫卵　莫尼茨绦虫寄生于反刍动物的小肠内。在我国常见的有扩展莫尼茨绦虫和贝氏莫尼茨绦虫两种。

①扩展莫尼茨绦虫(*Moniezia expansa*)　扩展莫尼茨绦虫分头节、颈节和体节三部分。链体长 1～5 m,最长可达 10 m,宽 1.6 cm,乳白色。头节近似球形,上有 4 个吸盘,无顶突和小钩。颈节紧接于头节后方,链体的节片系由此向后生出。体节宽度大于长度,越往后,长宽相差越小。成熟节片内有两套生殖器官,每侧一套,生殖孔开口于节片的两侧。卵巢和卵黄腺在体两侧构成花环状。睾丸 300～400 个,分布于整个节片之中,向两侧较密集。子宫呈网状。每个成熟节片的后缘均有一列小圆囊状的节间腺。

②贝氏莫尼茨绦虫(*M. benedeni*)　贝氏莫尼茨绦虫链体长 2.5～4 m,宽 2.6 cm,黄白色。成节与扩展莫尼茨绦虫相似,但睾丸较多,达 600 个。节间腺位于节片后缘的中央,为小点状密布,外观呈横带状。

扩展莫尼茨绦虫和贝氏莫尼茨绦虫的虫卵不易区别。卵形不一,呈三角形、方形或圆形,直径为 56～67 μm,虫卵内有特殊的梨形器,梨形器内含六钩蚴。

(7)曲子宫绦虫　曲子宫绦虫常见的虫种为盖氏曲子宫绦虫(*Helictometra giardi*),寄生于牛、羊的小肠内。成虫乳白色,带状,体长可达 4.3 m,最宽为 8.7 mm,大小因个体不同有很大差异。头节小,直径不到 1 mm,有 4 个吸盘,无顶突。节片较短,每节内含有一套生殖器官,生殖孔位于节片的侧缘,左右不规则地交替排列。雄茎经常伸出,睾丸为小圆点状,分布于纵排泄管的外侧;子宫管状横行,呈波状弯曲,几乎横贯节片的全部。虫卵呈椭圆形,直径为 18～27 μm,每 5～15 个虫卵被包在一个副子宫器内。

(8)无卵黄腺绦虫　无卵黄腺绦虫常见的虫种为中点无卵黄腺绦虫(*Avitellina centripunctata*),寄生于绵羊和山羊的小肠内。虫体长而窄,可达2～3 m或更长,宽度仅有2～3 mm,头节上无顶突和钩,有4个吸盘,节片极短,且分节不明显。成节内有一套生殖器官,生殖孔左右不规则地交替排列在节片的边缘。卵巢位于生殖孔一侧。子宫在节片中央。无卵黄腺和梅氏腺。睾丸位于纵排泄管两侧。虫卵被包在副子宫器内。虫卵直径为21～38 μm,卵内无梨形器。

(9)马裸头绦虫　马裸头绦虫常见的有3种,即叶状裸头绦虫(*Anoplocephala perfoliata*)、大裸头绦虫(*A. magna*)和侏儒副裸头绦虫(*Paranoplocephala mamillana*)。叶状裸头绦虫寄生于马、骡和驴的盲肠、回肠后部和结肠内。虫体全长2～5 cm,偶可长达8 cm,最大宽14 mm,厚为2.5 mm。大裸头绦虫、侏儒副裸头绦虫寄生于马、骡和驴的小肠后半部,偶然见于胃、盲肠和结肠内。成虫全长达80 cm,最宽节片达2.5 cm。

(10)双壳绦虫　犬复孔绦虫(*Dipylidium caninum*)属于双壳科(Dilepididae),寄生于犬、猫的小肠内。虫体活时为淡红色,最长可达50 cm,约由200个节片组成,宽约3 mm。头节上有4个吸盘,顶突可伸缩,上有4～5行小钩。每一成节内含两套生殖系统,睾丸100～200个,位于排泄管的内侧。体两侧各有一卵巢和卵黄腺,形似葡萄。生殖孔开口于体两侧的中央稍后。成节和孕节均长大于宽,形似黄瓜籽儿,故又称瓜子儿绦虫。

(11)赖利绦虫　赖利绦虫种类很多,但最常见、危害性最大的是戴文科赖利属的3种绦虫,即四角赖利绦虫(*Raillietina tetragona*)、棘沟赖利绦虫(*R. echinobothrida*)和有轮赖利绦虫(*R. cesticillus*)。四角赖利绦虫寄生于家鸡和火鸡的小肠后半部,长达25 cm,是鸡最大的绦虫。头节较小,顶突上有1～3行小钩,数目为90～130个,吸盘卵圆形,上有8～10行小钩。棘沟赖利绦虫寄生于家鸡和火鸡的小肠,其大小和形状均与四角赖利绦虫极为相似,用肉眼不易区别。但其顶突有两行小钩,数目为200～240个;吸盘呈圆形,上有8～10行小钩。有轮赖利绦虫寄生于鸡的小肠内,虫体较小,一般不超过4 cm,偶可达15 cm。头节大,顶突宽大肥厚,形似车轮状,突出于前端,上有两行共400～500个小钩,吸盘上无小钩。

(12)膜壳绦虫　寄生于禽类的膜壳绦虫种类很多,但最常见的是矛形剑带绦虫(*Drepanidotaenia lanceolata*)、片形皱褶绦虫(*Fimbriaria fasciolaris*)和鸡膜壳绦虫(*H. carioca*)。矛形剑带绦虫属禽类的大型绦虫,寄生于鹅、鸭的小肠内。虫体呈乳白色,前窄后宽,形似矛头。长3～13 cm,链体有节片20～40个。片形皱褶绦虫寄生于家鸭、鹅、鸡以及其他雁形目鸟类的小肠中。主要形态特点是在其前部有一个扩展的皱褶状假头节。假头节长1.9～6.0 mm,宽1.5 mm,由许多无生殖器官的节片组成,为附着器官。全虫体长为20～40 cm,真头节位于假头节的顶端,上有10个小钩和4个吸盘。鸡膜壳绦虫寄生于家鸡和火鸡的小肠中,成虫长3～8 cm,细似棉线,节片多达500个。

2. 实验方法

(1)绦虫头节和体节的染色玻片标本应在生物光学显微镜下用低倍镜观察,而带科绦虫孕节的染色玻片标本可用手持放大镜观察。

(2)用肉眼或借助手持放大镜观察虫体浸渍标本和病理标本。

(3)取洁净的载玻片,在其中央滴一小滴虫卵保存液(内含有虫卵),在虫卵保存液上覆以盖玻片,置显微镜下检查。

四、作业与思考题

1. 绘莫尼茨绦虫头节、扩展莫尼茨绦虫成节和贝氏莫尼茨绦虫成节形态图，并注明其各部构造名称。

2. 绘猪带绦虫头节和孕节形态图，并注明其各部构造名称。

3. 猪带绦虫和牛带绦虫哪一种对人体的危害大？为什么？

4. 如何确定带绦虫病治疗的效果？

实验三十九　动物线虫病病原形态学观察(一)

一、实验目的与要求

1. 掌握猪蛔虫、牛新蛔虫、犬弓首蛔虫、马副蛔虫、鸡蛔虫的主要形态特征。

2. 通过对捻转血矛线虫、食道口线虫等虫体的显微形态观察，掌握小型线虫的鉴定方法。

3. 掌握捻转血矛线虫、食道口线虫、仰口线虫、网尾线虫、马尖尾线虫、类圆线虫、马圆线虫的主要形态特征。

二、实验器材

1. 器械

生物光学显微镜、手持放大镜、标本盒、眼科弯头镊、解剖针、白瓷盘、培养皿、载玻片、盖玻片、胶头滴管、挂图、电视视频投影设备、多媒体设备。

2. 材料

(1)浸渍标本　猪蛔虫、牛新蛔虫、犬弓首蛔虫、马副蛔虫、鸡蛔虫、马尖尾线虫、鸡异刺线虫、马圆线虫、类圆线虫、捻转血矛线虫、食道口线虫、仰口线虫、网尾线虫等。

(2)玻片标本　捻转血矛线虫、食道口线虫、仰口线虫、网尾线虫等。

(3)病理标本　猪蛔虫引起的胆管阻塞。

(4)虫卵　猪蛔虫卵、牛新蛔虫卵。

(5)其他　乳酸酚透明液、乳酸、甲醛、擦镜纸、二甲苯(或乙醚/乙醇混合液)。

三、实验内容与方法

1. 实验内容

(1)猪蛔虫成虫和虫卵　猪蛔虫(*Ascaris suum*)成虫寄生于猪的小肠内，是一种大型线虫。新鲜虫体呈淡红色或淡黄色，圆柱形。头端有3个唇片，排列成品字形。雄虫长15～25 cm，宽约0.3 cm。尾端向腹面弯曲，形似钓鱼钩。泄殖腔开口距尾端较近。交合刺1对，等长。无引器。雌虫长20～40 cm，宽约0.5 cm。虫体较直。阴门开口于虫体前1/3

与中1/3交界处附近的腹面中线上。肛门距虫体末端较近。

虫卵　受精卵呈短椭圆形,大小为(50～75)μm×(40～80)μm,黄褐色。卵壳厚,最外一层为凹凸不平的蛋白膜,内含1个卵细胞,卵细胞与卵壳之间的两端形成新月形空隙。未受精卵较受精卵狭长,平均大小为90 μm×40 μm,多数没有蛋白质膜,或有而甚薄,且不规则。整个卵壳较薄,内容物为很多油滴状的卵黄颗粒。

(2)牛新蛔虫成虫和虫卵　牛新蛔虫(*Neoascaris vitulorum*)成虫寄生于初生犊牛的小肠内。虫体粗大,淡黄色,角皮薄软。雄虫长11～26 cm,尾部有一小锥突,弯向腹面,交合刺1对,形状相似,等长或稍不等长。雌虫长14～30 cm,尾直。阴门开口于虫体前1/8～1/6处。

虫卵　近于球形,大小为(70～80)μm×(60～66)μm,壳厚,外层呈蜂窝状,胚胎为单细胞期。

(3)犬弓首蛔虫成虫　犬弓首蛔虫(*Toxocara canis*)寄生于犬的小肠内,虫体呈白色,头端有3片唇,在虫体前端两侧有向后延伸的颈翼膜。食道与肠管连接处有小胃。雄虫长50～110 mm,尾端弯曲,有一小锥突,有尾翼。雌虫长90～180 mm,尾端直,阴门开口于虫体前半部。

(4)鸡蛔虫成虫　鸡蛔虫(*Ascaridia galli*)寄生于鸡小肠内,虫体呈黄白色,圆筒形,体表角质层具有横纹,口孔位于体前端,其周围有3个唇片。口孔下接食道,在食道前方1/4处有神经环,排泄孔位于神经环后的体腹侧。雄虫长26～70 mm,尾端有明显的尾翼和尾乳突,有一个圆形或椭圆形泄殖孔前吸盘。交合刺近于等长。雌虫长65～110 mm,阴门开口于虫体中部。肛门位于虫体的亚末端。

(5)马副蛔虫成虫　马副蛔虫(*Parascaris equorum*)寄生于马属动物的小肠内,虫体近似圆柱形,两端较细,外形与猪蛔虫相似。黄白色。口孔周围有3片唇,其中背唇稍大。唇基部有明显的间唇。每个唇的中前部内侧面有一横沟,将唇片分为前后两个部分。唇片与体部之间有明显的横沟。雄虫长150～280 mm,尾端向腹面弯曲。雌虫长180～370 mm,尾部直,阴门开口于虫体前1/4部分的腹面。

(6)马尖尾线虫成虫　马尖尾线虫(*Oxyurata equi*)又称马蛲虫,成虫寄生于马、骡、驴的大肠内。雄虫白色,长9～12 mm,宽0.8～1 mm,有1根交合刺。雌虫长可达150 mm,尾部细长而尖,可长达体部的3倍以上,未成熟时为白色,成熟后为灰褐色,阴门开口于体前部1/4附近。

(7)鸡异刺线虫成虫　鸡异刺线虫(*Heterakis gallinarum*)寄生于鸡的盲肠内,虫体小,细线状,白色。头端略向背面弯曲,口缘有3个不明显的唇片。有侧翼,向后延伸的距离较长。食道末端有一膨大的食道球。雄虫长7～13 mm,尾直,末端尖细,交合刺2根,不等长。有一个圆形的泄殖腔前吸盘,有12对尾乳突。雌虫长10～15 mm,尾细长,生殖孔位于虫体中部稍后方。

(8)类圆线虫成虫　类圆线虫寄生于家畜的各个种都是寄生性雌虫,行孤雌生殖,未见有雄虫寄生的报道。雌虫细小,乳白色。口囊小,食道长,呈圆柱状,阴门位于体后1/3与中1/3的交界处。兰氏类圆线虫(*Strongyloides ransomi*)体长3.1～4.6 mm,寄生于猪的十二指肠黏膜内。乳突类圆线虫(*S. papillosus*)体长4.38～5.92 mm,寄生于牛、羊的小肠黏膜内。韦氏类圆线虫(*S. westeri*)体长7.3～9.5 mm,寄生于马属动物的十二指肠黏膜内。

(9)马圆线虫成虫　圆线虫种类甚多,对马属动物危害较严重的是圆形科圆形属的3个种,寄生于马属动物的盲肠和结肠内。马圆线虫(*Strongylus equines*)呈灰红色或红褐色。口囊发达,呈卵圆形。口缘有发达的内叶冠与外叶冠。口囊基部背侧有一大型、尖端分叉的背齿,口囊底部腹侧有两个亚腹侧齿。雄虫长25～35 mm,有发达的交合伞,有1对等长的交合刺。雌虫长38～47 mm,阴门开口于距尾端11.5～14 mm处。无齿圆线虫(*S. edentatus*)呈深灰色或红褐色,形状与马圆线虫极相似,但口囊内无齿。普通圆线虫(*S. vulgaris*)比前两种小,呈深灰色或血红色,口囊内有两个耳状的亚背侧齿。

(10)网尾线虫成虫　常见的网尾线虫有丝状网尾线虫和胎生网尾线虫两种。丝状网尾线虫(*Dictyocaulus filaria*)寄生于绵羊、山羊、骆驼和一些反刍动物的支气管内。虫体呈细线状,乳白色。口囊很小,口缘有4个小唇片。雄虫长30 mm,交合伞发达,交合刺呈靴形,黄褐色,为多孔性结构。雌虫长35.0～44.5 mm,阴门位于虫体中部附近。胎生网尾线虫(*D. viviparus*)寄生于牛、骆驼和多种野生反刍动物的支气管和气管内。胎生网尾线虫的形状与丝状网尾线虫相似,但雄虫的交合刺不呈靴状。

牛、羊原圆线虫病主要是由原圆科的原圆属(*Protostrongylus*)、缪勒属(*Muellerius*)的线虫寄生于羊的肺泡、毛细支气管、细支气管、肺实质等处引起的肺线虫病。

虫体非常纤小。雄虫的交合伞不发达,有交合刺和引器。阴门位于近肛门处。

①毛样缪勒线虫(*M. capillaris*)　雄虫长为11～26 mm,与原圆科其他线虫不同之处在于交合伞高度退化,雄虫尾部呈螺旋状卷曲,泄殖孔周围有许多乳突。背肋较其他肋发达,于后1/4处分为3枝。交合刺2根,弯曲,近端部有翼膜,远端部分为2枝。引器1对,结构简单。副引器发达。雌虫长18～30 mm,阴门距肛门甚近。虫卵呈褐色,产出时细胞尚未分裂,大小为(82～104)μm×(28～40)μm。

②柯氏原圆线虫(*P. kochi*)　虫体纤细,红褐色。雄虫长为24.3～30.0 mm,交合伞小,背肋为一丘形的隆突,上有6个乳突。雌虫长为28～40 mm。虫卵大小为(69～98)μm×(36～54)μm。

(11)血矛线虫成虫　血矛线虫属的捻转血矛线虫(*Haemonchus contortus*)寄生于反刍动物的第4胃内。虫体呈毛发状,淡红色。头端尖细,口囊小,内有一称背矛的角质齿,颈乳突显著。雄虫长15～19 mm,交合伞有由细长的肋支持着的长的侧叶和偏于左侧的由一个倒"Y"形背肋支持着的小背叶。交合刺末端有小钩。雌虫长27～30 mm,其白色的生殖器官环绕于红色含血的肠道周围,形成了红白线条相间的外观。阴门位于虫体后半部,有一显著的瓣状阴门盖。

柏氏血矛线虫(*H. placei*)寄生于牛的雌虫,阴门盖呈舌片状;寄生于羊的雌虫,阴门盖呈小球状。似血矛线虫(*H. similis*)和捻转血矛线虫相似,不同之处在于虫体较小,背肋较长,交合刺较短。

(12)食道口线虫成虫　食道口属线虫的口囊呈小而浅的圆筒形,其外周为一显著的口领。口缘有叶冠。有颈沟,其前端的表皮常膨大形成头囊。颈乳突位于颈沟后方的两侧。有或无侧翼。雄虫的交合伞发达,有1对等长的交合刺。雌虫阴门位于肛门前方附近,排卵器发达,呈肾形。常见的食道口线虫有5种。哥伦比亚食道口线虫(*Oesophagostomum columbianum*)主要寄生于羊的结肠,也寄生于牛的结肠。有发达的侧翼膜。雄虫长12.0～13.5 mm,交合伞发达。雌虫长16.7～18.6 mm。粗纹食道口线虫(*O. asperum*)主要寄生于羊的结肠。头囊显著膨大,无侧翼膜。雄虫长13～15 mm,雌虫长17.3～20.3 mm。辐射食道口线虫

(*O. radiatum*)主要寄生于牛的结肠。头囊膨大,上有一横沟,将头囊区分为前后两部分。雄虫长 13.9～15.2 mm,雌虫长 14.7～18.0 mm。微管食道口线虫(*O. venulosum*)主要寄生于羊的结肠,也寄生于牛和骆驼的结肠。雄虫长 12～14 mm,雌虫长 16～20 mm。甘肃食道口线虫(*O. radiatum*)寄生于牛的结肠。雄虫长 13.9～15.2 mm,雌虫长 14.7～18.0 mm。

(13)仰口线虫成虫　仰口属的线虫头端向背面弯曲,口囊大,口腹缘有 1 对半月形的角质切板。雄虫交合伞的背叶不对称,雌虫的阴门在虫体中部之前。羊仰口线虫(*Bunostomum trigonocephalum*)寄生于羊的小肠内。呈乳白色或淡红色。口囊底部的背侧有一个大背齿,底部腹侧有 1 对小的亚腹侧齿。雄虫长 12.5～17.0 mm。交合伞发达。背叶不对称,右外背肋比左面的长,并且由背干的高处伸出。交合刺等长,褐色。无引器。雌虫长 15.5～21.0 mm,尾端钝圆。阴门位于虫体中部前不远处。牛仰口线虫(*B. phlebotomum*)的形态和羊仰口线虫相似,但口囊底部腹侧有两对亚腹侧齿。另一个区别是雄虫的交合刺长,为 3.5～4.0 mm,是羊仰口线虫交合刺的 5～6 倍。雄虫长 10.0～18.0 mm,雌虫长 24.0～28.0 mm。

2. 实验方法

(1)挑取捻转血矛线虫、食道口线虫的雌、雄虫各一条,分别放在载玻片上,滴加乳酸酚透明液或乳酸 2～3 滴,在光学显微镜下观察透明虫体的详细构造;

(2)在光学显微镜下观察封片标本的形态构造;

(3)用肉眼或借助手持放大镜观察虫体浸渍标本及病理标本;

(4)取洁净的载玻片,在其中央滴一小滴虫卵保存液,在虫卵保存液上盖以盖玻片,置显微镜下一暗视野检查。

四、作业与思考题

1. 在猪粪便中未发现蛔虫卵是否可以排除蛔虫感染?

2. 绘捻转血矛线虫虫体头端、雄虫尾部图,或绘粗纹食道口线虫前部、雌虫与雄虫后部图,并注明其各部构造名称。

3. 列出实验中所观察线虫的中间宿主、终末宿主与寄生部位。

4. 马尖尾线虫寄生在肠道,为什么不用粪便作为检查材料?

实验四十　动物线虫病病原形态学观察(二)

一、实验目的与要求

1. 掌握后圆线虫、冠尾线虫、毛尾线虫、颚口线虫、吸吮线虫、丝状虫、犬恶丝虫、猪浆膜丝虫的主要形态特征。

2. 通过对肌旋毛虫的形态观察,掌握其寄生部位、典型包囊以及包囊内幼虫的形态特征。

二、实验器材

1. 器械

生物光学显微镜、手持放大镜、眼科弯头镊、解剖针、白瓷盘、培养皿、载玻片、盖玻片、胶头滴管、挂图、电视视频投影设备和多媒体设备等。

2. 材料

(1)浸渍标本 后圆线虫、冠尾线虫、毛尾线虫、颚口线虫、吸吮线虫、丝状虫、犬恶丝虫、猪浆膜丝虫等。玻片标本:肌旋毛虫、后圆线虫、吸吮线虫等。

(2)病理标本 后圆线虫引起猪支气管和细支气管阻塞、冠尾线虫寄生于猪输尿管壁周围脂肪囊内、毛尾线虫头部钻入动物肠壁、颚口线虫钻入动物胃壁、寄生于猪心脏浆膜淋巴管内的猪浆膜丝虫等病理标本。

(3)其他 乳酸酚透明液、乳酸、甲醛、擦镜纸、二甲苯(或乙醚/乙醇混合液)。

三、实验内容与方法

1. 实验内容

(1)后圆线虫成虫 后圆线虫寄生于猪的支气管和细支气管内。虫体呈乳白色或灰色,口囊很小,口缘有1对分三叶的侧唇。食道略呈棍棒状。交合伞一定程度的退化,背叶小。肋有一定程度融合。交合刺1对,细长,末端有单钩或双钩。两条子宫并列,至后部合为一阴道。阴门紧靠肛门,前方覆一角质盖。后端有时弯向腹侧。常见的后圆线虫有3种:①野猪后圆线虫(*Metastrongylus apri*)雄虫长11～25 mm,交合伞较小。前侧肋大,顶端膨大。中侧肋和后侧肋融合在一起。背肋极小。交合刺呈丝状,长4.0～4.5 mm,末端为单钩。无引器。雌虫长20～50 mm,阴道长,超过2 mm。尾长90 μm,稍弯向腹面。②复阴后圆线虫(*M. pudendotectus*)雄虫长16～18 mm,交合伞较大。交合刺长1.4～1.7 mm,末端为双钩。有引器。雌虫长22～35 mm。阴道短于1 mm,尾直,有较大的角质膨大覆盖肛门和阴门。③萨氏后圆线虫(*M. salmi*)雄虫长17～18 mm,交合刺长2.1～2.4 mm,末端为单钩。雌虫长30～45 mm,阴道长1～2 mm。尾长95 μm,稍弯向腹面。

(2)有齿冠尾线虫成虫 有齿冠尾线虫(*Stephanurus dentatus*)寄生于猪的肾盂、肾周围脂肪和输尿管壁等处,虫体粗壮,形似火柴杆。新鲜虫体呈灰褐色,体壁较透明,其内部器官隐约可见。口囊呈杯状,壁厚,底部有6～10个小齿。口缘有一圈细小的叶冠和6个角质隆起。雄虫长20～30 mm,交合伞小,腹肋并行,其基部为一总干;侧肋基部亦为一总干;外背肋细小;背肋粗壮,其远端分为4个小枝。交合刺两根,有引器和副引器。雌虫长30～45 mm。

(3)毛尾线虫成虫 毛尾线虫寄生于动物大肠(主要是盲肠)内,虫体前部呈毛发状,故又称毛首线虫;整个外形又像鞭子,前部细,像鞭梢,后部粗,像鞭杆,故又称鞭虫。乳白色,前为食道部,细长,后为体部,短粗,内有肠和生殖器官。雄虫后部弯曲,泄殖腔在尾部,有1根交合刺,包在有刺的交合刺鞘内;雌虫后端钝圆,阴门位于粗细部交界处。猪毛尾线虫(*Trichuris suis*)雄虫长20～52 mm,雌虫长39～53 mm,寄生于猪的盲肠,也寄生于人、野猪和猴的盲肠。绵羊毛尾线虫(*T. ovis*)雄虫长50～80 mm,雌虫长35～70 mm,寄生于绵羊、牛、长颈鹿和骆驼的盲肠。球鞘毛尾线虫(*T. globulosa*),其交合刺鞘的末端膨大呈球形,寄生于骆驼、绵羊、山羊和牛等的盲肠。

(4)旋毛虫　旋毛虫的检验方法详见本书第二部分实验四十九旋毛虫病肉的检验。旋毛虫(*Trichinella spiralis*)的成虫与幼虫寄生于同一个宿主(人、猪、犬、猫、鼠类、狐狸、狼、野猪等均能感染)体内。成虫寄生于动物小肠内,称为肠旋毛虫;幼虫寄生于动物横纹肌内,称为肌旋毛虫。成虫细小,雄虫长 1.4～1.6 mm,无交合刺,泄殖孔外侧具有两个呈耳状的交配叶。雌虫长 3～4 mm,肛门位于尾端,阴门位于食道中部。食道约为体长的 1/3。胎生。肉眼观察肌旋毛虫包囊,只有一个细针尖大小,乳白色,半透明,露滴状。包囊呈梭形,长 0.25～0.50 mm,其长轴与肌纤维平行,有两层壁,包囊内一般含一条幼虫,也有的可达 6～7 条。

(5)刚棘颚口线虫成虫　刚棘颚口线虫(*Gnathostoma hispidum*)寄生于猪胃壁上,除寄生于猪外,还偶见于人。刚棘颚口线虫新鲜虫体呈淡红色,表皮菲薄,可透见体内的白色生殖器官。头端呈球形膨大,其上有 11 横列小棘。全身都有小棘排列成环。雄虫长 15～25 mm,有交合刺 1 对,不等长。雌虫长 22～45 mm。虫卵椭圆形,黄褐色,一端有帽状结构,卵的大小为(72～74)μm×(39～42)μm。

(6)锐形线虫成虫　锐形线虫寄生于禽类的腺胃和肌胃内,虫体头部有 4 条饰带,通常不相吻合。小钩锐形线虫(*Acuaria hamulosa*)前部有 4 条饰带,两两并列,呈不整齐的波浪形,由前向后延伸,几乎达虫体后部,但不折回,亦不互相吻合。雄虫长 9～14 mm,肛前乳突 4 对,肛后乳突 6 对。交合刺 1 对,不等长;雌虫长 16～19 mm,阴门位于虫体中部的稍后方。旋锐形线虫(*A. spiralis*)前部有 4 条饰带,呈波浪状弯曲,由前向后,然后折回,但不吻合。雄虫长 7～8.3 mm。交合刺不等长。雌虫长 9～10.2 mm,阴门位于虫体后部。

(7)吸吮线虫成虫　吸吮线虫又称眼虫,主要寄生于牛结膜囊、第三眼睑和泪管的吸吮属线虫有好几种,其中以罗氏吸吮线虫最为常见,危害也最为严重。罗氏吸吮线虫(*Thelazia rhodesii*)呈乳白色,表皮上有明显的横纹。头端细小,有一小长方形的口囊。雄虫长 9.3～13.0 mm,尾部卷曲,交合刺不等长。雌虫长 14.4～17.7 mm,阴门开口于虫体前部。

(8)丝状线虫成虫　丝状科(Setariidae)丝状属(*Setaria*)的一些线虫寄生于有蹄类动物的腹腔内,故又称腹腔丝虫。常见的丝状线虫有 3 种:①马丝状线虫(*Setaria equina*)寄生于马属动物的腹腔内,有时也寄生于胸腔、盆腔和阴囊等处(其幼虫可出现于眼前房内,称浑睛虫,长可达 30 mm)。虫体呈乳白色线状。口孔周围有角质环围绕,由环的边缘上突出形成 2 个半圆形的侧唇,2 个乳突状的背唇和 2 个乳突状的腹唇。头部有 4 对乳突:侧乳突较大,背、腹乳突较小。雄虫长 40～80 mm,交合刺 2 根,分别长 630～660 μm 与 140～230 μm。雌虫长 70～150 mm,尾端呈圆锥形。②鹿丝状线虫(*S. cervi*)又称唇乳突丝状线虫(*S. labiatopapillosa*),成虫寄生于牛、羚羊和鹿的腹腔内。口孔呈长形,角质环的两侧部向上突起形成新月形,背、腹面突起的顶部中央有一凹陷,略似墙垛口。雄虫长 40～60 mm,交合刺 2 根,分别长 120～150 μm 与 300～370 μm。雌虫长 60～120 mm。③指形丝状线虫(*S. digitata*)寄生于黄牛、水牛和牦牛的腹腔,其形态和鹿丝状线虫相似,但口孔呈圆形,口环的侧突起为三角形,且较鹿丝状线虫的为大。头乳突仅 4 个。雄虫长 40～50 mm,交合刺 2 根,分别长 130～140 μm 和 250～270 μm。雌虫长 60～80 mm,尾末端为一小的球形膨大,其表面光滑或稍粗糙。

(9)犬恶丝虫成虫　犬恶丝虫(*Dirofilaria immitis*)又称犬心丝虫,寄生于犬的右心室和肺动脉(少见于胸腔、支气管、皮下结缔组织)内,虫体呈微白色,细长丝线状,口由 6 个不明显的乳突围绕。雄虫长为 12～16 cm，尾部短而钝圆，有窄的尾翼膜，末端有尾乳突 11 对（泄殖孔前 5 对，泄殖孔后 6 对），有 2 根不等长的交合刺，左侧的长，末端尖；右侧的短，相当于左侧的 1/2，末端钝圆。整个尾部呈螺旋形弯曲。雌虫长为 25～30 cm，尾部直，阴门开口于食道后端。

（10）猪浆膜丝虫　猪浆膜丝虫（*Serofilaria suis*）寄生于猪的心、肝、胆囊、膈肌、子宫、胃、肋胸膜、腹膜及肺动脉基部等的浆膜淋巴管内，虫体呈乳白色，丝状，头端稍微膨大。无唇，口孔周围有 4 个小乳头，另有 4 个亚中乳突和 2 个化感器排列在外圈。食道分为肌质和腺体两部分。神经环位于食道肌质部的后方。雄虫长为 12～26.2 mm。尾部呈指状，向腹面卷曲，有乳突 6～12 对，规则地排列在整个尾部亚腹侧，肛前 3～6 对，肛后 3～6 对。交合刺 1 对，短且不等长，形态相似。雌虫长为 50.6～60 mm，阴门位于食道腺质部，尾部指状，稍向腹面弯曲，尾端部两侧各有 1 个乳突，腹面有一簇 15～20 个小乳突。肛门萎缩。

2. 实验方法

（1）挑取后圆线虫、刚棘颚口线虫的雌雄虫各一条，分别放在载玻片上，滴加乳酸酚透明液或乳酸 2～3 滴，在生物光学显微镜下观察透明虫体的详细构造；

（2）在生物光学显微镜下观察玻片标本（虫体）的形态构造；

（3）用肉眼或借助手持放大镜观察虫体浸渍标本及病理标本。

四、作业与思考题

1. 绘野猪后圆线虫虫体头端、雄虫尾部图，或绘肌旋毛虫典型包囊以及包囊内幼虫形态图，并注明其各部构造名称。

2. 列出实验中所观察线虫的中间宿主、终末宿主与寄生部位。

3. 旋毛虫的生活史与其他线虫有何不同？其病原学检查方法有何特点？

实验四十一　动物棘头虫病病原形态学观察

一、实验目的与要求

掌握大多形棘头虫、蛭形巨吻棘头虫及其虫卵形态特征。

二、实验器材

1. 器械

生物光学显微镜、手持放大镜、眼科弯头镊、解剖针、培养皿、载玻片、盖玻片、胶头滴管、挂图、电视视频投影设备、多媒体设备。

2. 材料

（1）浸渍标本　大多形棘头虫、小多形棘头虫、细颈棘头虫和蛭形巨吻棘头虫等。

(2)玻片标本　大多形棘头虫雄虫、雌虫。

(3)病理标本　蛭形巨吻棘头虫钻入猪肠壁、寄生于鸭肠壁的棘头虫等病理标本。

(4)虫卵　蛭形巨吻棘头虫卵。

(5)其他　甲醛、擦镜纸、二甲苯(或乙醚/乙醇混合液)。

三、实验内容与方法

1. 实验内容

(1)蛭形巨吻棘头虫及其虫卵　蛭形巨吻棘头虫(*Macracanthorhynchus hirudinaceus*)寄生于猪的小肠内,也感染野猪、猫和犬,偶尔见于人。虫体呈乳白色或淡红色,长圆柱形,前部较粗,后部较细。体表有横皱纹。吻突小,呈球形,有5～6行小棘,每行6个。雌虫长30～68 cm,雄虫长7～15 cm。虫卵呈长椭圆形,深褐色,两端有小塞状构造,内含棘头蚴,棘头蚴的头端有4列小棘,第1、2列较大,第3、4列较小。虫卵呈长椭圆形,深褐色,两端稍尖,壳厚,大小为(89～100)μm×(42～56)μm,内含棘头蚴。

(2)大多形棘头虫　大多形棘头虫(*Polymorphus magnus*)寄生于鸭、鹅、天鹅、野生游禽和鸡的小肠内,虫体呈橘红色,纺锤形,前端大,后端狭细。吻突上生有小钩18纵列,每列7～8个。吻囊呈圆柱形。雄虫长9.2～11 mm,睾丸呈卵圆形,位于虫体前1/3部分内,离吻囊不远,有时接近吻囊。雌虫长12.4～14.7 mm,虫卵呈长纺锤形,大小为(113～129)μm×(17～22)μm。

(3)小多形棘头虫　小多形棘头虫(*P. minutus*)寄生于鸭、鹅、天鹅、野生游禽和鸡的小肠内,虫体较小,呈纺锤形。雄虫长3 mm,雌虫长10 mm,新鲜虫体呈橘红色,吻突呈卵圆形,有钩16纵列,每列7～10个,前部的钩较大,向后逐渐变小。虫体前部有小棘。吻囊发达,与前睾相邻。睾丸近于圆形,前后斜列于虫体的前半部内。卵呈纺锤形,大小为110 μm×20 μm。

(4)鸭细颈棘头虫　鸭细颈棘头虫(*Filicollis anatis*)寄生于鸭、鹅、天鹅、野生游禽和鸡的小肠内,虫体呈纺锤形,白色,前部有小棘。雄虫长4～6 mm,吻突呈椭圆形,有18纵列小钩,每列10～16个。吻腺长。睾丸前后排列,位于虫体的前半部内。雌虫长10～25 mm,前后两端稍狭小。吻突膨大呈球形,直径2～3 mm,其前端有18纵列小钩。吻腺亦长。卵呈椭圆形,大小为(62～70)μm×(20～25)μm。

2. 实验方法

(1)用手持放大镜或肉眼观察大多形棘头虫、小多形棘头虫、细颈棘头虫和蛭形巨吻棘头虫的外形构造;

(2)在生物光学显微镜下观察玻片标本(虫体)的形态构造;

(3)肉眼观察棘头虫病理标本。

四、作业与思考题

1. 绘大多形棘头虫雄虫、雌虫形态图,并注明其各部构造名称。
2. 猪蛔虫与蛭形巨吻棘头虫在外形上有何主要区别?

实验四十二　蜘蛛昆虫的形态学观察

一、实验目的与要求

1. 掌握牛蜱属、扇头蜱属、血蜱属、璃眼蜱属、革蜱属和硬蜱属蜱的主要形态特征及其鉴别要点，了解硬蜱和软蜱的主要区别。

2. 掌握疥螨、痒螨的形态特征及其鉴别要点。

3. 了解牛皮蝇、马胃蝇、羊狂蝇各发育阶段(成虫及蛆)的主要形态特征。

二、实验器材

1. 器械

生物光学显微镜、体视显微镜、手持放大镜、眼科弯头镊、解剖针、培养皿、载玻片、盖玻片、擦镜纸、胶头滴管、挂图、电视视频投影设备、多媒体设备。

2. 材料

(1)浸渍标本　硬蜱科的蜱(牛蜱属、扇头蜱属、血蜱属、璃眼蜱属、革蜱属、硬蜱属等)、软蜱科的蜱(锐缘蜱属、钝缘蜱属)、疥螨、痒螨、牛皮蝇蛆、马胃蝇蛆、羊狂蝇蛆、虻、虱等。

(2)玻片标本　微小牛蜱、镰形扇头蜱、长角血蜱、残缘璃眼蜱、草原革蜱、疥螨、痒螨、虻(翅、触角、口器)、猪血虱、鸡羽虱等。

(3)病理标本　马胃蝇蛆寄生的胃壁。

(4)其他　氢氧化钠、水杨酸甲酯、加拿大树胶、甘油、甲醛、擦镜纸、二甲苯(或乙醚/乙醇混合液)。

三、实验内容与方法

1. 实验内容

(1)硬蜱　硬蜱呈红褐色，背腹扁平，长卵圆形，芝麻粒至米粒大，雌虫吸饱血后可膨胀如蓖麻籽大。硬蜱头、胸、腹愈合在一起，不可分辨，仅按其外部器官的功能与位置区分为假头与躯体两部分。

假头　平伸于躯体的前端，由 1 个假头基、1 对须肢、1 对螯肢和 1 个口下板组成。假头基呈矩形、六角形或梯形等。雌蜱假头基背面有 1 对椭圆形或圆形凹下的孔区，由无数小凹点聚集组成，有感觉的功能。须肢位于假头基前方两侧，左右成对，共分 4 节，第 1 节较短小与假头基前缘相连接，第 2、3 节较长，第 4 节短小，嵌在第 3 节腹面的前端。须肢在吸血时起固定和支撑蜱体的作用。螯肢位于须肢之间，可从背面看到，螯肢分为螯杆和螯趾，螯杆包在螯鞘内，螯趾分为内侧的动趾和外侧的定趾，为切割宿主皮肤之用。口下板位于螯肢的腹方，与螯肢合拢形成口腔，其形状因种类而异，在腹面有呈纵列的逆齿，常以齿式表示其中线两侧的齿列数，例如3/3,即各侧具3纵列。逆齿在吸血时具有穿刺与附着的作用。

躯体　背面有一块盾板,雄虫的盾板几乎覆盖整个背面,雌虫、若虫和幼虫的盾板仅覆盖背面的前方。盾板上有1对颈沟和1对侧沟,还有大小、深浅程度和分布状态不同的刻点。躯体背面的后半部有后中沟和1对后侧沟。有些属硬蜱有眼1对,位于盾板的侧缘。有些属硬蜱躯体后缘具有方块形的缘垛,通常为11个,正中的一个有时较大,称为中垛。有些属硬蜱体后端突出,形成尾突。躯体腹面前部正中有一横列的生殖孔,在其两侧有1对向后伸展的生殖沟。肛门位于后部正中,是由1对半月形肛瓣构成的纵裂口,除个别属外,通常有肛沟围绕肛门的前方或后方。腹面有气门板1对,位于第4对足基节的后外侧,其形状因种类而异,是分类的重要依据。有些属的硬蜱雄虫腹面尚有腹板,其数量、大小、形状和排列状况也常作为鉴别蜱种的特征。硬蜱的成虫和若虫有足4对,幼虫3对。足由6节组成,由体侧向外依次为基节、转节、股节、胫节、后跗节和跗节。跗节上有环形假关节,其末端有爪1对,爪基有发达程度不同的爪垫。第1对足跗节接近端部的背缘有哈氏器,为嗅觉器官。

①微小牛蜱(*Boophilus microplus*)　为小型蜱。形态特征为:无缘垛,无肛沟,有眼但很小,假头基六角形;须肢很短,第2、3节有横脊;雄虫有尾突,腹面有肛侧板与副肛侧板各1对。主要寄生于黄牛和水牛,有时也寄生于山羊、绵羊、马、驴、猪、犬和人等。

②镰形扇头蜱(*Rhipicephalus haemaphysaloides*)　体型中等。形态特征为:有眼,有缘垛,假头基宽短,六角形;须肢粗短,中部最宽,前端稍窄。雄蜱肛侧板呈镰刀形,内缘中部凹入,其下方凸角明显,后缘与外缘略直或微弯;副肛侧板短小,末端尖细。寄生于水牛、黄牛、羊、犬、猪等动物。

③长角血蜱(*Haemaphysalis longicornis*)　为小型蜱。形态特征为:无眼,有缘垛,假头基矩形;须肢外缘向外侧中度突出,呈角状,第2节背面有三角形的短刺,腹面有一锥形的长刺。口下板齿式5/5。基节Ⅱ～Ⅳ内距稍大,超出后缘。盾板上刻点中等大,分布均匀而较稠密。寄生于牛、马、羊、猪、犬等动物。

④残缘璃眼蜱(*Hyalomma detritum*)　为大型蜱。形态特征为:须肢窄长。盾板表面光滑,刻点稀少。眼相当明显,半球形,位于眼眶内。足细长,褐色或黄褐色,背缘有浅黄色纵带,各关节处无淡色环带。雄蜱背面中垛明显,淡黄色或与盾板同色;后中沟深;后侧沟略呈长三角形。腹面肛侧板略宽,前端较尖,后端圆钝,下半部侧缘略平行,内缘凸角粗短;副肛侧板末端圆钝;肛下板短小;气门板大,曲颈瓶形,背突窄长,顶突达盾板边缘。雌蜱背面侧沟不明显;气门板逗点形,背面向背方明显伸出,末端渐窄而稍向前。主要寄生于牛,在马、羊、骆驼等动物也有寄生。

⑤草原革蜱(*Dermacentor nuttalli*)　为大型蜱。形态特征为:盾板有银白色珐琅斑,有缘垛;有眼;假头基矩形,转节Ⅰ背距圆钝。雌蜱基节Ⅳ外距不超过后缘。雄蜱气门板背突达不到边缘。成虫寄生于牛、马、羊等家畜及大型野生动物,幼虫和若虫寄生于啮齿动物及小型兽类。

⑥全沟硬蜱(*Ixodes persulcatus*)　为小型蜱。形态特征为:无缘垛,无眼,肛沟围绕肛门前方。假头基宽短,近似五角形,腹面有钝齿状的耳状突,须肢长而宽扁。雄蜱腹面有7块板,即生殖前板、中板、肛板及1对肛侧板和1对侧板,中板后缘弧度较深。基节Ⅰ内距细长,雌蜱末端达基节Ⅱ前1/3,雄蜱末端略超过基节Ⅱ前缘。成蜱多寄生于家畜和野生动物,也常侵袭人;幼蜱及若蜱寄生在小型哺乳动物和鸟类。

(2)软蜱 虫体扁平,卵圆形或长卵圆形,体前端较窄,有的种类腹面前端突出称为顶突;饥饿时其大小、形态略似臭虫,饱血后体积增大不如硬蜱明显。雌雄的形态极相似,雄蜱较雌蜱小,雄性生殖孔为半月形,雌性为横沟状。假头隐于虫体腹面前端的头凹内,头窝两侧有1对叶片称为颊叶。假头基小,近方形,无孔区。须肢为圆柱状,游离而不紧贴于螯肢和口下板两侧,共分4节,可自由转动。口下板不发达,其上的齿较小,螯肢结构与硬蜱相同。躯体无几丁质板。表皮为革状,结构因属或种不同,或为皱纹状,或为颗粒状,或有乳状突,或有圆陷窝。大多数无眼,如有眼也极小,位于第2、3对足基节外侧。气门板小,位于第4对足基节前外侧。生殖孔及肛门的位置与硬蜱相似。在生殖孔两侧向后延伸有生殖沟;肛门之前有肛前沟,肛门之后有肛后沟及肛后横沟;后部体缘有背腹沟。沿基节内外侧有褶突,内侧为基节褶,外侧为基节上褶。足的结构与硬蜱相似。但基节无距;跗节和后跗节背缘或具有几个瘤突,其数目、大小为分类依据;爪垫退化。

锐缘蜱属:体缘薄锐,饱血后仍较明显。虫体背腹面之间,以缝线为界,缝线由许多小的方块或平行的条纹构成,其形状在分类上具有重要意义。

钝缘蜱属:体缘圆钝,饱血后背面常明显隆起。背面与腹面之间的体缘无缝线。

(3)疥螨和痒螨

①疥螨属(*Sarcoptes*) 疥螨属的螨成虫呈圆形或龟形,背面隆起,腹面扁平;浅黄色;雌螨(0.25~0.51)mm×(0.24~0.39)mm,雄螨(0.19~0.25)mm×(0.14~0.29)mm。体背面有细横纹、锥突、圆锥形鳞片和刚毛。腹面有4对粗短的足;每对足上均有角质化的支条,第1对足上的后支条在虫体中央并成一条长杆;雄螨第3、4对足后支条相连接;雄螨1、2、4对足,雌螨1、2对足跗节末端有一长柄的钟形吸盘,其余各足末端为一根长刚毛。雄螨生殖孔在第4对足之间,围在一个角质化的倒V形的构造中;雌螨腹面有两个生殖孔:一个为横裂,位于后两对肢前方中央,为产卵孔;另一个为纵裂,在体末端,为阴道,但产卵孔只在成虫时期发育完成。肛门位于体后缘正中,半背半腹。

②痒螨属(*Psoroptes*) 痒螨属的螨成虫呈长圆形,为(0.3~0.9)mm×(0.2~0.52)mm。透明的淡褐色角皮上具有稀疏的刚毛和细皱纹。足较长,尤其前两对足较后两对足粗大;雄螨前3对足,雌螨1、2、4对足末端有喇叭状吸盘。雌螨第3对足末端有2根长刚毛,雄螨第4对足特别短小,无吸盘也无刚毛。雄螨生殖器位于第4对足基节之间。雌螨腹面前1/4处有横裂的产卵孔,后端有纵裂的阴道,阴道背侧有肛孔。

(4)牛皮蝇蛆、马胃蝇蛆和羊狂蝇蛆

①牛皮蝇蛆 牛皮蝇蛆是牛皮蝇(*Hypoderma bovis*)的幼虫,主要寄生于牛的背部皮下组织内。第一期幼虫:淡黄色,半透明,长约0.5 mm,宽0.2 mm,体分12节,各节密生小刺,后端有2个黑色圆点状后气孔。第二期幼虫:长3~13 mm。第三期幼虫:体粗壮,棕褐色,长可达28 mm,体分11节,无口前钩,体表具有很多结节和小刺,最后两节腹面无刺。有两个后气孔,气门板漏斗状。成虫:形似蜂,体长约15 mm。头部被有浅黄色绒毛;胸部的前部和后部绒毛淡黄色,中间部分为黑色;腹部绒毛前端为白色,中间为黑色,末端为橙黄色。

②马胃蝇蛆 马胃蝇蛆是马胃蝇的幼虫,主要寄生于马属动物的胃内。我国常见的胃蝇有4种,即肠胃蝇(*Gasterophilus intestinalis*)、红尾胃蝇(*G. haemorrhoidalis*)、鼻胃蝇(*G. nasalis*)和兽胃蝇(*G. pecorum*)。第三期幼虫粗大,长度因种的不同而异,13~20 mm。有口前钩,虫体由11节构成,每节前缘有刺1~2列,刺的多少因种而异。虫体末端齐平,有

1对后气门,气门每侧有背腹直行的3条纵裂。成虫:形似蜂,全身密布有色绒毛,故俗称“蛰驴蜂”。口器退化。两复眼小而远离。触角小,藏于触角窝内。翅透明,有褐色斑纹或不透明呈烟雾色。雌虫尾部有较长的产卵管,并向腹下弯曲。

③羊狂蝇蛆　羊狂蝇蛆是羊狂蝇(*Oestrus ovis*)的幼虫,寄生于羊的鼻腔或其附近的腔窦内。第三期幼虫:背面隆起,腹面扁平,长28～30 mm,前端尖,有两个口前钩,虫体背面无刺,成熟后各节上具有深褐色带斑,腹面各节前缘具有小刺数列,虫体后端齐平,凹入处有两个D形气门板,中央有钮孔。成虫:体长10～12 mm,淡灰色,略带金属光泽,形状似蜜蜂,头大呈黄色,口器退化。

(5)虻　虻为大、中型吸血昆虫。与兽医关系密切的有虻属(*Tabanus*)、麻虻属(*Haematopota*)和斑虻属(*Chrysops*)。虻具有刮舐式口器,刮刺家畜皮肤吸血。头部大,呈半球形。复眼大,几乎占有头部的绝大部分,雄虫两复眼相互接近,雌虫两复眼分离,中间形成额带。触角3节,第3节末端上有4～5个环节。胸部3节,有翅1对和足3对。在翅脉的分布上,形成明显的中室,是由第二中脉与第三中脉及其间的横脉所围成。

(6)兽虱和食毛虱

①兽虱　虱目(Anoplura)昆虫以吸食哺乳动物的血液为生,故通称为兽虱。虫体背腹扁平,体长1～5 mm。头部较胸部为窄,呈圆锥形。触角短,通常由5节组成。口器刺吸式,不吸血时缩入咽下的刺器囊内。胸部3节,有不同程度的愈合;足3对,粗短有力,肢末端以跗节的爪与胫节的指状突相对,形成握毛的工具。腹部由9节组成。

②食毛虱　食毛目(Mallophaga)昆虫多数寄生于禽类羽毛上,故称羽虱;少数寄生于哺乳动物毛上,称毛虱。虫体扁平,体长0.5～1.0 mm。无翅,多扁而宽,少数细长。头部钝圆,其宽度大于胸部。咀嚼式口器。头部侧面有触角1对,由3～5节组成。胸部分前胸、中胸和后胸。中、后胸常有不同程度的愈合,每一胸节上着生1对足,足粗短,爪不甚发达。腹部由11节组成,但最后数节常变成生殖器。

2. 实验方法

(1)蜱、螨等的玻片标本用生物光学显微镜低倍镜观察;

(2)用肉眼或借助手持放大镜、体视解剖显微镜观察蜱、蝇蛆、虱等的浸渍标本、病理标本;

(3)取洁净的载玻片,在其中央滴一小滴疥螨和痒螨保存液(内含有螨),在螨保存液上盖以盖玻片,置显微镜低倍镜下检查。

附:螨病的实验室诊断技术

(1)病料的采取　疥螨、痒螨等大多寄生于动物的皮内或体表,应刮取皮屑,置于显微镜下,寻找虫体或虫卵。刮取皮屑时,应选择患病皮肤与健康皮肤交界处,这里的螨较多。先剪毛,然后用外科刀,使刀刃与皮肤表面垂直,刮取皮屑,刮至轻微出血为止。在野外进行工作时,为了避免风将刮下的皮屑吹走,在刀上先蘸一些甘油生理盐水或5%的氢氧化钠溶液,可使皮屑黏附在刀片上,将皮屑收集于平皿内即可带回实验室检查。

检查蠕形螨时,可用力挤压病变部位,挤出脓液,将脓液涂于载玻片上,加盖玻片后镜检。

(2)检查方法

①直接检查法　在没有显微镜的条件下,可将刮下的干燥皮屑,置于平皿或黑纸上,在日光下暴晒或用热水或炉火等对皿底或纸底面加热,用肉眼观察,可见白色虫体在黑色背景上移动。此法仅适用于体形较大的螨(如痒螨)。

②显微镜直接检查法　将刮下的皮屑放于载玻片上，滴加50%甘油水溶液或10%氢氧化钠溶液于病料上，涂片、镜检。

③虫体浓集法　当感染强度较低，不易检出时，可取较多的病料，置于10%氢氧化钠溶液中，浸泡过夜(如急待观察时，可在酒精灯上煮数分钟)，使皮屑溶解，虫体自皮屑中分离出来，沉淀后取沉渣，涂片、镜检。

④温水检查法　将病料浸入40～45℃的温水里，置恒温箱中，1～2 h后，将其倾入表面玻璃上，解剖镜下检查。活螨将在温热作用下，由皮屑内爬出，集结成团，沉于水底部。

⑤培养皿内加温法　将刮取的病料置于培养皿内，加盖。将培养皿放于盛有40～45℃温水的杯上，经10～15 min后，将皿翻转，则虫体与少量皮屑黏附于皿底，大量皮屑则落于皿盖上。取皿底检查；皿盖可继续放在温水杯上，再15 min后，仍可能有虫体黏附于皿盖底部，并可以反复进行如上操作。本法可在镜下收集到与皮屑分离的虫体，供制作玻片标本用。

如欲判断收集到的虫体是否存活(特别是在药物治疗后判断疗效)，可采用以上的①、④、⑤各法，看它们是否活动；也可以将收集到的虫体用油浸镜观察，活的虫体则可见其内部淋巴包含物的流动。

四、作业与思考题

1. 绘疥螨雄虫腹面图，并注明其各部构造名称。
2. 简述硬蜱和软蜱的主要形态特征和鉴别要点。
3. 疥螨和痒螨在形态上有何主要区别？
4. 绘牛皮蝇蛆、马胃蝇蛆、羊狂蝇蛆形态图，并注明其各部构造名称。

实验四十三　动物原虫病病原形态学观察

一、实验目的与要求

1. 掌握伊氏锥虫、弓形虫和牛双芽巴贝斯虫的主要形态特征及寄生部位。
2. 通过对球虫卵囊的形态观察，掌握艾美耳属和等孢属球虫卵囊的形态特征。
3. 了解肉孢子虫、贾第虫和结肠小袋纤毛虫的主要形态特征。

二、实验器材

1. 器械

生物光学显微镜、手持放大镜、眼科弯头镊、解剖针、培养皿、载玻片、盖玻片、胶头滴管、注射针头、剪刀、挂图、电视视频投影设备和多媒体设备等。

2. 材料

(1)浸渍标本　肉孢子虫、球虫卵囊等。

(2)玻片染色标本 伊氏锥虫、弓形虫滋养体、双芽巴贝斯虫、环形泰勒虫等。

(3)其他 姬氏染粉、瑞氏染粉、甘油、甲醇、重铬酸钾、甲醛、香柏油、擦镜纸、二甲苯(或乙醚/乙醇混合液)等。

三、实验内容与方法

1. 实验内容

(1)伊氏锥虫 伊氏锥虫(*Trypanosama evansi*)寄生于动物的血浆和造血器官内。虫体呈纺锤形或柳叶形,长 18～34 μm,宽 1～2 μm,两端尖,体前端比后端更尖。细胞核位于虫体中央,椭圆形。距虫体后端约 1.5 μm 处有一小点状动基体。靠近动基体为一生毛体,自生毛体生出 1 根鞭毛,沿虫体伸向前方并以波动膜与虫体相连,最后游离,成为游离鞭毛。在压滴血液标本中,原地运动时相当活泼,而前进运动时比较迟缓。在姬氏染色的血片中,核与动基体呈深红紫色,鞭毛呈红色,波动膜呈粉红色,原生质呈淡天蓝色,宿主的红细胞则呈鲜明的粉红稍带黄色。

(2)弓形虫 弓形虫(*Toxoplasma gondii*)寄生于人和动物的细胞内。在其全部生活史中可出现数种不同的形态。速殖子呈弓形、月牙形或香蕉形,一端稍尖,一端钝圆,核在中央或稍偏于钝端,平均大小为(4～7)μm×(2～4)μm。经姬氏液或瑞氏液染色,胞浆呈淡蓝色,核呈深蓝紫色。速殖子或游离于腹腔液中,或在各种细胞内。包囊见于慢性病例的脑、骨骼肌、心肌和视网膜等处,包囊呈卵圆形,有较厚的囊膜,囊中的慢殖子有数十个至数千个。包囊的直径为 50～60 μm,可在患者体内长期存在,并随虫体的繁殖而逐渐增大,可大至 100 μm。包囊在某些情况下可破裂,虫体从包囊中逸出后进入新的细胞内繁殖,再形成新的包囊。在机体内脑组织的包囊数可占包囊总数的 57.8%～86.4%。裂殖体、配子体和卵囊等寄生在猫科动物体内。

(3)牛双芽巴贝斯虫 牛双芽巴贝斯虫(*Babesia bijemina*)寄生于牛红细胞内,是一种大型虫体。虫体长度大于红细胞半径,其形态有梨籽形、圆形、椭圆形及不规则形等。典型虫体的形状是成双的梨籽形虫体以其尖端相连构成锐角;虫体多位于红细胞的中央,每个红细胞内虫体数目为 1～2 个,很少有 3 个以上的。红细胞染虫率为 2%～15%。虫体经姬氏液染色后,胞浆呈淡蓝色,染色质呈紫红色。虫体形态随病的发展而变化,虫体开始出现时以单个虫体为主,随后双梨籽形虫体所占比例逐渐增多。

(4)牛环形泰勒虫 牛环形泰勒虫(*Theileria annulata*)寄生于红细胞内的虫体称为血液型虫体(配子体),虫体很小,形态多样。有圆环形、杆形、卵圆形、梨籽形、逗点形、圆点形、十字形、三叶形等各种形状。典型虫体的形状是环形虫体呈戒指状,染色质一团,居虫体一侧边缘上。经姬氏液染色后,原生质呈淡蓝色,染色质呈红色。

寄生于巨噬细胞和淋巴细胞内进行裂殖生殖所形成的多核虫体为裂殖体(或称石榴体或柯赫氏蓝体)。裂殖体呈圆形、椭圆形或肾形,位于淋巴细胞或巨噬细胞胞浆内,或散在于细胞外。经姬氏液染色后,虫体胞浆呈淡蓝色,其中包含许多红紫色颗粒状的核。裂殖体有两种类型,一种为大裂殖体(无性生殖体),体内含有直径为 0.4～1.9 μm 的染色质颗粒;另一种为小裂殖体(有性生殖体),含有直径为 0.3～0.8 μm 的染色质颗粒。

(5)球虫卵囊 球虫分布极为广泛,各种家畜都有其专性寄生的球虫,不相互感染。球虫卵囊呈椭圆形、圆形、卵圆形等不同形状。囊壁有两层,外层为保护性膜,结实,有较大的弹性,化学成分类似角蛋白；内层是由大配子在发育过程中形成的小颗粒物质构成的，化学成分属类脂质；原生质呈颗粒状；某些种的卵囊有卵膜孔，有的卵囊内膜突出于卵膜孔外形成极帽。根据球虫生活史的宿主体外阶段——孢子化卵囊的构造，卵囊中孢子囊的有无、数目和每个孢子囊内所含子孢子数目将球虫分为不同的属，与动物关系密切的有5个属。

①艾美耳属(*Eimeria*) 每个孢子化卵囊内含有4个孢子囊，每个孢子囊内含有2个子孢子，主要是牛、羊、马、骆驼和猪等的球虫。

②等孢属(*Isospora*) 每个孢子化卵囊内含有2个孢子囊，每个孢子囊内含有4个子孢子，主要是猫、犬的球虫，亦见于猪。

③泰泽属(*Tyzzeria*) 无孢子囊，8个子孢子直接处于卵囊内，鸭和鹅的球虫。

④温扬属(*Wenyonella*) 每个孢子化卵囊内含有4个孢子囊，每个孢子囊内含有4个子孢子，主要是鸭和鸡的球虫。

⑤隐孢子虫属(*Cryptosporidium*) 无孢子囊，4个子孢子直接处于卵囊内，为人、牛和禽类的常见寄生虫。

(6)鸡住白细胞虫 鸡住白细胞虫寄生于鸡的白细胞(主要是单核细胞)和红细胞内，常见的有卡氏住白细胞虫(*Leucocytozoon caulleryi*)和沙氏住白细胞虫(*L. sabrazesi*)两种。卡氏住白细胞虫成熟的配子体近于圆形，大小为15.5 μm×15.0 μm。宿主细胞为圆形，细胞核被压挤成一深色狭带，围绕虫体。沙氏住白细胞虫成熟配子体为长形，大小为24 μm×4 μm。宿主细胞变形为纺锤形，细胞核被虫体挤压至一侧。

(7)火鸡组织滴虫 火鸡组织滴虫(*Histomonas meleagridis*)寄生于禽类盲肠和肝脏内，为多形性虫体，大小不一，近圆形或变形虫形，无包囊阶段。盲肠腔中虫体的直径为5～16 μm，常见1根鞭毛；在肠和肝组织中的虫体无鞭毛，初侵入者8～17 μm，生长后可达12～21 μm，陈旧病变中的虫体仅4～11 μm，存在于吞噬细胞中。

(8)肉孢子虫的孢子囊 已报道的肉孢子虫有100种以上，其常见的有猪肉孢子虫(*Sarcocystis miescheriana*)、牛肉孢子虫(*S. fusiformis*)、羊肉孢子虫(*S. tenella*)及人肉孢子虫(*S. lindemanni*)等。肉孢子虫寄生于宿主的肌肉内，形成与肌纤维平行的包囊(称为米氏囊)，多呈纺锤形、圆柱形或卵圆形，色灰白至乳白，小的肉眼难以看到，大的可达数厘米。囊壁由两层组成，内壁向囊内延伸，构成很多中隔，将囊腔分成若干小室。发育成熟的包囊，小室中包藏着许多肾形或香蕉形的慢殖子，又称南雷氏小体，长10～12 μm，宽4～9 μm，一端稍尖，一端偏钝。

(9)结肠小袋虫 结肠小袋虫(*Balantidium coli*)主要感染猪和人，有时也感染牛和羊，寄生于宿主结肠内。各种动物结肠小袋纤毛虫形态基本相似，从新鲜粪便中可见两种形态：活动期虫体(滋养体)能运动，呈卵圆形、椭圆形或梨形，大小为(30～150)μm×(25～120)μm；前有胞口，后有胞肛(肛孔)，内有大核、小核，胞浆中有空泡和食物泡等结构，全身覆有纤毛，胞口附近的纤毛较长；非活动期虫体(包囊)不能运动，呈球形或卵圆形，直径40～60 μm，有两层囊膜，囊内包藏着一个虫体。

2. 实验方法

(1)伊氏锥虫、弓形虫滋养体、双芽巴贝斯虫、环形泰勒虫等玻片标本用生物光学显微镜油镜观察；

(2)用手持放大镜和体视解剖显微镜观察动物肉孢子虫等浸渍标本和病理标本；

(3)取洁净的载玻片,在其中央滴一小滴球虫卵囊保存液(内含有球虫卵囊),在球虫卵囊保存液上覆以盖玻片,置显微低倍镜或高倍镜下检查。

附:血液内原虫的检查

用消毒过的注射针头自耳静脉或颈静脉采取血液。此法适用于检查寄生于血液中的伊氏锥虫、梨形虫和住白细胞虫等。常用的检查方法如下:

(1)鲜血压滴标本检查　将血液滴于载玻片上,加等量生理盐水,混合均匀后,覆以盖玻片,立即放显微镜下用低倍镜检查,发现有运动的可疑虫体时,再换高倍镜检查。冬季室温过低时,应先将载玻片在酒精灯上或炉旁略加温,以保持虫体的活力。由于虫体未染色,检查时应使视野中的光线弱些。本法适用于检查伊氏锥虫。

(2)涂片染色标本检查　将血液滴于载玻片的一端,按常规推制成薄血片,并使晾干。滴甲醇 2～3 滴于血膜上,使其固定,然后用姬氏或瑞氏液染色,油浸镜头检查。本法适用于检查各种血液原虫。

(3)虫体浓集法　当血液中的虫体较少时,可先进行离心集虫,再行制片检查。其操作方法是:在离心管中加 2%柠檬酸钠生理盐水 3～4 mL,再加血液 6～7 mL;混匀后,500 r/min 离心 5 min,使其中大部分红细胞沉降;将含有少量红细胞、白细胞和虫体的上层血浆,用吸管移入另一离心管中,补加一些生理盐水,2 500 r/min 离心 10 min,取其沉淀物制成抹片,染色检查。此法适用于检查锥虫和梨形虫。其原理是:锥虫和感染有梨形虫的红细胞体积质量较轻,在第 1 次沉淀时,正常红细胞下沉,而锥虫和感染有梨形虫的红细胞尚悬浮在血浆中。第 2 次离心沉淀时则沉于管底。

四、作业与思考题

1. 绘伊氏锥虫(寄生于动物血浆内)或弓形虫滋养体形态图,并注明其各部构造名称。
2. 简述牛双芽巴贝斯虫和牛环形泰勒虫的主要形态特征。
3. 绘艾美耳属球虫的孢子化卵囊形态图,并注明其各部构造名称。
4. 寄生于动物体内的 5 个属球虫孢子化卵囊在形态上有何主要区别?

实验四十四　动物血吸虫病实验室诊断技术

一、实验目的与要求

1. 掌握毛蚴孵化、环卵沉淀和间接血凝试验的操作技术。
2. 了解斑点酶联免疫吸附试验的原理和操作过程。

二、实验器材

1. 器械

光学显微镜、恒温培养箱、冰箱、塑料量杯、玻璃棒、铜筛(40 目)、尼龙筛兜(260 目)、塑料袋、长颈烧瓶(或三角瓶,500 mL)、天平、有盖方盘、手术剪、镊子、2 mL 一次性注射器、胶头滴管、载玻片、盖玻片、蜡杯、酒精灯、计数器、96 孔微量血凝板、25 μL 和 100 μL 微量移液器、5 mL 或 10 mL 试管、试管夹、100 mL 烧杯、100 mL 量筒、60 mL 棕色试剂瓶等。

2. 材料

新鲜动物粪便、待检动物血清、血吸虫冻干虫卵、血吸虫病血凝抗原、三联斑点酶联免疫吸附诊断试剂盒、脱脂棉、玻璃蜡、中性滤纸(2.5 cm×2.5 cm)、小纸片、标准阳性血清、标准阴性血清、生理盐水、蒸馏水、磷酸盐缓冲液(PBS,pH 7.2)、吐温-20、pH 6.8～7.2 且温度为 20～30℃的灭菌自来水(脱氯处理)等。

三、实验内容与方法

1. 毛蚴孵化法

原理:毛蚴孵化法是将含有血吸虫卵的粪便在适宜的温度条件下进行孵化,待毛蚴从虫卵内孵出来后,借着毛蚴向上、向光、向清的特性进行观察。由于毛蚴又具有在水面下直线游动的习性,即使在粪便中虫卵很少时,也能检查到毛蚴,其检出率比直接检查虫卵的方法高得多。

操作步骤:

(1)常规孵化法(又称沉浮法)　取待检粪便(尽量取带有黏液或血液的部分)100 g,置 500 mL 容器内,加水调成糊状,经 40 目或 60 目铜丝筛过滤,收集滤液;静置沉淀,之后将上清液倒掉,再加清水搅匀,沉淀。如此反复 3 或 4 次。第一次沉淀时间约为 30 min,以后 20 min 即可。最后将上述反复淘洗后的沉淀材料加 30℃的温水置于三角烧瓶内,瓶口用中央插有玻璃管的胶塞塞上(杯内的水量以至杯口 2 cm 处为宜,且使玻璃管中必须有一段露出的水柱),之后放入 25～30℃的恒温培养箱中孵化。30 min 后开始观察水柱内是否有毛蚴;如果没有毛蚴,以后每隔 1 h 观察 1 次,观察数次。任何一次发现毛蚴,即可停止观察。

毛蚴为灰白色、折光性强的梨形小虫,似针尖大小,多在距水面下方 4 cm 以内的水中做水平的或略斜向的直线运动,或沿管壁绕行。可疑时,可用胶头滴管吸出在显微镜下观察。有时混有纤毛虫,其颜色也为白色,需加以区别。小型纤毛虫呈不规则螺旋形运动或短距离摇摆;大型纤毛虫呈波浪式或反转运动。

也可将粪便滤液倒入 260 目锦纶筛兜内,加水充分淘洗,直到滤出液变清为止;将锦纶筛兜内粪渣倒入 500 mL 三角烧瓶内进行孵化。

(2)棉析毛蚴孵化法(简称棉析法)　取粪便 50 g,经反复淘洗或锦纶筛兜淘洗后,将粪渣移入 500 mL 的平底孵化瓶中,灌注 25℃的清水至瓶颈下部,在液面上方塞一薄层脱脂棉,大小以塞住瓶颈下部不浮动为宜,再缓慢加入 20℃清水至瓶口 1～3 mm 处。如棉层上面水中有粪便浮动,可将这部分水吸去再加清水。然后进行孵化。

这种方法的优点是粪便只需略微淘洗或不淘洗就可装瓶孵化,毛蚴出现后可集中在棉花上层有限的清水水域中,可和下层浑浊的粪液隔开,因而便于毛蚴的观察。

除以上常规孵化法和棉析法外，有些地区尚采用湿育孵化法、塑料杯顶管孵化法等。

2. 环卵沉淀试验

(1)原理　环卵沉淀试验(circumoval precipitin test，COPT)是以血吸虫全卵为抗原的特异免疫血清学试验，卵内毛蚴或胚胎分泌排泄的抗原物质经卵壳微孔渗出与检测血清内的特异抗体结合，可在虫卵周围形成特殊的复合物沉淀，在光镜下判读反应强度并计数反应卵的百分率称环沉率。

(2)操作步骤　取载玻片，在其中央横轴两侧涂2条平行蜡，蜡间距离与盖玻片宽度相同；用滴管吸取被检动物血清1～2滴(约25 μL)，用针挑取虫卵约100个，放入血清中，并用针搅拌，使虫卵散开，盖好盖玻片，四周用蜡封闭；将制好的玻片放入湿盒(在有盖盘中预先放置一层纱布)，置37℃温箱中培养；48 h后，取出切片在显微镜下观察，记录环沉情况，并计算环沉率。

(3)判定标准

①环沉判定标准　块状反应物面积大于1/8而小于1/2虫卵面积或索状反应物大于1/3而小于1/2虫卵长径，记为“＋”或“＋＋”；块状反应物面积大于1/2虫卵面积或索状反应物大于1/2虫卵长径，记为“＋＋＋”或“＋＋＋＋”。

②阳性判定标准　环沉率达5%者为阳性，环沉率＝(全片阳性反应卵数/全片虫卵数)×100%。

3. 间接血凝试验

(1)原理　间接血凝试验(indirect haemagglutination test，IHA)是以甲醛和鞣酸处理过的绵羊红细胞或“O”型人红细胞为载体，将血吸虫虫卵或成虫抗原吸附于载体上，当受检动物血清中存在相应的抗体时，红细胞会因抗原—抗体的结合而被动呈现凝集现象。IHA操作简便，敏感性高，适于现场使用，可作为辅助诊断患病动物、流行病学调查及综合查病方法。

操作步骤：用微量移液器在血凝板左边第1、2、3孔内分别加入生理盐水100 μL、25 μL、25 μL；在第1孔内加入被检血清25 μL，混匀，使血清成1∶5稀释；吸取25 μL第1孔的血清稀释液，加入第2孔，混匀，此孔血清成1∶10稀释；吸取25 μL第2孔的血清稀释液，加入第3孔，混匀，此孔血清成1∶20稀释，然后吸取25 μL此孔血清稀释液丢弃；如有多份样本，每个样本均按上述操作处理；阳性对照和阴性对照采用标准血清也按上述操作处理。另外，用生理盐水设空白对照；用移液器吸取血吸虫病血凝抗原，在各个样本和对照的1∶10和1∶20的稀释孔分别加25 μL，振荡混匀，置于37℃条件下。当空白或阴性血清两孔的血细胞全部沉于孔底中央(无圆形红点或仅有小的圆形红点)时，即可判定诊断结果。

(2)判定标准

①反应强度判定　红细胞全部下沉到孔底中央，形成紧密红色圆点，周缘整齐为阴性“－”；红细胞少量沉于孔底中央，形成一较小的红色圆点，周围有少量凝集红细胞为弱阳性“＋”；红细胞半数沉于孔底中央，形成一更小的红色圆点，周围有一层淡红色凝集红细胞为阳性“＋＋”；红细胞75%以上散于孔底斜面，形成一层淡红色薄层为强阳性“＋＋＋”；红细胞全部凝集，均匀散于孔底斜面，形成一层淡红色薄层为强阳性“＋＋＋＋”。

②阳性血清测定　以血清1∶10稀释孔出现阳性(包括弱阳性)时被检血清判定为血吸虫病畜阳性。

4. 斑点酶联免疫吸附试验

(1)原理 斑点酶联免疫吸附试验(Dot-ELISA)是在 ELISA 技术基础上发展起来的一种技术，选用对蛋白质有强烈吸附能力的硝酸纤维素薄膜做固相载体，底物经酶促反应后形成有色沉淀物使薄膜着色，然后目测或用光密度扫描仪定量。Dot-ELISA 既可用来检测抗体，也可用来检测抗原，由于该法检测抗原时操作较其他免疫学试验简便，故目前多用于抗原检测。

(2)试剂准备 本实验采用三联斑点酶联免疫吸附诊断试剂盒(浙江省农业科学院畜牧兽医研究所研制)，试剂盒内有试剂 1、2、3、4、5，试剂 6、7、8、9、10 需现配现用，配置方法如下：试剂 6：1 包试剂 1 配 500 mL 生理盐水，溶解后加入 2 mL 吐温-20，混匀；试剂 7：1 包试剂 2 配 500 mL 生理盐水，溶解后即成；试剂 8：量取 25 mL 试剂 6 倒入烧杯中，将试剂 3 纸片浸入即成；试剂 9：吸取 5 mL 试剂 6 加入试剂 4 中，待溶解后倒入烧杯中，再量取 20 mL 试剂 6 洗试剂 4 瓶 3 次，倒入烧杯中，混匀即成；试剂 10：量取 40 mL 试剂 7 倒入烧杯中，将试剂 5 加入，置 37℃温箱避光溶解后，取出在室温下置于避光容器中(棕色瓶)中待用。

(3)操作步骤

①用记号笔在试管上标好待检血清号码，用铅笔在诊膜右端标上待检血清号码，用剪刀将膜条剪下，放入相应试管中。

②分别在每个试管中加入 1.5 mL 的试剂 6。

③分别在每个试管中加入 4 μL 相应编号的待检血清，轻轻摇晃。

④将摇匀的试管置于 37℃温箱中孵育 50～60 min，每隔 20 min 轻轻摇动试管 1 次。

⑤取烧杯 1 只，加入约 40 mL 试剂 6，用镊子将每只试管中膜夹出，放入盛有试剂 6 的烧杯中，每隔 2 min。轻轻摇动洗涤 1 次，共计 3 次。

⑥洗涤好的膜用镊子夹出，放在滤纸上吸去膜表面水后，放入盛有试剂 8 的烧杯中，用镊子翻动膜，使其充分接触液体，然后，置于 37℃温箱中反应 50～60 min，隔 25 min 用镊子翻动膜 1 次。

⑦反应结束后洗涤膜 3 次，方法同⑤。

⑧用滤纸吸去膜表面水后，将膜放入盛有试剂 9 的烧杯中，用镊子翻动膜，使膜浸在液体中，置于 37℃温箱中反应 40 min，隔 25 min 用镊子翻动膜 1 次。

⑨反应结束后洗涤膜 3 次，方法同⑤和⑦。

⑩用可调微量移液器吸取 30%过氧化氢 40 μL，加入盛有试剂 10 的烧杯中摇匀后，迅速用滤纸吸去膜表面水，放入烧杯中，轻轻摇动，待有任一清晰斑点出现后终止反应。

⑪将烧杯中的反应液弃去，用自来水充分洗涤至水清为止。然后判定结果。

(4)判定标准

①反应强度判定 深棕色为“＋＋＋＋”，浅棕色为“＋＋＋”，黄色为“＋＋”，浅黄色为“＋”，稍有黄色为“±”，无色为“－”。

②阳性血清判定 凡出现“＋”即可判为阳性血清。

附：日本血吸虫动物模型的建立

通过建立日本血吸虫动物模型可以加深学生对血吸虫感染后其寄生部位和病变特点的理解，还可为教学和科研提供病原材料。操作方法：①实验动物：通常用 2 kg 左右的家兔，也可用 20 g 左右的小鼠或 1 kg 左右的豚鼠。②尾蚴逸出：将阳性钉螺 10～20 只放于 100 mL 三角烧瓶中，瓶中注满冷开水，瓶口覆以纱网，以防钉螺爬出。然后置于 25℃温箱中孵育 4 h 左右,尾蚴从钉螺体内陆续逸出,浮于水面。③动物感染:将家兔四肢固定于解剖台上,腹部朝上,刮去腹毛约 5 cm×5 cm 大小,用棉签蘸水湿润皮肤。用接种环挑取浮于水面的尾蚴于盖玻片上,在低倍镜下计数尾蚴数量,将 500～1 000 条尾蚴的盖玻片翻转贴于家兔刮去腹毛的腹部,滴加清水于盖玻片四周以保持湿润,水量不能太多,以免外流。15～20 min 后用镊子取下盖玻片,松绑家兔放笼内饲养。感染 40 d 即能在粪便中检获虫卵。操作要小心,以避免操作者接触感染。

四、作业与思考题

1. 日本血吸虫病血清学诊断方法有哪些优缺点?
2. 简述毛蚴孵化法的操作过程。
3. 为什么日本血吸虫病的病原学诊断采用毛蚴孵化法?

实验四十五 隐孢子虫病的诊断

一、实验目的与要求

1. 掌握隐孢子虫感染的临床诊断方法。
2. 初步掌握隐孢子虫病 PCR 和套式 PCR 诊断技术。

二、实验器材

1. 器械

煮沸消毒锅、注射器(1 mL、5～10 mL)、注射针头、灭菌乳钵、剪刀、镊子、微量加样器、电泳仪、电泳槽、凝胶成像系统、恒温培养箱、低温冷冻离心机、高速离心机、超净工作台、常温离心机、PCR 扩增仪、恒温循环水浴槽和生物光学显微镜等。

2. 材料

奶牛粪样(隐孢子虫阳性)、DNA 提取试剂盒、PCR 试剂盒和 DNA Marker 等。

三、实验内容与方法

1. 临床诊断

隐孢子虫病是一种呈世界性分布的人畜共患病。隐孢子虫能引起哺乳动物(特别是犊牛、羔羊和仔猪)的严重腹泻和禽类的剧烈呼吸道症状。根据流行病学、临床症状和病理变化可以进行初步诊断,但确诊必须依靠实验室诊断。

(1)流行病学 隐孢子虫可以感染从热带到温带的 170 余种动物。宿主之间直接接触或因环境、食物、饮水的间接污染而造成卵囊传播。人和畜禽的主要感染方式为粪便中卵囊污染食物和饮用水,经消化道而发生感染;家禽也可经呼吸道感染。由于隐孢子虫发育过程中产生薄壁型卵囊，因而可造成宿主的自体循环感染。隐孢子虫还可以穿过血脑屏障，引起颅腔内部感染，严重者危及生命。

(2)临床症状　人和哺乳动物的隐孢子虫病主要是由小隐孢子虫(*Cryptoporidium parvum*)引起的。潜伏期为 3～7 d。主要临床症状为精神沉郁，厌食，腹泻，粪便带有大量的纤维素，有时含有血液。患畜生长发育停滞，极度消瘦，有时体温升高。羊的病程为 1～2 周，病死率可达 40%；牛的病死率可达 16%～40%，尤以 4～30 日龄的犊牛和 3～14 日龄的羔羊病死率更高。家禽的隐孢子虫病主要是由贝氏隐孢子虫(*Cryptoporidium baileyi*)引起的。潜伏期为 3～5 d。其主要症状为呼吸困难、咳嗽、打喷嚏。病禽饮、食欲锐减或废绝，体重减轻或死亡。

(3)病理变化　病理剖检的主要特征为空肠绒毛层萎缩和损伤，肠黏膜固有层中的淋巴细胞、浆细胞、嗜酸性白细胞和巨噬细胞增多，呈现出典型的肠炎病变，在这些病变部位可发现大量的隐孢子虫内生性发育阶段的各期虫体。

2. 隐孢子虫卵囊检查

隐孢子虫卵囊较小，仅(5～8)μm×(4.5～5.6)μm，常进行染色，以便卵囊的识别。现介绍改良抗酸染色法如下：

取 5 g 新鲜粪样于烧杯中，加入 10 倍于粪便体积的水，搅匀，经四层纱布过滤，将滤液置于离心管中，3 000 r/min 离心 10 min。倾去上清液，用胶头滴管将所留沉渣混匀，吸取粪液，滴一滴于载玻片上，用竹签或火柴棒涂布均匀，待粪膜自然晾干，滴上甲醇固定。粪涂片干燥后先滴加改良抗酸Ⅰ液(碱性复红 4 g，苯酚 8 mL，95%乙醇 20 mL，dH_2O 100 mL)，10 min 后水洗；滴加改良抗酸Ⅱ液(浓硫酸 10 mL，dH_2O 90 mL)，1 min 后水洗；滴加改良抗酸Ⅲ液(原液：孔雀绿 2 g，蒸馏水 100 mL，工作液：原液 1 mL，蒸馏水 10 mL)，1 min 后水洗。自然晾干后置于 1 000 倍油镜下检查。卵囊染成玫瑰红色，背景为蓝绿色。

3. PCR 和套式 PCR 方法

应用 PCR 方法进行隐孢子虫感染的检测，卵囊的纯化、模板 DNA 的制备和引物的设计是 3 个最重要的环节。

套式(Nested)PCR 是根据靶向扩增序列设计出初始 PCR 引物，其产物再经过第二套引物扩增到特异性大小的 DNA 片段，从而达到检测的目的。该方法与 PCR 相比有更高的敏感性和特异性。由于隐性感染动物粪便和饮水中隐孢子虫卵囊含量较少，应用套式 PCR 方法可以提高其检出率。根据隐孢子虫 18S rDNA 序列，设计出隐孢子虫属特异性的 PCR 初始引物和隐孢子虫种特异性引物，可扩增 540 bp 和 250 bp DNA 片段。

(1)隐孢子虫卵囊的分离和纯化

①饱和蔗糖溶液的配制：蔗糖 500 g，苯酚 6.7 mL，蒸馏水 320 mL。

②粪样加水搅拌均匀后分别经过 60 目铜丝筛和 260 目锦纶筛兜过滤，滤液于塑料杯中静置 1 h，弃去上清液，沉渣 3 000 r/min 离心 15 min，收集沉淀。

③1∶2 蔗糖液粗提：取 1∶2 蔗糖液于离心管中，沿管壁缓缓加入 2 倍体积的上述沉淀样品，3 000 r/min 离心 10 min。吸取中层液体于烧杯中，与 10 倍体积的 PBS 混匀，3 000 r/min 离心 10 min，沉淀用 PBS 悬浮。

④1∶3 蔗糖液粗提：取 1∶3 蔗糖液 5 mL 于离心管中，沿管壁缓缓加入 2 mL 的样品，3 000 r/min 离心 10 min。吸取中层液体于烧杯中，与 10 倍体积的 PBS 混匀，3 000 r/min

离心 10 min,沉淀用 PBS 悬浮。

⑤蔗糖密度梯度离心纯化卵囊:取 1∶3.5 蔗糖液 3 mL 于离心管中,沿管壁缓缓加入 1∶5 蔗糖溶液 2 mL,随即加入 2 mL 粗提液,3 000 r/min 离心 15 min。吸取 1∶3.5 和 1∶5 蔗糖溶液之间的卵囊层于另一离心管中,立即加入 10 倍体积的 PBS,混匀,3 000 r/min 离心 10 min,沉淀用 PBS 洗涤 2 次,PBS 悬浮,加入等体积的 5%K_2CrO_4,4℃保存备用。

(2)隐孢子虫的 DNA 提取　卵囊沉淀用 100 μL 裂解液悬浮,反复冻融(−70℃,常温各 10 min)3 次,90℃水浴 20 min,13 000 r/min 离心 5 min,取上清液−20℃保存备用。

(3)隐孢子虫引物序列设计　根据本实验室资料,设计隐孢子虫 18S rRNA 序列引物:

PCR 引物:

WL1:5′-GGG TTG TAT TTA TTA GAT AAA GAA C-3′

WL2:5′-CTT TAA GCA CTC TAA TTT TCT C-3′

套式 PCR 引物:

WL3:5′-AAA TAA CAA TAC AGG GCC TAA CG-3′

WL4:5′-CAA AGT AAA GTT TCC TAT ATA TTT AG AA-3′

预计 PCR 扩增片段为 540 bp,套式 PCR 扩增片段为 250 bp。

(4)PCR 和套式 PCR 反应　PCR 和套式 PCR 反应体系如表 6-1 所示。

表 6-1　PCR 和套式 PCR 反应体系

成分	体积/μL	终浓度
ddH_2O	14.75	
10×PCR 缓冲液	2.5	1×
4×dNTPs(各 2.5 mmol/L)	2	200 μmol/L
上、下游引物(50 μmol/L)	各 1	2 μmol/L
Taq 酶(1 U/μL)	0.25	2 U
模板 DNA	3	
$MgCl_2$	1.5	
总体积	25.0	

同时设阳性对照和空白对照。反应在 PCR 仪上进行。

将上述反应体系低速离心数秒钟后,进行 PCR 扩增反应。反应条件为:94℃预变性 3 min;94℃变性 1 min,52℃退火 2 min,72℃延伸 2 min,30 个循环;72℃延伸 7 min。

套式 PCR 反应同 PCR,区别仅仅是引物不同。

(5)结果判定　取扩增产物在 1%琼脂糖凝胶(含 0.5 μg/mL EB)中电泳。电泳完毕,观察结果,进行结果判定。PCR 阳性对照可见分子量大小约 540 bp 的条带,检样如有同样大小条带判为阳性;套式 PCR 阳性对照可见分子量大小约 250 bp 的条带,检样如有同样大小条带判为阳性;阴性对照不见扩增条带。

(6)注意事项

①DNA 提取时,吸取上清液应注意勿将下层沉淀物吸入,以免带入杂质,但也不要余下太多上清液,致使 DNA 损失较多。

②电泳时,加样前需赶走点样孔中的气泡,点样时吸管头垂直,切勿碰坏凝胶孔壁,避免使

带形不整齐。

③凝胶中含有 EB(有潜在的致癌性),不要直接用手接触凝胶,操作时要戴上手套。废弃胶应集中处理,切勿乱丢。

四、作业与思考题

1. 为什么要用蔗糖密度梯度法离心纯化隐孢子虫卵囊?
2. 根据实验结果,写出一份隐孢子虫病诊断报告。

(徐前明)

第七章
兽医公共卫生学实验

实验四十六　动物性食品中菌落总数的测定

一、实验目的与要求

1. 掌握动物性食品中菌落总数测定的原理、步骤和方法。
2. 了解动物性食品菌落总数的卫生标准，并进行卫生评定。

二、实验原理

菌落总数是指动物性食品检样经过处理，在一定条件下培养后，所得 1 mL(g) 检样中所含菌落的总数。

每种细菌都有它一定的生理特性。培养时，应用不同的营养条件及其他生理条件（如温度、培养时间、pH、需氧性等）去满足其要求，才能分别将各种细菌培养出来。但实际工作中，一般都只用一种常用的方法进行菌落总数的测定，所得结果只包括一群能在营养琼脂上发育的嗜中温性需氧的菌落总数。

菌落总数主要作为判定食品污染程度的标志，也可以应用这一方法观察细菌在食品中繁殖动态，以便对被检样品进行卫生学评价时提供依据。

三、实验器材

1. 器械

冰箱（2～5℃），恒温培养箱（36±1）℃、恒温水浴锅（46±1）℃、天平（感量为 0.1 g）、均质器或灭菌乳钵、振荡器、无菌吸管 1 mL（具 0.01 mL 刻度）、无菌吸管 10 mL（具 0.1 mL 刻度)、无菌锥形瓶(容量 250 mL、500 mL)、无菌培养皿(直径 90 mm)、精密 pH 试纸、放大镜或/和菌落计数器、无菌玻璃珠(直径为 5 mm)、无菌试管(16 mm×160 mm)、灭菌刀、剪子、镊子等。

2. 材料

平板计数琼脂培养基、磷酸盐缓冲液、0.85%无菌生理盐水、75%乙醇。

四、实验内容与方法

(一)检验程序

见图 7-1。

(二)操作步骤

1. 检样稀释及培养

(1)以无菌操作将检样 25 g(或 25 mL)剪碎放于含 225 mL 无菌生理盐水或磷酸盐缓冲液的无菌锥形瓶(瓶内预置适当数量的玻璃珠)或无菌乳钵内,经充分振摇或研磨做成 1∶10 的均匀稀释液。固体检样在加入稀释液后,最好置于灭菌均质器中以 8 000～10 000 r/min 的速度处理 1～2 min,做成 1∶10 的均匀稀释液。

(2)用 1 mL 无菌吸管吸取 1∶10 稀释液 1 mL,沿管壁缓慢注入含有 9 mL 无菌生理盐水或磷酸盐缓冲液的无菌试管内(注意吸管尖端不要触及管内稀释液面),振摇试管或换用 1 支无菌吸管反复吹打使其混合均匀,制成 1∶100 的稀释液。

(3)另取 1 mL 无菌吸管,按(2)方法,做 10 倍递增稀释液,如此每递增稀释一次,即换用一支 1 mL 的无菌试管。

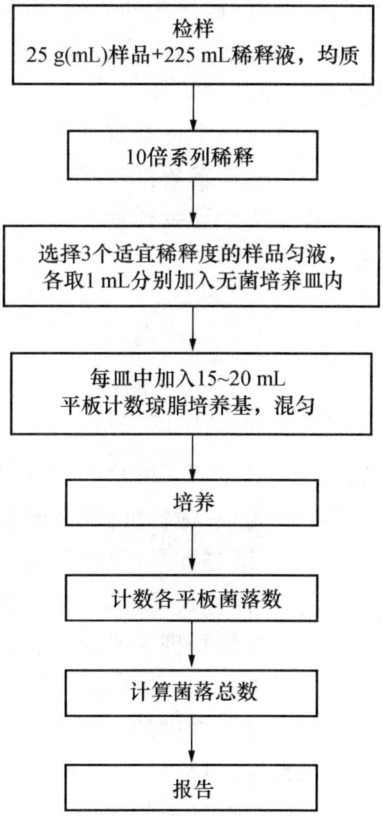

图 7-1 菌落总数的检验程序

(4)根据食品卫生标准要求或对标本污染情况的估计,选择 3 个适宜稀释度的样品匀液(液体样品可包括原液),分别在做 10 倍递增稀释的同时,即以吸取该稀释度的吸管移 1 mL 稀释液于无菌培养皿内(从皿侧加入,不要揭去皿盖),最后将吸管直立使液体流毕,并在皿底干燥处再擦一下吸管尖将余液排出,而不要吹出。每个稀释度应做两个培养皿。同时,分别吸取 1 mL 空白稀释液加入两个无菌培养皿作空白对照。

(5)稀释液移入培养皿后,应及时将凉至(46±1)℃平板计数琼脂培养基[可放置于(46±1)℃恒温水浴中保温]注入培养皿约 15 mL,并转动平皿使混合均匀。

(6)待琼脂凝固后,翻转平板,置于(36±1)℃温箱内培养(48±2)h。

2. 菌落计数方法

做平板菌落计数时,可用肉眼观察,必要时用放大镜检查,以防遗漏。记录各平板的菌落数后,求出同稀释度的各平板平均菌落的总数。菌落计数以菌落形成单位(colony-forming units,CFU)表示。

3. 菌落计数的报告

(1)平板菌落的选择　选取菌落数在30～300 CFU的平板作为菌落总数的测定标准。一个稀释度使用两个平板,应采取两个平板的平均值,其中一个平板有较大片状菌生长时,则不宜采用而应以无片状菌落生长的平板作为该稀释度的菌落数;若片状菌落不到平板的一半,而其余一半中菌落又很均匀,即可以计算半个平板后乘以2以代表全皿菌落数。平板内若有链状菌落生长时(菌落之间无明显界线),若仅有一条链,可视为一个菌落;如果有不同来源的几条链,则应将每条链作为一个菌落。

(2)稀释度的选择

①若只有一个稀释度平板上的菌落数在30～300 CFU,计算两个菌落数的平均值,再将平均值乘以稀释倍数报告之(附录四表1中例1)。

②若有两个连续稀释度,其生长的菌落数均在30～300 CFU,则按公式计算(附录四表1中例2)。

$$N=\frac{\sum C}{(n_1+0.1n_2)d}$$

式中:N——样品中菌落数;

$\sum C$——平板(含适宜范围菌落数的平板)菌落数之和;

n_1——第一稀释度(低稀释倍数)平板个数;

n_2——第二稀释度(高稀释倍数)平板个数;

d——稀释因子(第一稀释度)。

③若所有稀释度的平板上菌落数均大于300 CFU,则应按稀释度最高的平均菌落数乘以稀释倍数报告之(附录四表1中例3)。

④若所有稀释度的平板上菌落数均小于30 CFU,则应按稀释度最低的平均菌落数乘以稀释倍数报告之(附录四表1中例4)。

⑤若所有稀释度均无菌落生长,则以小于1乘以稀释倍数报告之(附录四表1中例5)。

⑥若所有稀释度的平板上菌落数均不在30～300 CFU,其中一部分大于300 CFU或小于30 CFU时,则以最接近30 CFU或300 CFU的平均菌落数乘以稀释倍数报告之(附录四表1中例6)。

(3)菌落数的报告

①菌落数在100 CFU以内时,按"四舍五入"原则修约,以整数报告。

②菌落数大于或等于100 CFU时,第3位数字采用"四舍五入"原则修约后,取前2位数字,后面用0代替位数;也可用10的指数形式来表示,按"四舍五入"原则修约后,采用两位有效数字。

③若所有平板上为蔓延菌落而无法计数,则报告菌落蔓延。

④若空白对照上有菌落生长,则此次检测结果无效。

⑤称重取样以CFU/g为单位报告,体积取样以CFU/mL为单位报告(附录四表1中"报告方式"栏)。

五、作业与思考题

1. 报告实验结果，并依据判定标准评价被检样品的卫生质量。
2. 采用倾注平板法测定动物性食品中菌落总数有什么特点？
3. 试分析在测定菌落总数过程中，应注意哪些影响检测结果的因素？

实验四十七　动物性食品中大肠菌群的测定

一、实验目的与要求

1. 掌握动物性食品中大肠菌群测定的原理、步骤和方法。
2. 了解动物性食品大肠菌群的卫生标准，并进行卫生评定。

二、实验原理

大肠菌群是指一群能发酵乳糖、产酸、产气、需氧和兼性厌氧的革兰氏阴性无芽孢杆菌。该菌主要来源于人畜粪便，故以此作为粪便污染指标来评价动物食品卫生质量，推断食品中是否有污染肠道致病菌的可能。

大肠菌群不是细菌学上的分类命名，而是根据食品卫生学方面的要求，提出来的一组与粪便污染有关的细菌，这些细菌在生化及血清学方面并非完全一致。

食品中大肠菌群数是以每 1 mL(g)检样内大肠菌群最可能数(MPN)表示。

三、实验器材

1. 器械

冰箱(2～5℃)、恒温培养箱(36±1)℃、天平(感量 0.1 g)、均质器或灭菌乳钵、振荡器、无菌吸管 1 mL(具 0.01 mL 刻度)、无菌吸管 10 mL(具 0.1 mL 刻度)、无菌锥形瓶(容量 500 mL)、无菌培养皿(直径 90 mm)、精密 pH 试纸、灭菌玻璃珠(直径 5 mm)、无菌试管(16 mm×160 mm)、灭菌刀、剪子、镊子等。

2. 材料

月桂基硫酸盐胰蛋白胨(LST)肉汤、煌绿乳糖胆盐(BGLB)肉汤、结晶紫中性红胆盐琼脂(VRBA)、磷酸盐缓冲液、无菌生理盐水、无菌 1 mol/L NaOH、无菌 1 mol/L HCl。

四、实验内容与方法

大肠菌群 MPN 计数法:

(一)检验程序

见图 7-2。

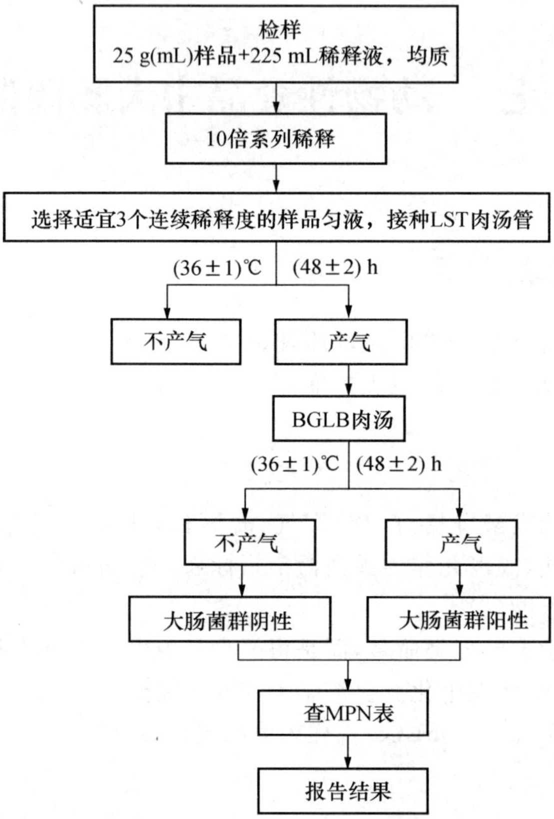

图 7-2 大肠菌群 MPN 法检验程序

(二)操作步骤

1. 检样稀释

(1)以无菌操作将检样 25 mL(g)放于含 225 mL 无菌生理盐水或磷酸盐缓冲液的灭菌玻璃瓶内(瓶内预置适当数量的玻璃珠)或灭菌乳钵内,经充分振摇或研磨做成 1∶10 的均匀稀释液。固体检样最好用均质器,以 8 000～10 000 r/min 处理 1～2 min,做成 1∶10 的均匀稀释液。

(2)用 1 mL 无菌吸管吸取 1∶10 稀释液 1 mL,注入含有 9 mL 无菌生理盐水或磷酸盐缓冲液的无菌试管内(注意吸管尖端不要触及管内稀释液面),振摇试管或换用 1 支无菌吸管反复吹打使其混合均匀,做成 1∶100 的稀释液。

(3)另取 1 mL 无菌吸管,按上条操作依次做 10 倍递增稀释液,每递增稀释一次,换用一支 1 mL 的无菌吸管。

(4)根据食品卫生标准要求或对检样污染情况的估计，选择3个适宜稀释度，每个稀释度接种3管。

2. 初发酵试验

每个样品，选择3个适宜的连续稀释度的样品匀液(液体样品可以选择原液)，每个稀释度接种3管月桂基硫酸盐胰蛋白胨(LST)肉汤，每管接种1 mL(如接种量超过1 mL，则用双料LST肉汤)，(36±1)℃培养(24±2)h，观察倒管内是否有气泡产生，(24±2)h产气者进行复发酵试验，如未产气则继续培养至(48±2)h，产气者进行复发酵试验。未产气者为大肠菌群阴性。

3. 复发酵试验

用接种环从产气的LST肉汤管中分别取培养物1环，移种于煌绿乳糖胆盐肉汤(BGLB)管中，(36±1)℃培养(48±2)h，观察产气情况。产气者，计为大肠菌群阳性管。

4. 大肠菌群最可能数(MPN)的报告

根据证实为大肠菌群LST阳性管数，查MPN检索表(附录四表2)，报告每1 g(mL)样品中大肠菌群的MPN值。

五、作业与思考题

1. 报告实验结果，并依据判定标准评价被检样品的卫生质量。
2. 作为粪便污染指示菌应具备哪些条件?
3. 为什么说大肠菌群的测定可以作为食品可能被肠道致病菌污染的指标?

实验四十八　动物性食品中沙门氏菌的检验

一、实验目的与要求

1. 掌握动物性食品中沙门氏菌检验的原理、步骤和方法。
2. 了解动物性食品沙门氏菌检验的卫生学意义。

二、实验原理

沙门氏菌属是一群形态和培养特性都类似的肠杆菌科中的一个大属，也是肠杆菌科中最重要的病原菌属，目前已确认沙门氏菌至少有2 500种血清型。沙门氏菌属的细菌都有致病性，虽然每个沙门氏菌菌型并非都已确定对人有致病性，但国际上一般公认沙门氏菌属所有血清型对人都有危害性。因此，食品卫生标准中规定各种食品中不得检出沙门氏菌。

沙门氏菌常在动物中广泛传播，由于动物的生前感染或食品受到污染，均可使人发生食物中毒。动物性食品特别是肉、禽、蛋类和乳制品，可以看作是沙门氏菌食物中毒的主要来源。在世界各地的食物中毒中，沙门氏菌食物中毒常居首位，并作为食品致病菌指标。因此，检查食品中的沙门氏菌极为重要。

三、实验器材

1. 器械

冰箱(2～5℃),恒温培养箱[(36±1)℃、(42±1)℃]、均质器或灭菌乳钵、天平(感量为0.1 g)、无菌吸管1 mL(具0.01 mL刻度)、无菌吸管10 mL(具0.1 mL刻度)、无菌锥形瓶(容量250 mL、500 mL)、无菌培养皿(直径90 mm)、显微镜(10×～100×)、无菌小试管(3 mm×50 mm、10 mm×75 mm)、无菌毛细管、精密pH试纸、灭菌刀、剪子、镊子等。全自动微生物生化鉴定系统。

2. 材料

缓冲蛋白胨水(BPW)、四硫酸钠煌绿(TTB)增菌液、亚硒酸盐胱氨酸(SC)增菌液、氯化镁孔雀绿(MM)增菌液、亚硫酸铋琼脂(BS)、HE琼脂、木糖赖氨酸脱氧胆盐(XLD)、三糖铁(TSI)琼脂、蛋白胨水、靛基质试剂、尿素琼脂(pH 7.2)、氰化钾(KCN)培养基、赖氨酸脱羧试验培养基、糖发酵管、DHL琼脂、WS琼脂、SS琼脂、邻硝基酚*β-D*半乳糖苷(ONPG)培养基、半固体琼脂、丙二酸钠培养基、沙门氏菌显色培养基沙门氏菌O和H诊断血清、生化鉴定试剂盒。

四、实验内容与方法

(一)检验程序

见图7-3。

(二)操作步骤

1. 增菌培养

增菌的目的是使沙门氏菌属以外的细菌(主要为埃希氏菌属)受到抑制,从而使沙门氏菌属得到一定程度的增殖。凡经冷冻、干燥、酸碱及辐射处理的食品,需进行预增菌,有利于受损伤菌的恢复,通常用缓冲蛋白胨水(BPW)进行前增菌。然后,同其他未加工食品样品一样进行增菌。

(1)预增菌　称取25 g(mL)样品放入盛有225 mL BPW的无菌均质杯中,以8 000～10 000 r/min均质1～2 min,或置于盛有225 mL BPW的无菌均质袋中,用拍击式均质器拍打1～2 min。若样品为液态,不需要均质,振荡混匀。如需测定pH,用1 mol/mL无菌NaOH或HCl调pH至6.8±0.2。无菌操作将样品转移至500 mL锥形瓶中,如使用均质袋,可直接进行培养,于(36±1)℃培养8～18 h。如为冷冻产品,应在45℃以下不超过15 min,或2～5℃不超过18 h解冻。

(2)增菌　轻轻摇动培养过的样品混合物,移取1 mL,转种于10 mL TTB内,于(42±1)℃培养18～24 h。同时,另取1 mL,转种于10 mL SC内,于(36±1)℃培养18～24 h。

2. 分离培养

用接种环取增菌液1环,划线接种于一个BS琼脂平板和一个XLD琼脂平板(或HE琼脂平板或沙门氏菌属显色培养基平板)。两种增菌液可同时划线接种于同一平板上。于(36±1)℃分别培养18～24 h(DHL、HE、WS、SS)或40～48 h(BS),观察各个平板上生长的菌落及菌落特征(附录四表3)。

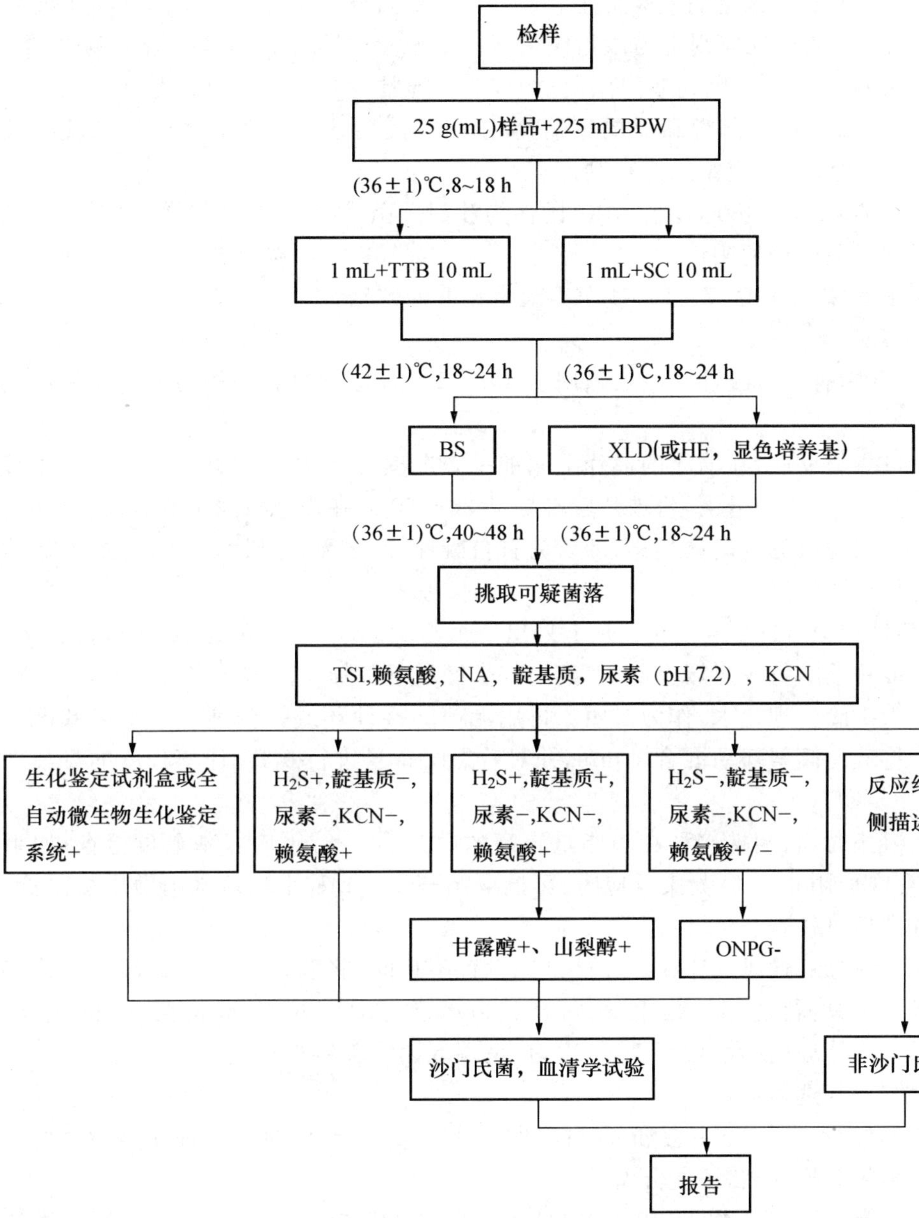

图 7-3　沙门氏菌检验程序

3. 生化试验

(1)自选择性琼脂平板上分别挑取 2 个以上典型或可疑菌落，接种三糖铁琼脂，先在斜面划线，再于底层穿刺；接种针不要灭菌，直接接种赖氨酸脱羧酶试验培养基和营养琼脂平板，于(36±1)℃培养 18～24 h，必要时可延长至 48 h。在三糖铁琼脂和赖氨酸脱羧酶试验培养基内，沙门氏菌属的反应结果见(附录四表 4)。

(2)接种三糖铁琼脂和赖氨酸脱羧酶试验培养基的同时，可直接接种蛋白胨水(供做靛基质试验)、尿素琼脂(pH 7.2)、氰化钾(KCN)培养基及对照培养基各一管，也可在初步判断结果后从营养琼脂平板上挑取可疑菌落接种。于(36±1)℃培养 18～24 h，必要时可延长至 48 h，按(附录四表5)判定结果。将已挑菌落的平板储存于2～5℃或室温至少保留24 h,以备必要时复查。

①反应序号A1典型反应判定为沙门氏菌属。如尿素、KCN和赖氨酸脱羧酶3项中有1项异常,按(附录四表6)可判定为沙门氏菌;如有2项异常为非沙门氏菌。

②反应序号A2补做甘露醇和山梨醇试验,沙门氏菌靛基质阳性变体两项试验结果均为阳性,但需要结合血清学鉴定结果进行判定。

③反应序号A3补做ONPG。ONPG阴性为沙门氏菌,同时赖氨酸脱羧酶阳性,甲型副伤寒沙门氏菌为赖氨酸脱羧酶阴性。

④必要时按表(附录四表7)进行沙门氏菌生化群的鉴别。

4. 血清学鉴定

(1)检查培养物有无自凝性　一般采用1.2%～1.5%琼脂培养物作为玻片凝集试验用的抗原。

首先排除自凝集反应,在洁净的玻片上滴加一滴生理盐水,将待试培养物混合于生理盐水滴内,便成为均一性的浑浊悬液,将玻片轻轻摇动30～60 s,在黑色背景下观察反应(必要时用放大镜观察),若出现可见的菌体凝集,即认为有自凝性,反之无自凝性。对无自凝的培养物参照下面方法进行血清学鉴定。

(2)多价菌体抗原(O)鉴定　在玻片上划出2个约1 cm×2 cm的区域,挑取待测菌1环,各放1/2环于玻片上的每一区域上部,在其中一个区域下部加1滴多价菌体(O)抗血清,在另一区域下部加入1滴生理盐水,作为对照。再用无菌的接种环或针分别将两个区域内的菌苔研成乳状液。将玻片倾斜摇动混合1 min,并对着黑暗背景进行观察,任何程度的凝集现象皆为阳性反应。

O血清不凝集时,将菌株接种在琼脂量较高的(如2%～3%)培养基上再检查;如果是由于Vi抗原的存在而阴止了O凝集反应时,可挑取菌苔于1 mL生理盐水中做成浓菌液,于酒精灯火焰上煮沸后再检查。

(3)多价鞭毛抗原(H)鉴定同(2)　H抗原发育不良时,将菌株接种在0.55%～0.65%半固体琼脂平板的中央,待菌落蔓延生长时,在其边缘部分取菌检查;或将菌株通过接种装有0.3%～0.4%半固体琼脂的小玻管1～2次,自远端取菌培养后再检查。

(4)血清学分型(选做项目)

①O抗原的鉴定　用A～F多价O血清做玻片凝集试验,同时用生理盐水做对照。在生理盐水自凝者为粗糙型菌株,不能分型。

被A～F多价O血清凝集者,依次用O4;O3、O10;O7;O8;O9;O2和O11因子血清作凝集试验。根据试验结果,判定O群。被O3、O10血清凝集的菌株再用O10、O15、O34、O19单因子血清做凝集试验,判定E1、E2、E3、E4各亚群,每一个O抗原成分的最后确定均应根据O单因子血清的检查结果,没有O单因子血清的要用两个O复合因子血清进行核对。

不被A～F多价O血清凝集者,先用57种或163种沙门氏菌因子血清中的9种多价O血清检查,如有其中一种血清凝集,则用这种血清包括O群血清逐一检查,以确定O群。每种多价O血清包括的O因子如下:

O多价1:A,B,C,D,E,F群(并包括6,14群);

O多价2:13,16,17,18,21群;

O多价3:28,30,35,38,39群;

O 多价 4:40,41,42,43 群;

O 多价 5:44,45,47,48 群;

O 多价 6:50,51,52,53 群;

O 多价 7:55,56,57,58 群;

O 多价 8:59,60,61,62 群;

O 多价 9:63,65,66,67 群。

②H 抗原的鉴定　属于 A～F 各 O 群的常见菌型,依次用(附录四表 8)所述 H 因子血清检查第 1 相和第 2 相的 H 抗原。

不常见的菌型,先用 8 种多价 H 血清检查,如有其中一种或两种血清凝集,则再用这一种或两种血清所包含的各种 H 因子血清逐一检查,以确定第 1 相和第 2 相的 H 抗原。8 种多价 H 血清所包含的 H 因子如下:

H 多价 1:a,b,c,d,i;

H 多价 2:eh,enx,enz15,fg,gms,gpu,gp,gq,mt,gz51;

H 多价 3:k,r,y,z,z10,lv,lw,lz13,lz28,lz40;

H 多价 4:1,2;1,5;1,6;1,7;z6;

H 多价 5:z4z23,z4z24,z4z32,z29,z35,z36,z38;

H 多价 6:z39,z41,z42,z44;

H 多价 7:z52,z53,z54,z55;

H 多价 8:z56,z57,z60,z61,z62。

每一个 H 抗原成分的最后确定均应根据 H 单因子血清的检查结果,没有 H 单因子血清的要用两个 H 复合因子进行核对。

检出第 1 相 H 抗原而未检出第 2 相 H 抗原的或检出第 2 相 H 抗原的而未检出第 1 相 H 抗原的,可在琼脂斜面上移种 1～2 代后再检查。如仍只检出一个相的 H 抗原,要用位相变异的方法检查另一个相。单相菌不必做位相变异检查。位相变异试验方法如下:

小玻管法　将半固体管(每管 1～2 mL)在酒精灯上熔化并冷至 50℃,取已知相的 H 因子血清 0.05～0.1 mL,加入熔化的半固体内,混匀后,用毛细吸管吸取分装于供应位相变异试验的小玻璃管内,待凝固后,接种针挑取待检菌,接种于一端。将小玻管平放在平皿内,并在其旁放一团湿棉花,以防琼脂中水分蒸发而干缩,每天检查结果,待另一相细菌解离后,可以从另一端挑取细菌进行检查。培养基内的血清浓度应在适当的比例,过高时细菌不能生长,过低时同一相细菌的动力不能抑制。一般按原血清(1∶200)～(1∶800)的量加入。

小倒管法:将两端开口的小玻管(下端开口要留一个缺口,不要平齐)放在半固体管内,小玻管的上端应高于培养基表面,灭菌后备用。临用时在酒精灯上加热熔化,冷至 50℃,挑取因子血清 1 环,加入小套管中的半固体内,略加搅动,使其均匀,待凝固后,将待检菌株接种于小套管中的半固体表层内,每天检查结果,待另一相细菌解离后,可从套管外的半固体表面取菌检查,或转种 1%软琼脂斜面,于 36℃培养后再做凝集试验。

简易平板法:将 0.35%～0.4%半固体琼脂平板烘干表面水分,挑取因子血清 1 环,滴在半固体平板表面,放置片刻,待血清吸收到琼脂内,在血清部位的中央点种待检菌株,培养后,在形成蔓延生长的菌苔边缘取菌待检。

③Vi 抗原鉴定　用 Vi 因子血清检验。已知具有 Vi 抗原的菌型有伤寒沙门氏菌、丙型副

伤寒沙门氏菌、都柏林沙门氏菌。

5. 菌型的判定

根据血清学分型鉴定的结果,按照(附录四表9)或有关沙门氏菌属抗原表判定菌型。

6. 结果与报告

综合以上生化试验和血清学鉴定的结果,报告25 g(mL)样品中检出或未检出沙门氏菌。

五、作业与思考题

1. 报告实验结果,并依据判定标准评价被检样品的卫生质量。
2. 在进行沙门氏菌检验时为什么要进行前增菌和增菌?
3. 分离纯化后怎样用最少的生化项目初步鉴定为沙门氏菌属的细菌?

实验四十九　动物性食品致泻大肠埃希氏菌检测

一、实验目的与要求

1. 掌握动物性食品中致泻大肠埃希氏菌测定的原理、步骤和方法。
2. 了解动物性食品致泻大肠埃希氏菌的卫生标准,并进行卫生评定。

二、实验原理

致病性大肠埃希氏菌是指能引起人和动物发生感染和中毒的一群大肠杆菌。一般分为六类:产肠毒素大肠埃希氏菌(ETEC)、肠致病性大肠埃希氏菌(EPEC)、肠出血性大肠埃希氏菌(EHEC)、肠侵袭性大肠埃希氏菌(EIEC)、肠集聚型大肠埃希氏菌(EAEC)、弥散粘附性大肠埃希氏菌(DAEC)。它与非致病性大肠埃希氏菌在形态、培养和生化特性上是不能区别的,只有用血清学方法按照抗原性质不同来区分。

致病性大肠埃希氏菌的病原性是由许多致病因子综合作用的结果,包括黏附因子、宿主细胞的表面结构、侵袭素和许多不同毒素及分泌这些毒素的系统。肠外感染表现为泌尿系感染、胆囊炎、腹膜炎等。肠内感染表现为腹泻。由致病性大肠埃希氏菌引起的食源性疾病已引起了世界范围的严重关注,在我国各类致泻性大肠埃希氏菌在食物中毒中也占有重要比例。

三、实验器材

1. 器械

恒温培养箱(36±1)℃、恒温培养箱(42±1)℃、冰箱(2～5℃)、恒温水浴锅[100℃、(50±1)℃]、电子天平(感量0.1 g)、电子天平(感量为0.01g)、显微镜(10×～100 ×)、均质器、振荡器、无菌吸管1 mL(具0.01mL刻度)、无菌吸管10 mL(具0.1mL刻度)、无菌均质杯或无菌均质袋(容量500 mL)、无菌培养皿(直径90 mm)、pH计或精密pH试纸、微量离心管(1.5 mL或

2.0 mL)、接种环(1 μL)、低温高速离心机(转速≥13 000 r/min,控温 4～8℃)、微生物鉴定系统、PCR 仪、微量移液器及吸头(0.5～2 μL,2～20 μL,20～200 μL,200～1 000 μL)、水平电泳仪[包括电源、电泳槽、制胶槽(长度>10 cm)和梳子]、8 联排管和 8 联排盖(平盖/凸盖)、凝胶成像仪。

2. 材料

营养肉汤、肠道菌增菌肉汤、麦康凯琼脂(MAC)、伊红美蓝琼脂(EMB)、三糖铁(TSI)琼脂、蛋白陈水、靛基质试剂、半固体琼脂、尿素琼脂(pH 7.2)、氰化钾(KCN)培养基、氧化酶试剂、革兰氏染色液、BHI 肉汤、福尔马林(含 38%～40%甲醛)、鉴定试剂盒、大肠埃希氏菌诊断血清、灭菌去离子水、0.85%生理盐水、TE(pH 8.0)、10×PCR 反应缓冲液、25 mmol/L $MgCl_2$、dNTPs(dATP、dTTP、dGTP、dCTP 每种浓度为 2.5 mmol/L)、5 U/L Taq 酶、引物、50×TAE 电泳缓冲液、琼脂糖、溴化乙锭(EB)、6×上样缓冲液、Marker(分子量包含 100 bp、200 bp、300 bp、400 bp、500 bp、600 bp、700 bp、800 bp、900 bp、1 000 bp、1 500 bp 条带)、致泻大肠埃希氏菌 PCR 试剂盒。

四、实验内容与方法

(一)检验程序

见图 7-4。

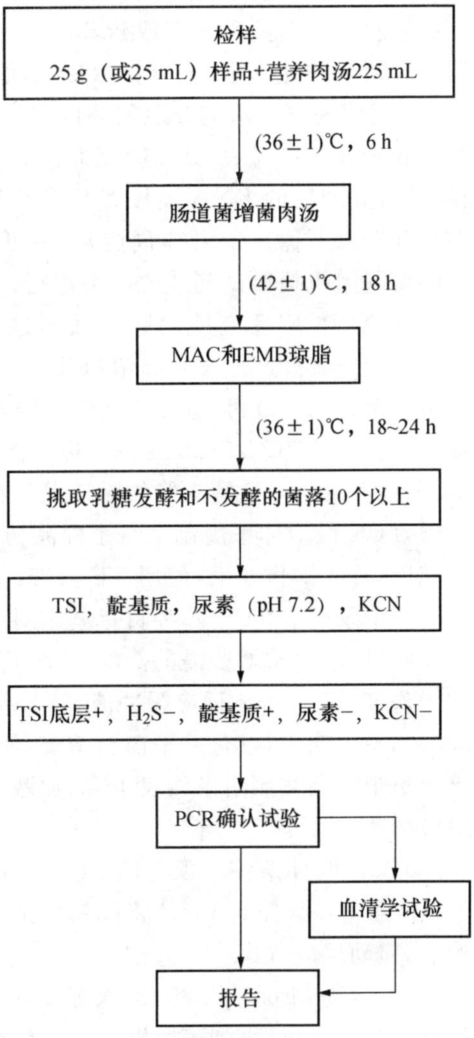

图 7-4　致泻大肠埃希氏菌检验程序

(二)操作步骤

1. 样品制备

(1)固体或半固体样品以无菌操作称取检样 25 g,加入装有 225 mL 营养肉汤的均质杯中,用旋转刀片式均质器以 8 000～10 000 r/min 均质 1～2 min;或加入装有 225 mL 营养肉汤的均质袋中,用拍击式均质器均质 1～2 min。

(2)液态样品以无菌操作量取检样 25 mL,加入装有 225 mL 营养肉汤的无菌锥形瓶(瓶内可预置适当数量的无菌玻璃珠),振荡混匀。

2. 增菌

将制备好的样品匀液于(36 ±1)℃培养 6 h。取 10 μL 接种于 30 mL 肠道菌增菌肉汤管内,于(42±1)℃培养 18 h。

3. 分离

将增菌液划线接种 MAC 和 EMB 琼脂平板,于(36±1)℃培养 18～24 h,观察菌落特征。在 MAC 琼脂平板上,分解乳糖的典型菌落为砖红色至桃红色,不分解乳糖的菌落为无色或淡粉色;在 EMB 琼脂平板上,分解乳糖的典型菌落为中心紫黑色带或不带金属光泽,不分解乳糖的菌落为无色或淡粉色。

4. 生化试验

(1)选取平板上可疑菌落10～20个(10个以下全选),应挑取乳糖发酵,以及乳糖不发酵和迟缓发酵的菌落,分别接种TSI斜面。同时将这些培养物分别接种蛋白胨水、尿素琼脂(pH 7.2)和KCN肉汤。于(36±1)℃培养18～24 h。

(2)TSI斜面产酸或不产酸,底层产酸,靛基质阳性,H_2S阴性和尿素酶阴性的培养物为大肠埃希氏菌。TSI斜面底层不产酸,或H_2S、KCN、尿素有任一项为阳性的培养物,均非大肠埃希氏菌。必要时做革兰氏染色和氧化酶试验。大肠埃希氏菌为革兰氏阴性杆菌,氧化酶阴性。

(3)如选择生化鉴定试剂盒或微生物鉴定系统,可从营养琼脂平板上挑取经纯化的可疑菌落用无菌稀释液制备成浊度适当的菌悬液,使用生化鉴定试剂盒或微生物鉴定系统进行鉴定。

5. PCR确认试验

(1)取生化反应符合大肠埃希氏菌特征的菌落进行PCR确认试验。

(2)使用1 μL接种环刮取营养琼脂平板或斜面上培养18～24 h的菌落,悬浮在200 μL 0.85%灭菌生理盐水中,充分打散制成菌悬液,于13 000 r/min离心3 min,弃掉上清液。加入1 mL灭菌去离子水充分混匀菌体,于100℃水浴维持10 min;冰浴冷却后,13 000 r/min离心3 min,收集上清液;按1∶10的比例用灭菌去离子水稀释上清液,取2 μL作为PCR检测的模板;所有处理后的DNA模板直接用于PCR反应或暂存于4℃并当天进行PCR反应;否则,应在−20℃以下保存备用(1周内)。也可用细菌基因组提取试剂盒提取细菌DNA,操作方法按照细菌基因组提取试剂盒说明书进行。

(3)每次PCR反应使用肠道致病性大肠埃希氏菌(EPEC)、肠道侵袭性大肠埃希氏菌(EIEC)、产肠毒素大肠埃希氏菌(ETEC)、产志贺毒素大肠埃希氏菌(STEC)/肠道出血性大肠埃希氏菌(EHEC)、肠道聚集性大肠埃希氏菌(EAEC)标准菌株作为阳性对照。同时,使用大肠埃希氏菌ATCC25922或等效标准菌株作为阴性对照,以灭菌去离子水作为空白对照,控制PCR体系污染。致泻大肠埃希氏菌特征性基因见附录四表10。

(4)PCR反应体系配制。每个样品初筛需配置12个PCR扩增反应体系,对应检测12个目标基因,具体操作如下:使用TE溶液(pH 8.0)将合成的引物干粉稀释成100 μmol/L储存液。根据附录四表11中每种目标基因对应PCR体系内引物的终浓度,使用灭菌去离子水配制12种目标基因扩增所需的10×引物工作液(以*uidA*基因为例,见附录四表12)。将10×引物工作液、10×PCR反应缓冲液、25 mmol/L $MgCl_2$、2.5 mmol/L dNTPs、灭菌去离子水从−20℃冰箱中取出,融化并平衡至室温,使用前混匀;5 U/μLTaq酶在加样前从−20℃冰箱中取出。每个样品按照附录四表13的加液量配制12个25 μL反应体系,分别使用12种目标基因对应的10×引物工作液。

(5)PCR循环条件。预变性94℃5 min;变性94℃30s,复性63℃30s,延伸72℃1.5 min,30个循环;72℃延伸5 min。将配制完成的PCR反应管放入PCR仪中,核查PCR反应条件正确后,启动反应程序。

(6)称量4.0g琼脂糖粉,加入至200 mL的1×TAE电泳缓冲液中,充分混匀。使用微波炉反复加热至沸腾,直到琼脂糖粉完全融化形成清亮透明的溶液。待琼脂糖溶液冷却至60℃左右时,加入溴化乙锭(EB)至终浓度为0.5 μg/mL,充分混匀后,轻轻倒入已放置好梳子的模具中，凝胶长度要大于 10 cm，厚度宜为 3～5 mm。检查梳齿下或梳齿间有无气泡，用一次性吸头小心排掉琼脂糖凝胶中的气泡。当琼脂糖凝胶完全凝结硬化后，轻轻拔出梳子，小心将胶块和胶床放入电泳槽中，样品孔放置在阴极端。向电泳槽中加入 1×TAE 电泳缓冲液，液面高于胶面 1～2 mm。将 5 μLPCR 产物与 1 μL 6×上样缓冲液混匀后，用微量移液器吸取混合液垂直伸入液面下胶孔，小心上样于孔中；阳性对照的 PCR 反应产物加入到最后一个泳道；第一个泳道中加入 2 μL 分子量 Marker。接通电泳仪电源，根据公式：电压＝电泳槽正负极间的距离(cm)×5V/cm 计算并设定电泳仪电压数值；启动电压开关，电泳开始以正负极铂金丝出现气泡为准。电泳 30～45 min 后，切断电源。取出凝胶放入凝胶成像仪中观察结果，拍照并记录数据。

(7)结果判定。电泳结果中空白对照应无条带出现，阴性对照仅有 *uidA* 条带扩增，阳性对照中出现所有目标条带，PCR 试验结果成立。根据电泳图中目标条带大小，判断目标条带的种类，记录每个泳道中目标条带的种类，在附录四表 14 中查找不同目标条带种类及组合所对应的致泻大肠埃希氏菌类别。

(8)如用商品化 PCR 试剂盒或多重聚合酶链反应(MPCR)试剂盒，应按照试剂盒说明书进行操作和结果判定。

6. 血清学试验(选做项目)

(1)取 PCR 试验确认为致泻大肠埃希氏菌的菌株进行血清学试验。

(2)O 抗原鉴定

① 假定试验：挑取经生化试验和 PCR 试验证实为致泻大肠埃希氏菌的营养琼脂平板上的菌落，根据致泻大肠埃希氏菌的类别，选用大肠埃希氏菌单价或多价 OK 血清做玻片凝集试验。当与某一种多 OK 血清凝集时，再与该多价血清所包含的单价 OK 血清做凝集试验。致泻大肠埃希氏菌所包括的 O 抗原群见附录四表 15。如与某一单价 OK 血清呈现凝集反应，即为假定试验阳性。

② 证实试验：用 0.85％灭菌生理盐水制备 O 抗原悬液，稀释至与 Mac Farland 3 号比浊管相当的浓度。原效价为(1∶160)～(1∶320)的 O 血清，用 0.5％盐水稀释至 1∶40。将稀释血清与抗原悬液于 10 mm×75 mm 试管内等量混合，做单管凝集试验。混匀后放于(50±1)℃水浴箱内，经 16 h 后观察结果。如出现凝集，可证实为该 O 抗原。

(3)H 抗原鉴定

① 取菌株穿刺接种半固体琼脂管，(36±1)℃培养 18～24 h，取顶部培养物 1 环接种至 BHI 液体培养基中，于(36±1)℃培养 18～24 h。加入福尔马林至终浓度为 0.5％，做玻片凝集或试管凝集试验。

② 若待测抗原与血清均无明显凝集，应从首次穿刺培养管中挑取培养物，再进行 2～3 次半固体管穿刺培养，按照上一步进行试验。

(三)结果报告

(1)根据生化试验、PCR 确认试验的结果，报告 25 g(或 25 mL)样品中检出或未检出某类致泻大肠埃希氏菌。

(2)如果进行血清学试验，根据血清学试验的结果，报告 25 g(或 25 mL)样品中检出的某类致泻大肠埃希氏菌血清型别。

五、作业与思考题

1. 报告实验结果,并依据判定标准评价被检样品的卫生质量。
2. ETEC、EIEC、EHEC 引起的致泻特征有什么不同?
3. 在检测食品中致病性大肠埃希氏菌时,如何确定 PCR 的作用?

实验五十　动物性食品金黄色葡萄球菌检验

一、实验目的与要求

1. 掌握动物性食品中金黄色葡萄球菌测定的原理、步骤和方法。
2. 了解动物性食品金黄色葡萄球菌的卫生标准,并进行卫生评定。

二、实验原理

金黄色葡萄球菌属于葡萄球菌属,简称金葡菌,致病物质主要有毒素和酶,其中肠毒素在该菌的致病中起重要的作用。30%～50%金葡菌可产生肠毒素,这是由血浆凝固酶阳性的菌株产生的一类结构相关、毒力相似、抗原性不同的单肽链胞外蛋白,耐热、酸碱和蛋白酶。金黄色葡萄球菌食物中毒是世界性公共卫生问题。在我国,约占细菌性食物中毒事件的 25%,美国和加拿大则更高,分别为 33%和 50%。

本方法中,第一法适用于食品中金葡菌的定性检验;第二法适用于金葡菌含量较高的食品中金葡菌的计数;第三法适用于金葡菌含量较低而杂菌含量较高的食品中金葡菌的计数。

三、实验器材

1. 器械

冰箱(2～5℃),恒温培养箱(36±1)℃、恒温水浴锅(37～65℃)、天平(感量为 0.1 g)、均质器或灭菌乳钵、振荡器、无菌吸管 1 mL(具 0.01 mL 刻度)、无菌吸管 10 mL(具 0.1 mL 刻度)、无菌锥形瓶(容量 100 mL、500 mL)、无菌培养皿(直径 90 mm)、精密 pH 试纸、注射器(0.5 mL)、灭菌刀、剪子、镊子等。

2. 材料

7.5%氯化钠肉汤、血琼脂平板、Baird-Parker 琼脂平板、脑心浸出液肉汤(BHI)、兔血浆、磷酸盐缓冲液、营养琼脂小斜面、革兰氏染色液、无菌生理盐水。

四、实验内容与方法

金黄色葡萄球菌定性检验。

(一)检验程序

见图 7-5。

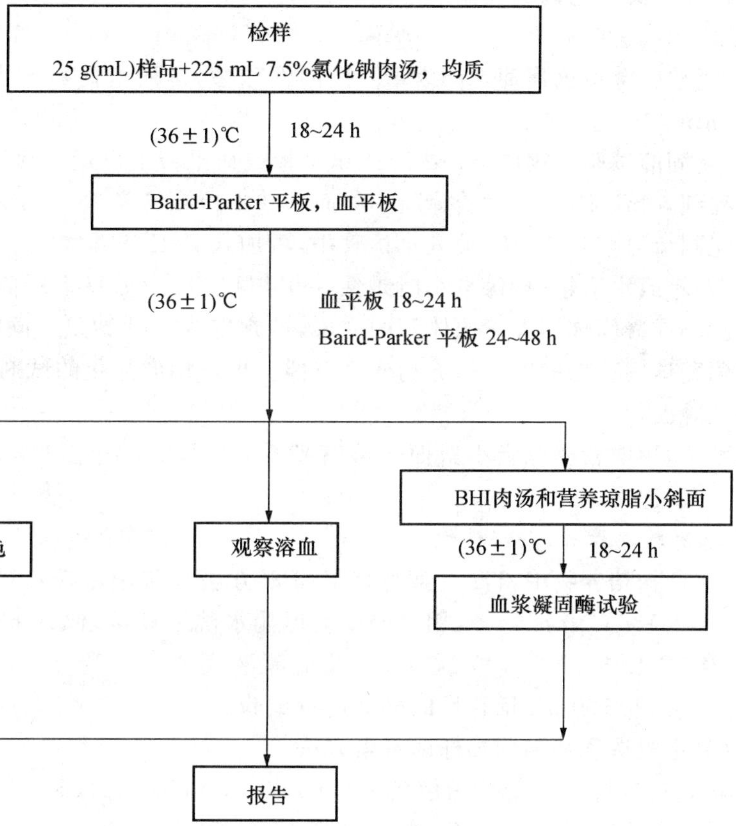

图 7-5　金黄色葡萄球菌定性检验程序

(二)操作步骤

1. 样品的处理

称取 25 g 样品至盛有 225 mL 7.5%氯化钠肉汤的无菌均质杯内，8 000～10 000 r/min 均质 1～2 min；或放入盛有 225 mL 7.5%氯化钠肉汤的无菌均质袋中，用拍击式均质器拍打 1～2 min。若样品为液态，吸取 25 mL 样品至盛有 225 mL 7.5%氯化钠肉汤的无菌锥形瓶（瓶内可预置适当数量的无菌玻璃珠）中，振荡混匀。

2. 增菌和分离培养

(1)将上述样品匀液于(36±1)℃培养 18～24 h。金黄色葡萄球菌在 7.5%氯化钠肉汤中呈浑浊生长。

(2)将上述培养物，分别划线接种到 Baird-Parker 平板和血平板，血平板(36±1)℃培养 18～24 h。Baird-Parker 平板(36±1)℃培养 24～48 h。

(3)金黄色葡萄球菌在 Baird-Parker 平板上，菌落直径为 2～3 mm，颜色呈灰色到黑色，边缘为淡色，周围为一浑浊带，在其外层有一透明圈。用接种针接触菌落有似奶油至树胶样的硬度，偶然会遇到非脂肪溶解的类似菌落；但无浑浊带及透明圈。从长期保存的冷冻或干燥食品中所分离的菌落比典型菌落所产生的黑色较淡些,外观可能粗糙并干燥。在血平板上,形成菌落较大,圆形、光滑凸起、湿润、金黄色(有时为白色),菌落周围可见完全透明溶血圈。挑取上述菌落进行革兰氏染色镜检及血浆凝固酶试验。

3. 鉴定

(1)染色镜检 金黄色葡萄球菌为革兰氏阳性球菌,排列呈葡萄球状,无芽孢,无荚膜,直径为 0.5～1 μm。

(2)血浆凝固酶试验 挑取 Baird-Parker 平板或血平板上可疑菌落至少 5 个(小于 5 个全选),分别接种到 5 mL BHI 和营养琼脂小斜面,(36±1)℃培养 18～24 h。

取新鲜配制兔血浆 0.5 mL,放入小试管中,再加入 BHI 培养物 0.2～0.3 mL,振荡摇匀,置(36±1)℃温箱或水浴箱内,每半小时观察一次,观察 6 h,如呈现凝固(即将试管倾斜或倒置时,呈现凝块)或凝固体积大于原体积的一半,被判定为阳性结果。同时以血浆凝固酶试验阳性和阴性葡萄球菌菌株的肉汤培养物作为对照。也可用商品化的试剂,按说明书操作,进行血浆凝固酶试验。

结果如可疑,挑取营养琼脂小斜面的菌落到 5 mL BHI,(36±1)℃培养 18～48 h,重复试验。

4. 葡萄球菌肠毒素的检验(选做)

(1)从分离菌株培养物中检测葡萄球菌肠毒素方法 待测菌株接种营养琼脂斜面(试管 18 mm×180 mm)36℃培养 24 h,用 5 mL 生理盐水洗下菌落,倾入 60 mL 产毒培养基中,36℃振荡培养 48 h,振速为 100 次/min,吸出菌液离心,8 000 r/min 20 min,100℃加热 10 min,取上清液,取 100 μL 稀释后的样液进行试验。

(2)从食品中提取和检测葡萄球菌毒素方法

①牛奶和奶粉 将 25 g 奶粉溶解到 125 mL、0.25 mol/L、pH 8.0 的 Tris 缓冲液中,混匀后同液体牛奶一样按以下步骤制备。将牛奶于 15℃,3 500*g* 离心 10 min。将表面形成的一层脂肪层移走,变成脱脂牛奶。用蒸馏水对其进行稀释(1∶20)。取 100 μL 稀释后的样液进行试验。

②脂肪含量不超过 40%的食品 称取 10 g 样品绞碎,加入 pH 7.4 的 PBS 液 15 mL 进行均质。振摇 15 min。于 15℃,3 500*g* 离心 10 min。必要时,移去上面脂肪层。取上清液进行过滤除菌。取 100 μL 的滤出液进行试验。

③脂肪含量超过 40%的食品 称取 10 g 样品绞碎,加入 pH 7.4 的 PBS 液 15 mL 进行均质。振摇 15 min。于 15℃,3 500*g* 离心 10 min。吸取 5 mL 上层悬浮液,转移到另外一个离心管中,再加入 5 mL 的庚烷,充分混匀 5 min。于 15℃,3 500*g* 离心 5 min。将上部有机相(庚烷层)全部弃去,注意该过程中不要残留庚烷。将下部水相层进行过滤除菌。取 100 μL 的滤出液进行试验(其他食品可酌情参考上述食品处理方法)。

(3)检测 所有操作均应在室温(20～25℃)下进行,A、B、C、D、E 型金黄色葡萄球菌肠毒素分型 ELISA 检测试剂盒中所有试剂的温度均应回升至室温方可使用。测定中吸取不同的试剂和样品溶液时应更换吸头,用过的吸头以及废液要浸泡到 10%次氯酸钠溶液中过夜。将所需数量的微孔条插入框架中(一个样品需要一个微孔条)。将样品液加入微孔条的 A～G 孔,每孔 100 μL。H 孔加 100 μL 的阳性对照,用手轻拍微孔板充分混匀,用粘胶纸封住微孔以防溶液挥发,置室温下孵育 1 h。将孔中液体倾至含 10%次氯酸钠溶液的容器中,并在吸水纸上拍打几次以确保孔内不残留液体。每孔用多通道加样器注入 250 μL 的洗液，再倾倒掉并在吸水纸上拍干。重复以上洗板操作 4 次（本步骤也可由自动洗板机完成）。每孔加入 100 μL 的酶标抗体，用手轻拍微孔板充分混匀，置室温下孵育 1 h，重复洗板程序 4 次。加 50 μL 的 TMB 底物和 50 μL 的发色剂至每个微孔中，轻拍混匀，室温黑暗避光处孵育 30 min。加入 100 μL 的 2 mol/L 硫酸终止液，轻拍混匀，30 min 内用酶标仪在 450 nm 波长条件下测量每个微孔溶液的 OD 值。

(4)结果的计算和表述　测试结果阳性质控的 OD 值要大于 0.5，阴性质控的 OD 值要小于 0.3，如果不能同时满足以上要求，测试的结果不被认可。对阳性结果要排除内源性过氧化物酶的干扰。临界值的计算：每一个微孔条的 F 孔和 G 孔为阴性质控，两个阴性质控 OD 值的平均值加上 0.15 为临界值。

示例：阴性质控 1＝0.08，阴性质控 2＝0.10，平均值＝0.09，临界值＝0.09＋0.15＝0.24。

OD 值小于临界值的样品孔判为阴性，表述为样品中未检出某型金黄色葡萄球菌肠毒素；OD 值大于或等于临界值的样品孔判为阳性，表述为样品中检出某型金黄色葡萄球菌肠毒素。

5. 结果与报告

在 25 g(mL)样品中检出或未检出金黄色葡萄球菌。

五、作业与思考题

1. 报告实验结果，并依据判定标准评价被检样品的卫生质量。
2. 血浆凝固酶试验在金葡菌检验中的重要性是什么？
3. 为什么要进行金葡菌的肠毒素检测？

实验五十一　旋毛虫病肉的检验

一、实验目的与要求

1. 掌握肌肉旋毛虫压片镜检法，认识旋毛虫集样消化法。
2. 了解旋毛虫病肉的卫生评定。

二、实验原理

旋毛虫成虫与幼虫的发育，在同一个宿主体内完成。成虫寄生于宿主小肠（十二指肠、空肠），幼虫寄生于宿主肌肉组织中，如膈肌、舌肌、喉肌、颈肌、肋间肌、咬肌、腰肌等，其中以膈肌感染率最高，且多聚积在筋头。虫体常在寄生于肌肉纤维间形成白色凸起的小病灶，被侵害的肌纤维肿胀变性，横纹消失。幼虫在横纹肌内长大形成包囊，囊内含有 1～2 条幼虫。包囊的纵轴与肌纤维平行，包囊大小为(0.25～0.5) mm×(0.21～0.42) mm，囊内幼虫卷曲长约 1 mm。随着病程的推移，包囊可以钙化。

宰后鉴定主要是病原学检查法,其中以目检和镜检相结合的压片镜检法和集样消化法不失其实用价值。前者是我国“生猪屠宰检疫规程”中规定的常规检查方法,操作简便,适用于现场检查。集样消化法是先用机械方法将受检肉样捣碎,使其呈颗粒或絮状,再用消化酶在最适温度和最佳酸碱度条件下进行生物化学消化;具有坚韧角质层的旋毛虫体表不被消化,从而保留了虫体;经沉淀,从沉渣中可检出虫体。

三、实验器材

1. 器械

夹压玻片或载玻片、剪刀、显微镜、组织捣碎机、磁力加热搅拌器、40～50 目铜筛及 80 目尼龙筛、分液漏斗。

2. 材料

50％甘油透明剂、5％美蓝溶液、胃蛋白酶(每克含酶 30 000 单位)、0.4％胃蛋白酶,盐酸(比重 1.19)。

四、实验内容与方法

1. 采样

自胴体两侧的横膈膜肌脚部各采样一块,记为一份肉样,其重量为 50～100 g,与胴体编成相同号码,送实验室检查。如果是部分胴体,可从肋间肌、腰肌、咬肌、舌肌等处采样。

2. 目检

撕去横膈膜肌膜,将膈肌肉缠在检验者左手食指第二指节上,使肌纤维垂直于手指伸展方向,再将左手握成半握拳式,借助于拇指的第一节和中指的第二节将肉块固定在食指上面,随即使左手掌心转向检验者,右手拇指拨动肌纤维,在充足的光线下,仔细视检肉样的表面有无针尖大半透明乳白色或灰白色隆起的小点。检完一面后再将膈肌翻转,用同样方法检验膈肌的另一面。凡发现有上述小点可怀疑为虫体。

3. 制片

①将夹压玻片器或载玻片放在检验台上,并尽量靠近检验者。

②取经目检的每块肉样,用大拇指和中指握住肉样两端,以食指顶住,使肌纤维绷直。在充足光线下,用剪刀顺肌纤维方向,随机剪取米粒大的肉样(其中如有肉眼可见的小白点,必须剪下),每份肉样共剪 24 粒(每块肉样为 12 粒)。

③将剪下的肉粒均匀地放在夹压玻片上,排列成两排,每排放 12 粒。如用普通载玻片,则每排放 6 粒,共用两张玻片。

④取另一玻片盖在肉粒上,拧动夹压片的螺丝或用力适度压迫盖玻片,使肉粒压成厚度均匀(肌纤维以单层排列为最理想)的薄片。

4. 镜检

制好的压片,用低倍镜观察。从压片的一端向另一端逐个视野检视,不得漏检。检验时往往发现不同发育阶段的旋毛虫,其镜检特征见“判定标准”。

5. 判定标准

①没有形成包囊的幼虫　在肌纤维之间呈直杆状或逐渐蜷曲状态,但有时因标本压得太

紧，可使虫体挤入压出的肌浆中。

②包囊形成期的旋毛虫　在淡黄蔷薇色背景上，可看到发光透明的圆形或椭圆形物，包囊的内外两层主要由均质透明蛋白质和结缔组织组成，囊中央是蜷曲的虫体。成熟的包囊位于相邻肌细胞所形成的梭形肌腔内。

③钙化的旋毛虫　在包囊内可见数量不等、浓淡不均的黑色钙化物，包囊周围有大量结缔组织增生。由于钙化的不同发展过程，有时可能看到下列变化：包囊内有不透明黑色钙盐颗粒沉着；钙盐在包囊腔两端沉着，逐渐向包囊中间扩展；钙盐沉积于整个包囊腔，并波及虫体，尚可见到模糊不清的虫体或虫体全部被钙盐沉着。此外，在镜检中有时也能见到由虫体开始钙化逐渐扩展到包囊的钙化过程(多数是由于虫体死亡后而引起的钙化)。

发现钙化旋毛虫时，应启开盖玻片，向肉片反复滴加10%盐酸溶液，或将未拧紧的夹压玻片浸入10%盐酸溶液中，待石灰质溶解后，再覆盖玻片，镜检，观察有无虫体或虫体残骸。

④发生机化现象的旋毛虫　虫体未形成包囊以前，包围虫体的肉芽组织逐渐增厚、变大，形成纺锤形、椭圆形或圆形的肉芽肿。生产实践中检验人员称之为“大包囊”或“云雾包”。被包围的虫体结构有的结构完整，有的破碎乃至完全消失。虫体形成包囊后的机化，其病理过程与上述相似。由于机化灶透明度较差，需用50%甘油透明剂处理，即将盖玻片启开平放桌上，滴加数滴50%甘油透明剂于肉片上，数分钟后，肉片变得透明时，再覆盖玻片，置低倍镜下观察。

⑤冻肉的检验　在肉片上滴加1～2滴美蓝或盐酸水溶液。浸渍1 min，盖上夹压玻片镜检。美蓝染色法：肌纤维呈淡青色，脂肪组织不着染或周围具淡蔷薇色。旋毛虫包囊呈淡紫色、蔷薇色或蓝色。虫体完全不着染。盐酸透明法：肌纤维呈淡灰色且透明，包囊膨大具有明显轮廓，虫体清楚。

6. 鉴别诊断

旋毛虫包囊与囊尾蚴、住肉孢子虫的眼观及镜下区别，可参考(附录四表16)进行鉴定。

五、作业与思考题

1. 旋毛虫病肉检验的卫生学意义是什么？如何进行卫生评价？
2. 镜检时，如何鉴别诊断旋毛虫、囊尾蚴和肉孢子虫？

实验五十二　动物皮毛炭疽检疫

一、实验目的与要求

1. 认识动物皮毛炭疽检疫的卫生学意义。
2. 掌握动物皮毛炭疽检疫方法(Ascoli反应)的原理及操作。

二、实验原理

Ascoli反应即环状沉淀试验,利用小试管,先将抗血清加入,再将抗原叠加其上。因抗血清蛋白浓度高,比重较抗原大,所以两液交界处可形成清晰的界面。此处抗原抗体反应生成的沉淀在一定时间内不下沉。一般在室温放置10 min至数小时,在两液交界处呈现白色环状沉淀则为阳性反应。炭疽免疫血清能与炭疽芽孢杆菌的抗原浸出物形成一种沉淀物,已被用于检查可疑尸体的感染兽皮、器官和组织中炭疽杆菌。这种试验具有一定特异性。

三、实验器材

1. 器械

高压灭菌器、Ascoli反应管(小试管,内直径约0.5 cm)、微量加样器。

2. 材料

炭疽沉淀素标准抗原、炭疽沉淀素阳性血清、炭疽沉淀素阴性血清、0.5%石炭酸生理盐水。

四、实验内容与方法

1. 样品采集

被检皮张、原毛应存放于专用仓库和指定的地方,不同批次的皮张、原毛分开存放。每批放在一处,每张皮张编号,原毛独立包装编号。在每张皮的腿部或腋下剪取约2 g的样皮一块,原毛在各独立包装取样3 g,若无独立包装则在分散的20个以上不同点各取样3 g。样皮、样毛应装入专用的密封金属盒或耐高温防水样品袋中,并按原有号码编号。

2. 样品消毒

将检验样本连同样品袋一起放入高压灭菌器,1.034×10^5 Pa消毒30 min。冻皮、湿皮、鲜皮应在高压消毒前置室温48 h。

3. 被检样本制备

将经高压消毒的皮样去除脂肪,剪取皮样1 cm^2或原毛数克放到浸样瓶中,并记录样品编号和相对应的浸样瓶编号。按照质量:体积=(1:5)~(1:10)的比例(m/V)0.5%石炭酸生理盐水至浸样瓶,放4℃冰箱浸泡16~24 h后,用中性滤纸滤过浸液,其澄清液为被检样本抗原,待检。

4. 正式试验

①炭疽沉淀素阳性血清对照试验　先将200 μL炭疽沉淀素阳性血清沿管壁徐徐加入斜置的Ascoli反应管中,然后吸取等量的标准炭疽抗原,沿反应管的管壁慢慢注入沉淀素阳性血清上面(注意不要发生气泡,不要摇动),随即将斜置的反应管立起,15 min内判定结果。

②炭疽沉淀素阴性血清对照试验　先将200 μL炭疽沉淀素阴性血清沿管壁徐徐加入斜置的Ascoli反应管中,然后吸取等量的标准炭疽抗原,沿反应管的管壁慢慢注入沉淀素阴性血清上面(注意不要发生气泡,不要摇动),随即将斜置的反应管立起,15 min内判定结果。

③空白对照试验　先将200 μL炭疽沉淀素阳性血清沿管壁徐徐加入斜置的Ascoli反应管中,然后吸取等量的0.5%石炭酸生理盐水,沿反应管的管壁慢慢注入沉淀素阳性血清上面

(注意不要发生气泡,不要摇动),随即将斜置的反应管立起,15 min 内判定结果。

④被检样品试验　每个样品准备两支 Ascoli 反应管,将 200 μL 炭疽沉淀素阳性血清沿管壁徐徐加入其中一支斜置的 Ascoli 反应管中;同时按照同样方法,将炭疽沉淀素阴性血清加入另一支 Ascoli 反应管中。将等量的被检皮毛样抗原分别徐徐加入炭疽沉淀素阳性血清反应管和炭疽沉淀素阴性血清反应管中,注意不要发生气泡,不要摇动。随即将斜置的反应管立起,15 min 内判定结果。

5. 结果判定

①阳性血清对照试验　炭疽沉淀素阳性血清对照试验,两液接触面出现清晰、致密如线的白色沉淀环。

②阴性血清对照试验　炭疽沉淀素阴性血清对照试验和空白对照试验,两界面无白色沉淀环出现。

③被检样品试验

阴性血清对照反应管　应呈阴性反应,两界面无白色沉淀环出现。当对照试验成立时,方可判定反应结果。

阴性反应　反应管中阴性血清与被检样品浸泡液间界面清晰,并且没有出现白色沉淀环。

阳性反应　反应管中阳性血清与被检样品浸泡液间界面清晰,并且出现清晰、致密如线的白色沉淀环。

可疑　当反应管中阳性血清与被检样品浸泡液间界面清晰,并且出现模糊、疏松、不明显的白色沉淀环时,则可初步判定反应结果为可疑。出现可疑结果时,应对被检样品样本进行第二次试验,第二次试验如出现阴性或阳性反应时,则可判定反应结果为阴性或阳性,如结果再次可疑,则可确定反应结果为阳性。

五、作业与思考题

1. 在进行动物皮毛的炭疽检疫前,样品为什么要做高压灭菌处理?
2. 进行 Ascoli 反应操作时,应特别注意的环节是什么?

实验五十三　动物布鲁氏菌病检疫

一、实验目的与要求

1. 掌握布鲁氏菌病的检疫技术。
2. 了解血清学检验在布鲁氏菌病检疫中的作用。

二、实验原理

布鲁氏菌病又称布氏杆菌病,简称布病。布病的诊断方法包括病原鉴定和血清学试验。

目前在国际贸易中,主要采用血清学试验方法进行畜群筛选和动物个体检查,其方法有虎红平板凝集试验(RBT)、缓冲平板凝集试验(BPAT)、试管凝集试验(SAT)、补体结合试验(CFT)、酶联免疫吸附试验(ELISA)、荧光偏振试验(FPA)和全乳环状试验(MPT)。

没有一种血清学试验适合所有个体或群体流行病学调查,特别是对动物个体进行筛查时所有的方法都会受到限制。在国际贸易上,用于检测牛布氏杆菌病的试验方法中,SAT 通常被认为是不适合的,RBT、BPAT、CFT、ELISA、FPA 等试验方法为国际贸易指定试验。

在诊断上,CFT 比 SAT 特异性更强。ELISA 和 FPA 在诊断操作特性上与 CFT 相当,甚至更好。在国家或地区水平上控制布病时,RBT、BPAT 试验都是适合的筛选方法,但应该用一种合适的确认方法对阳性样品进行复查。MPT 可用于泌乳奶牛布病的监测和筛选。用于检测猪布病的试验方法中,ELISA 为国际贸易指定试验,FPA、RBT、BPAT 为国际贸易备选试验。虽然 SAT、CFT 在检测猪布病时,敏感性和特异性有所降低,没有被世界动物卫生组织(OIE)列为国际贸易指定试验,但对于国际和其他贸易,例如买公猪、了解猪群及其所处地区本病流行状况时还会用到这些试验方法。

三、实验器材

1. 器械

冰箱、温箱、离心机、水浴箱、水平转子离心机、脂肪仪、荧光偏振分析仪、可调微量移液器、微量板振荡器等。

2. 材料

抗原、阳性对照血清、阴性对照血清、0.5%石炭酸生理盐水稀释液、生理盐水、溶血素、绵羊全血、玻璃板(45 cm×30 cm)、玻璃试管(13 mm× 100 mm、10 mm×75 mm)、96 孔 U 形微量反应板、96 孔平底微量反应板。

四、实验内容与方法

血清学检验:

(1)虎红平板凝集试验　试验前血清应置室温(18～26℃)30～60 min。将玻璃板上各格标上被检血清号,然后加入相应的被检血清 30 μL。在被检血清旁加 30 μL 虎红平板凝集抗原。用牙签搅动被检血清和抗原使之均匀混合,形成直径约 2 cm 的液区。轻微摇动,室温下于 4 min 内观察结果,同时作阳性血清和阴性血清对照。每次操作以不超过 20 份血清样品为宜,以免样品干燥而不易观察结果。结果判定:当阴性血清对照不出现凝集(—),阳性血清对照出现凝集(+)时,则试验成立,可以判定。否则试验应重做。在 4 min 内出现肉眼可见凝集现象(出现凝块或颗粒物)者判为阳性(+),不出现凝集者判为阴性(—)。出现阳性反应的样品,还应进行补体结合试验或其他适合的试验进行确证。

(2)缓冲平板凝集试验　试验前血清应置室温(18～26℃)30～60 min。将玻璃板上各格标上被检血清号,然后加入相应的被检血清 80 μL。在被检血清旁加 30 μL 缓冲平板凝集抗原。用牙签搅动被检血清和抗原使之均匀混合,形成直径约 3 cm 的液区。同时作阳性血清和阴性血清对照。将玻璃板旋转 3 次,以使血清与抗原均匀散开。室温(18～26℃)湿盒内孵育 4 min,取出板,边旋转边观察凝集情况。每次操作以不超过 20 份血清样品为宜,以免样品干燥而不易观察结果。结果判定：当阴性血清对照不出现凝集(－)，阳性血清对照出现凝集(＋)时，则试验成立，可以判定。否则试验应重做。出现肉眼可见凝集现象(出现凝块或颗粒物)者判为阳性(＋)，不出现凝集者判为阴性(－)。出现阳性反应的样品，还应进行补体结合试验或其他适合的试验进行确证。

(3)试管凝集试验

①确定被检血清的稀释度　牛、马、骆驼稀释用1∶50、1∶100、1∶200、1∶400，4个稀释度；猪和犬用1∶25、1∶50、1∶100、1∶200，4个稀释度。大规模检疫时也可用2个稀释度，即牛、马、骆驼用1∶50、1∶100，猪和犬用1∶25、1∶50。在进出口检疫中可依据贸易双边协定中确定的血清稀释度对血清进行稀释。为了测定强阳性血清效价，稀释度可以增加。

②稀释被检血清　根据血清样品的不同，采取下列方法之一进行被检血清的稀释。

a. 猪和犬血清的稀释　每份被检血清用4支试管，标记检验编号后第1管加1.15 mL稀释液，第2～4管各加入0.5 mL稀释液。取被检血清0.1 mL，加入第1管，充分混匀后吸弃0.25 mL。然后从第1管中吸取0.5 mL加入到第2管，混合均匀后，再从第2管吸取0.5 mL至第3管，如此倍比稀释至第4管，从第4管弃去0.5 mL，稀释完毕。从第1至第4管的血清稀释度分别为1∶12.5、1∶25、1∶50、1∶100。

b. 牛、马和骆驼血清的稀释　每份被检血清用4支试管，标记检验编号后第1管加1.2 mL稀释液，第2～4管各加入0.5 mL稀释液。取被检血清0.05 mL，加入第1管，充分混匀后吸弃0.25 mL。然后从第1管中吸取0.5 mL加入到第2管，混合均匀后，再从第2管吸取0.5 mL至第3管，如此倍比稀释至第4管，从第4管弃去0.5 mL，稀释完毕。从第1至第4管的血清稀释度分别为1∶25、1∶50、1∶100、1∶200。

③加抗原　将0.5 mL抗原(1∶20)加入已稀释好的各血清管中，并振摇均匀，猪或犬的血清稀释则依次变为1∶25、1∶50、1∶100、1∶200，牛、马和骆驼的血清稀释度则依次变为1∶50、1∶100、1∶200、1∶400。各反应管反应总量为1 mL。

④设立对照　阴性血清对照(阴性血清的稀释和加抗原的方法与被检血清同)、阳性血清对照(阳性血清的最高稀释度应超过其效价滴度，加抗原的方法与被检血清同)。抗原对照[在0.5 mL稀释液中，加0.5 mL抗原(1∶20)]。

⑤配制比浊管　每次试验均应配制比浊管，作为判定凝集反应程度的依据，先将抗原(1∶20)用等量稀释液作一倍稀释，然后按(附录四表17)配制比浊管。

⑥感作　所有试验管充分振荡后，置37℃温箱感作20 h。

⑦判定

a. 确定每份被检血清效价　根据反应的有无及其强度进行判定，以各管中上层液体的清亮度记录凝集反应的强度。比照比浊管进行判定，并以“－、＋、＋＋、＋＋＋、＋＋＋＋”记录结果。－：细菌不被凝集，液体浑浊、无透明度，管底无伞状沉淀，但由于菌体自然下沉，出现圆点状沉淀，振荡时复呈均匀浑浊状态；＋：有凝集，液体透明不明显(25%清亮)，管底有少许不明显的伞状沉淀；＋＋：凝集显著，液体透明中等(50%清亮)，管底有中等量的伞状沉淀；＋＋＋：几乎完全凝集，液体几乎透明(75%清亮)，管底有明显的伞状沉淀，振荡时呈小或大的絮片状；＋＋＋＋：完全凝集，液体完全透明(100%清亮)，管底出现大片的伞状沉淀，振荡时呈大絮片状，但可打成小絮片状。出现＋＋以上凝集现象的最高血清稀释度为血清凝集价。

b. 结果判定　当阴性血清对照和抗原对照不出现凝集(－),阳性血清的凝集价达到其标准效价±1个滴度,则证明试验成立,可以判定。否则,试验应重做。牛、马和骆驼于1∶100血清稀释度,猪和犬于1∶50血清稀释度出现“＋＋”以上(含“＋＋”)的凝集现象时,被检血清判定为阳性;否则,判定为阴性。在进出口检疫中,对阴性、阳性判定标准有规定的按规定进行判定。需要采用国际凝集单位表示试验结果时,可按公式1换算成国际凝集单位。

$$\text{国际凝集单位(IU/mL)}=\frac{1\,000\times\text{被检血清效价(凝集价)}}{\text{国际标准血清的效价}} \tag{1}$$

国际标准血清是由WTO生物制品标准化专家委员会制定的,并规定国际标准血清每安瓿含有1 000 IU凝集素抗体。式中国际标准血清的效价是用所使用的试管凝集方法及抗原测定的。

(4)补体结合试验

1)常量法

①预备试验

a. 制备3%绵羊红细胞悬浮液　将绵羊全血摇匀,避免产生气泡,取出所需量,用稀释液离心洗涤3次,每次在水平转子离心机上2 000 r/min离心5 min,最后一次10 min,吸弃上清液及白细胞层,取下沉红细胞泥,用稀释液稀释成3%的红细胞悬浮液。

b. 配制标准溶血管　制备3%血红素:取10 mL 3%红细胞悬浮液,加到15 mL的刻度离心管中,水平转子离心机上2 000 r/min离心10 min,吸弃上清液,加蒸馏水到9 mL,反复吸打至液体清亮,然后加1 mL 8.5%氯化钠溶液混匀,即成。按附录四表18配制标准溶血管。

c. 溶血素效价的测定　稀释溶血素取0.1 mL溶血素原液,加入9.9 mL稀释液中,如果溶血素是由等量甘油保存,则取0.2 mL溶血素原液,加入9.8 mL稀释液中,制成1∶100稀释的溶血素,再按附录四表19稀释成不同稀释倍数的溶血素;取16个试管,每管加1.5 mL 3%红细胞悬液,然后分别缓慢加入不同稀释倍数的溶血素1.5 mL,混匀,37℃水浴箱中感作15 min,制成不同稀释倍数的溶血素致敏红细胞;配制1/20稀释的补体;用不同稀释倍数的溶血素致敏红细胞分别做补体效价测定。对每一个稀释度的溶血素均找出50%溶血时1/20稀释的补体用量,并换算成补体原液的用量,换算方法是50%溶血时1/20稀释的补体用量除以20,确定溶血素的效价。在普通坐标纸上,以补体原液的用量作为纵坐标,溶血素的稀释度作为横坐标(设定1/500稀释度在坐标上的长度为1,其他稀释度与之相比,所得的分数为各自在坐标上的长度),绘制曲线。取溶血素稀释倍数最高,而补体用量较低的溶血素稀释度为试验用效价。

d. 制备致敏红细胞悬浮液　按测定的溶血素效价稀释溶血素,缓慢加入到等量的3%绵羊红细胞悬浮液中,混合均匀,置37℃水浴箱中感作15 min,即成。

e. 试验当天打开若干瓶(依试验所需量而定)补体,用蒸馏水溶解后,取效价测定所需量作1/20稀释,余下的补体置4～8℃保存备用。取7个试管,按附录四表20加样,然后将试验管置37℃水浴箱中感作30 min(每5 min振荡1次),水平转子离心机2 000 r/min离心3 min,与标准溶血管比较,记录溶血度。在普通坐标纸上,以溶血度为横坐标,1/20稀释补体的用量为纵坐标,绘制曲线。找出50%溶血的补体用量,作为1个单位补体。

f. 抗原效价的测定 阳性对照血清和阴性对照血清分别用稀释液作 1/5 稀释，置 60℃水浴箱内灭活 30 min；将阳性对照血清做倍比稀释；将抗原从 1/5 作倍比稀释；建立方阵试验：0.1 mL 血清＋0.1 mL 抗原＋0.1 mL 补体(3 个单位)，振荡摇匀，4℃感作 18 h 加 0.2 mL 致敏红细胞，振荡摇匀，37℃水浴 30 min。同时建立下列对照管：红细胞对照：0.3 mLVBS＋0.2 mL 致敏红细胞；1 个单位补体对照：0.1 mL 1 个单位补体＋0.2 mL VBS＋0.3 mL 致敏红细胞；2 个和 3 个单位补体对照：同上，只是分别采用 2 个单位补体和 3 个单位补体。1 个单位补体＝2 份 VBS＋1 份 3 个单位补体。2 个单位补体＝1 份 VBS＋2 份 3 个单位补体。记录测定结果：从水浴中取出试验管，水平转子离心机 2 000 r/min 离心 3 min，与标准溶血管比较，观察溶血度，记录结果。抗原效价的确定：对阳性血清各稀释度发生抑制溶血最强的抗原最高稀释度为抗原效价。

②正式试验

a. 试剂预稀释 溶血素、抗原、补体按预试验测定的结果稀释；被检血清和标准阳性、阴性血清用稀释液做 1/10 稀释，置 60℃水浴箱内灭活 30 min。将灭活后的被检血清和标准阳性、阴性血清分别做倍比稀释。一般标准阳性血清的稀释度应超过其效价，标准阴性血清可做 3 个稀释度。

b. 试验程序 0.1 mL 血清＋0.1 mL 抗原＋0.1 mL 补体，振荡摇匀，4℃ 18 h，加 0.2 mL 致敏红细胞，振荡摇匀，37℃水浴 30 min。同时建立抗原、补体、红细胞、血清(包括阳性对照血清、阴性对照血清、被检血清)抗补体和阴性、阳性血清对照附录四表 21。标准阴性、阳性血清对照和被检血清同时做。从水浴中取出试验管，水平转子离心机 2 000 r/min 离心 3 min，比照标准溶血管，记录结果。比照标准溶血管判读，达到 50%抑制溶血时血清的最高稀释度为该血清的效价。结果判定各对照的结果如下时，则可以判定被检血清。否则，补体的效价应重新测定，并重新做：

1 个单位补体对照：50%溶血。

2 和 3 个单位补体对照：100%溶血。

抗原对照：100%溶血。

红细胞对照：不溶血。

阳性血清对照：结果与已知效价符合度±1 个滴度。

阴性血清对照：100%溶血。

血清抗补体对照：如果抗补体管与试验管的抑制溶血程度相同说明该血清为抗补体。通常，被检血清稀释 1∶20 达到 50%抑制溶血时判为阳性。在进出口检疫中对阴性、阳性判定标准有规定的按规定执行结果判定。

2)微量法

①预备试验

a. 3%红细胞悬浮液的制备：绵羊全血充分混匀后，取所需量用稀释液洗 3 次，每次水平转子离心机 2 000 r/min 离心 5 min，最后一次离心 10 min。取 1 份沉淀加入到 24 份稀释液中，充分混匀，制成红细胞悬浮液。取出 250 μL 红细胞悬浮液加入到 4.75 mL 蒸馏水中，使红细胞充分破解至液体清亮。取 100 μL 加入到平底微量板孔内，平行加 8 个孔。用 ELISA 读板仪 540 nm 下读 OD 值，算出平均 OD 值，代入校正红细胞浓度公式(公式 2)：

$$A=\frac{B\times C}{0.115}-C \qquad (2)$$

式中:A—稀释液加入量;

B—平均OD值;

C—红细胞悬浮液量。

取校正红细胞浓度时所需的稀释液量加入到红细胞悬浮液中,即得3%红细胞悬浮液。

b. 溶血素效价的测定:取0.2 mL溶血素原液,加入到19.8 mL生理盐水中,如果溶血素是由等量甘油保存,则取溶血素原液0.4 mL,加入到19.6 mL生理盐水中,制成1∶100稀释的溶血素,再按附录四表22稀释成不同稀释倍数的溶血素。取7个试管,每管加1.5 mL 3%红细胞悬浮液,然后分别缓慢加入不同稀释倍数的溶血素1.5 mL,混匀,37℃水浴箱中感作15 min。溶血素效价的确定将补体原液预稀释至1/500。如果补体效价不高,可降低稀释倍数,按附录四表23进行测定将各管用水平转子离心机2 000 r/min离心3 min,取上清液100 μL分注平底微量板,540 nm下读OD值。按OD值×100/0.115计算出各管溶血度,在普通坐标纸上以溶血素的稀释度为横坐标,以溶血度为纵坐标,绘制曲线,确定出现平高线的点,比此浓度高25%的稀释度定为溶血素的工作效价(即为1.25倍,溶血素稀释倍数×80%=溶血素工作效价)。

c. 制备致敏红细胞悬浮液:按测定的溶血素效价稀释溶血素,缓慢加入到等量的3%绵羊红细胞悬浮液中,混合均匀,置37℃水浴箱中感作15 min。

d. 补体效价的测定:补体预稀释至1/150,如果补体效价不高,可降低稀释倍数,按附录四表24进行测定。将各管用水平转子离心机2 000 r/min离心3 min,取上清液,540 nm下读OD值,按平均OD值×100/0.115计算出各管溶血度(Y),在双对数坐标纸上以$Y/(100-Y)$为横坐标,以补体用量为纵坐标,制成一直线,找出50%溶血时补体的用量(含1个CH50),按补体稀释倍数/(5×50%溶血时补体用量)计算,即得出本试验补体工作效价(含2.5个CH50)。

e. 抗原效价的测定:新购抗原可按照说明书稀释使用。

②正式试验

a. 溶血素、抗原、补体按预试验测定的工作效价稀释。

b. 在玻璃试管中将被检血清和阳性对照血清、阴性对照血清做1/20稀释后(在进出口检疫中应依据贸易协定中确定的血清稀释度进行被检血清的稀释),置60℃水浴箱内灭活30 min。

c. 将灭活后的血清在U形微量反应板中从1/20开始进行倍比稀释。一般阳性对照血清做6个稀释度,阴性对照血清可做3个稀释度,被检血清在做筛选试验时一般做一个稀释度,在做确证实验时一般做6个稀释度。

d. 25 μL血清+25 μL抗原+25 μL补体37℃振荡感作40 min,加25 μL致敏红细胞37℃振荡感作30 min,同时建立阳性对照、阴性对照、血清(包括阳性对照血清、阴性对照血清、被检血清)抗补体对照、抗原对照、补体对照和红细胞对照(见附录四表24)。阴性对照血清、阳性对照血清和被检血清同时做。取出微量反应板,水平转子离心机2 000 r/min离心3 min,比照标准溶血孔,记录结果。

e. 判定:比照标准比色孔判读,达到50%抑制溶血时血清的最高稀释度为该血清的效价。

下述对照的结果成立时，可进行判定。否则，补体的效价应重新测定。

阳性血清对照：阳性对照血清效价与已知效价或预测效价变化范围不超过一个滴度。

阴性血清对照：100％溶血。

血清抗补体对照：抗补体对照孔 100％溶血，如果抗补体对照孔与试验孔的抑制溶血程度相同，说明该血清为抗补体。

抗原对照：100％溶血。

补体对照：2.5 个单位补体对照：100％溶血。

　　　　　1.25 个单位补体对照：部分溶血。

　　　　　0.625 个单位补体对照：不溶血。

红细胞对照：不溶血。

阳性判定：一般被检血清稀释 1/20 以上（包括 1/20）达到 50％抑制溶血时判为阳性。

阴性判定：一般被检血清稀释 1/20 小于 50％抑制溶血时判为阴性。

在进出口检疫中，对判定标准有规定的按规定进行结果判定。

(5)酶联免疫吸附试验

①检验程序

a. 将试剂恢复至室温（16～26℃）。

b. 将浓缩缓冲液用蒸馏水作 1∶25 稀释，稀释后的缓冲液应放置常温在 1 个月内使用。

c. 被检样品中应避免含有颗粒物，如出现颗粒物应作离心处理。

d. 取 20 μL 阳性对照加入微量板 A1 孔中。

e. 取 20 μL 阳性对照加入微量板 B1、C1、D1 孔中。

f. 取 20 μL 被检样品加入微量板余下相应的孔中。

g. 取 180 μL 稀释的缓冲液加入每个孔中，置振荡器上中速振荡 1 min。

h. 将反应板置室温（16～26℃）感作 3～5 min 后，置荧光偏振分析仪上读取缓冲液和样品的初始值，作为空白偏振值。

i. 取 10 μL 结合物加入每个孔中，置振荡器上中速振荡 1 min。

j. 将反应板置室温（16～26℃）感作 2 min 后，置荧光偏振分析仪上读取样品的偏振值（用微偏振单位 mP 表示）。

②判定　当阳性对照偏振值在 120～250 mP 之间，阴性对照偏振值在 70～95 mP 之间时，方可进行被检样品的结果判定。若阴性对照和阳性对照值超出规定的范围，需要根据仪器手册的说明重新校正仪器。被检样品 mP 值计算公式（公式 3）：

$$\mathrm{mP}=A-B \tag{3}$$

式中：mP—微偏振单位；

A—被检样品的偏振值；

B—阴性对照平均偏振值。

被检样品的 mP 值小于 10 mP 时，判为阴性；被检样品的 mP 值大于 20 mP 时，判为阳性；被检样品的 mP 值介于 10 mP 和 20 mP 之间时，判为可疑。可疑样品应双份重复试验。如果两次样品的 mP 值均小于 10 mP，判为阴性；若有一次样品的 mP 值介于 10 mP 和 20 mP 之间，判为可疑，应采用其他试验进行确证；若两次样品的 mP 值均大于 20 mP，判为阳性。

(6)全乳环状试验

①检验程序

a. 取乳样 1 mL 加于灭菌玻璃试管中。

b. 将抗原充分振荡、混合均匀后,取出 50 μL 加入乳样中,充分混匀。

c. 置 37～38℃水浴箱中 60 min。取出试管,避免振荡,立即进行判定。

②结果判定　按乳脂和乳柱的颜色进行判定。用四氮唑染色抗原时颜色呈红色,用苏木素染色抗原颜色呈蓝色。脂肪较少或无脂肪的牛乳呈阳性反应时,菌体呈凝集现象下沉管底,判定时以乳柱的反应为准。

强阳性反应(＋＋＋):乳柱上层乳脂形成明显红色或蓝色的环带,乳柱呈白色,临界分明。

阳性反应(＋＋):乳脂层的环带呈红色或蓝色,但不显著,乳柱略带颜色。

弱阳性反应(＋):乳脂层的环带颜色较浅,但比乳柱颜色略深。

疑似反应(±):乳脂层的环带颜色不明显,与乳柱分界不清,乳柱不褪色。

阴性反应(－):乳柱上层无变化,乳柱颜色均匀。

五、作业与思考题

1. 进行动物布病检疫具有什么公共卫生学意义?
2. 比较几种血清学检验方法的应用特点。

实验五十四　动物性食品中总汞的测定

一、实验目的与要求

1. 掌握动物性食品中汞有毒有害元素的国家标准测定方法。
2. 了解动物性食品中汞测定的卫生学意义。

二、实验原理

汞不是人体必需的微量元素,是对人体有害的元素之一,进入人体的汞主要来自被污染的食物。食品中污染的汞包括无机汞和有机汞,有机汞化合物的毒性比无机汞化合物大得多。食品中所含的汞主要以甲基汞的形式存在。食品中一旦被汞污染,难以彻底除净,无论炸、炒、蒸或煮都无济于事,只有通过控制食品中的含汞量才能避免人类汞中毒的发生。

国家标准测总汞的方法有原子荧光光谱法(第一法)、冷原子吸收法(第二法)。

原子荧光光谱分析法:试样经酸加热消解后,在酸性介质中,试样中汞被硼氢化钾或硼氢化钠还原成原子态汞,由载气(氩气)带入原子化器中,在汞空心阴极灯照射下,基态汞原子被激发至高能态,在由高能态回到基态时,发射出特征波长的荧光,其荧光强度与汞含量成正比,与标准系列溶液比较定量。

冷原子吸收光谱法：汞蒸气对波长 253.7 nm 的共振线具有强烈的吸收作用。试样经过酸消解或催化酸消解使汞转为离子状态，在强酸介质中以氯化亚锡还原成元素汞，载气将元素汞吸入汞测定仪，进行冷原子吸收测定，在一定浓度范围吸收值与汞含量成正比，外标法定量。

三、实验器材

1. 器械

原子荧光光谱仪、测汞仪（附气体循环泵、气体干燥装置、汞蒸气发生装置及汞蒸气吸收瓶）或全自动测汞仪、天平（感量为 0.1 mg 和 1 mg）、微波消解系统、压力消解器、恒温干燥箱（50～300℃）、控温电热板（50～200℃）、超声水浴锅等。

2. 材料

硫酸＋硝酸＋水（1＋1＋8）：量取 10 mL 硝酸和 100 mL 硫酸，缓缓倒入 80 mL 水中，冷却后小心混匀；硝酸溶液（1＋9）：量取 50 mL 硝酸缓慢加入 450 mL 水中；氢氧化钾溶液（5 g/L）：称取 5.0 g 氢氧化钾，溶于水中，稀释至 1 000 mL，混匀；硼氢化钾溶液（5 g/L）：称取 5.0 g 硼氢化钾，溶于 5 g/L 硼氢化钾溶液中，并稀释至 1 000 mL，混匀，现用现配。汞标准储备液（1.00 mg/mL）：精密称取 0.135 4 g 经干燥过的二氯化汞，加硫酸＋硝酸＋水混合液（1＋1＋8）溶解后移入 100 mL 容量瓶中，并稀释至刻度，混匀。汞标准使用液：吸取汞标准储备液（1.00 mg/mL）于 100 mL 容量瓶中，用硝酸溶液（1＋9）稀释至刻度，混匀，此溶液浓度为 10 μg/mL，再分别吸取 1 mL 和 5 mL 于两个 100 mL 容量瓶中，用硝酸溶液（1＋9）稀释至刻度，混匀，溶液浓度分别为 100 ng/mL 和 500 ng/mL。

硝酸溶液（0.5＋99.5）：量取 0.5 mL 硝酸缓慢加入 50 mL 水中；高锰酸钾溶液（50 g/L）：称取 5.0 g 高锰酸钾置于 100 mL 棕色瓶中，用水溶解稀释至 100 mL；硝酸-重铬酸钾溶液：称取 0.05 g 重铬酸钾溶于水中，加 5 mL 硝酸，用水溶解稀释至 100 mL；氯化亚锡溶液（100 g/L）：称取 10 g 氯化亚锡溶于 20 mL 盐酸中，以水稀释稀释至 100 mL，临用时现配。汞标准储备液（1.0 mg/mL）：精密称取 0.135 4 g 经干燥过的二氧化汞溶于硝酸-重铬酸钾溶液中，移入 100 mL 容量瓶，以硝酸-重铬酸钾溶液稀释至刻度，混匀；汞标准使用液：由汞标准储备液（1.0 mg/mL）经硝酸-重铬酸钾溶液稀释成 2.0 ng/mL、4.0 ng/mL、6.0 ng/mL、8.0 ng/mL、10.0 ng/mL。

四、实验内容与方法

1. 试样预处理

在采样和制备过程中，应注意不使试样污染；粮食、豆类等样品去杂物后粉碎均匀，装入洁净聚乙烯瓶中，密封保存备用；蔬菜、水果、鱼类、肉类及蛋类等新鲜样品，洗净晾干，取可食部分匀浆，装入洁净聚乙烯瓶中，密封，于 4℃冰箱冷藏备用。

2. 试样消解

（1）压力罐消解法　称取固体试样 0.2～1.0 g（精确到 0.001 g），新鲜样品 0.5～2.0 g 或液体试样吸取 1～5 mL 称量（精确到 0.001 g），置于消解内罐中，加入 5 mL 硝酸浸泡过夜。盖好内盖，旋紧不锈钢外套，放入恒温干燥箱，140～160℃保持 4～5 h，在箱内自然冷却至室温,然后缓慢旋松不锈钢外套,将消解内罐取出,用少量水冲洗内盖,放在控温电热板上或超声水浴箱中,于 80℃或超声脱气 2～5 min 赶去棕色气体。取出消解内罐,将消化液转移至 25 mL 容量瓶中,用少量水分 3 次洗涤内罐,洗涤液合并于容量瓶中并定容至刻度,混匀备用;同时做空白试验。

(2)微波消解法　称取固体试样 0.2～0.5 g(精确到 0.001 g)、新鲜样品 0.2～0.8 g 或液体试样 1～3 mL 于消解罐中,加入 5～8 mL 硝酸,加盖放置过夜,旋紧罐盖,按照微波消解仪的标准操作步骤进行消解(消解参考条件见附录四表 10)。冷却后取出,缓慢打开罐盖排气,用少量水冲洗内盖,将消解罐放在控温电热板上或超声水浴箱中,于 80℃加热或超声脱气 2～5 min,赶去棕色气体,取出消解内罐,将消化液转移至 25 mL 塑料容量瓶中,用少量水分 3 次洗涤内罐,洗涤液合并于容量瓶中并定容至刻度,混匀备用;同时作空白试验。

(3)回流消解法

①动物油脂　称取 1.0～3.0 g(精确到 0.001 g)试样,置于消化装置锥形瓶中,加玻璃珠数粒,加入 7 mL 硫酸,小心混匀至溶液颜色变为棕色,然后加 40 mL 硝酸。装上冷凝管后,小火加热,待开始发泡即停止加热,发泡停止后,加热回流 2 h。如加热过程中溶液变棕色,再加 5 mL 硝酸,继续回流 2 h,消解到样品完全溶解,一般呈淡黄色或无色,放冷后从冷凝管上端小心加 20 mL 水,继续加热回流 10 min 放冷,用适量水冲洗冷凝管,冲洗液并入消化液中,将消化液经玻璃棉过滤于 100 mL 容量瓶内,用少量水洗涤锥形瓶、滤器,洗涤液并入容量瓶内,加水至刻度,混匀;同时做空白试验。

②肉、蛋类　称取 0.5～2.0 g(精确到 0.001 g),置于消化装置锥形瓶中,加玻璃珠数粒及 30 mL 硝酸、5 mL 硫酸、转动锥形瓶防止局部炭化。以下按①"装上冷凝管后,小火加热……同时做空白试验"步骤操作。

③乳及乳制品　称取 1.0～4.0 g(精确到 0.001 g)乳或乳制品,置于消化装置锥形瓶中,加玻璃珠数粒及 30 mL 硝酸,乳加 10 mL 硫酸,乳制品加 5 mL 硫酸,转动锥形瓶防止局部炭化。以下按①"装上冷凝管后,小火加热……同时做空白试验"步骤操作。

3. 测定

(1)第一法:原子荧光光谱分析法

①标准曲线的制作　分别吸取 50 ng/mL 汞标准使用液 0.00 mL、0.20 mL、0.50 mL、1.00 mL、1.50 mL、2.00 mL、2.50 mL 于 50 mL 容量瓶中,用硝酸溶液(1＋9)稀释至刻度、混匀。各自相当于汞浓度为 0.00 ng/mL、0.20 ng/mL、0.50 ng/mL、1.00 ng/mL、1.50 ng/mL、2.00 ng/mL、2.50 ng/mL。

②试样溶液的测定　设定好仪器最佳条件,连续用硝酸溶液(1＋9)进样,待读数稳定之后,转入标准系列测量,绘制标准曲线。转入试样测量,先用硝酸溶液(1＋9)进样,使读数基本回零,再分别测定试样空白和试样消化液,每测不同的试样前都应清洗进样器。试样测定结果按公式(1)计算。

③仪器参考条件　光电倍增管负高压:240 V;汞空心阴极灯电流:30 mA;原子化器温度:300℃;载气流速:500 mL/min;屏蔽气流速:1 000 mL/min。

(2)第二法:冷原子吸收光谱法

①标准曲线的制作　分别吸取 50 ng/mL 汞标准使用液 0.00 mL、0.20 mL、0.50 mL、1.00 mL、1.50 mL、2.00 mL、2.50 mL 于 50 mL 容量瓶中,用硝酸溶液(1＋9)稀释至刻

度、混匀。各自相当于汞浓度为 0.00 ng/mL、0.20 ng/mL、0.50 ng/mL、1.00 ng/mL、1.50 ng/mL、2.00 ng/mL、2.50 ng/mL。将标准系列溶液分别置于测汞仪的汞蒸气发生器中，连接抽气装置，沿壁迅速加入 3.0 mL 还原剂氯化亚锡(100 g/L)，迅速盖紧瓶塞，随后有气泡产生，立即通过流速为 1.0 L/min 的氮气或经活性炭处理的空气，使汞蒸气经过氯化钙干燥管进入测汞仪中，从仪器读数显示的最高点测得其吸收值。然后，打开吸收瓶上的三通阀将产生的剩余汞蒸气吸收于高锰酸钾溶液(50 g/L)中，待测汞仪上的读数达到零点时进行下一次测定。同时做空白试验。求得吸光度值与汞质量关系的一元线性回归方程。

②试样溶液的测定　分别吸取样液和试剂空白液各 5.0 mL 置于测汞仪的汞蒸气发生器的还原瓶中，以下按照①"连接抽气装置……同时做空白试验"进行操作。将所测得吸光度值，代入标准系列溶液的一元线性回归方程中求得试样溶液中汞含量。

4. 结果计算

(1)第一法：原子荧光光谱分析法　试样中汞含量按公式(1)计算：

$$X=\frac{(c-c_0)\times V\times 1\,000}{m\times 1\,000\times 1\,000} \tag{1}$$

式中：X—试样中汞的含量，单位为毫克每千克或毫克每升(mg/kg 或 mg/L)；

c—测定样液中汞含量，单位为纳克每毫升(ng/mL)；

c_0—空白液中汞含量，单位为纳克每毫升(ng/mL)；

V—试样消化液定容总体积，单位为毫升(mL)；

1 000—换算系数；

m—试样质量，单位为克或毫升(g 或 mL)。

计算结果保留两位有效数字。当样品称样量为 0.5 g，定容体积为 25 mL 时，方法检出限 0.003 mg/kg，方法定量限 0.010 mg/kg。

(2)第二法：冷原子吸收光谱法　试样中汞含量按公式(2)计算：

$$X=\frac{(m_1-m_2)\times V_1\times 1\,000}{m_1\times V_2\times 1\,000\times 1\,000} \tag{2}$$

式中：X—试样中汞的含量，单位为毫克每千克或毫克每升(mg/kg 或 mg/L)；

m_1—测定样液中汞质量，单位为纳克(ng)；

m_2—空白液中汞质量，单位为毫升(mL)；

V_1—试样消化液定容总体积，单位为毫升(mL)；

1 000—换算系数；

m—试样质量，单位为克或毫升(g 或 mL)；

V_2—测定样液体积，单位为毫升(mL)。

计算结果保留两位有效数字。当样品称样量为 0.5 g，定容体积为 25 mL 时，方法检出限 0.002 mg/kg，方法定量限 0.007 mg/kg。

5. 精密度

在重复性条件下获得的两次独立测定结果的绝对差值不得超过算术平均值的 20%。

五、作业与思考题

1. 报告实验结果，并依据判定标准评价被检样品的卫生质量。

2. 检测动物性食品中汞的含量有何卫生学意义？

实验五十五　动物性食品中砷的测定

一、实验目的与要求

1. 掌握动物性食品中砷有毒有害元素的国家标准测定方法。
2. 了解动物性食品中砷测定的卫生学意义。

二、实验原理

食品中的砷是人体从外界环境摄入微量砷的重要来源之一，而食品中的砷主要来源于海产品。食品中污染的砷包括无机砷和有机砷，无机砷的毒性大于有机砷，在无机砷中三价砷的毒性大于五价砷。

国家推荐标准中介绍的砷的测定方法有 5 种：电感耦合等离子体质谱法(第一法)、氢化物发生原子荧光光谱法(第二法)、银盐法(第三法)、液相色谱—原子荧光光谱(LC-AFS)法(第四法)和液相色谱—电感耦合等离子体质谱(LC-ICP-MS)法(第五法)。第一法具有检出极限低、精密度和准确度较高的特点，但需要专用的设备——氢化物原子荧光光度计，因此影响了该方法的推广；第三法为目测半定量法，虽然操作简便，但精密度较差；第二法和第四法均属于比色法，其中第二法在分析测定时被广泛应用，使用历史也较长。

银盐法系样品经消化后，以碘化钾、氯化亚锡将高价砷还原为三价砷，然后与锌粒和酸产生的新生态氢生成砷化氢，经银盐溶液吸收后，形成红色胶态物，与标准系列比较定量。

三、实验器材

1. 器械

分光光度计、测砷装置：①100～150 mL 锥形瓶：19 号标准口；②导气管：管口 19 号标准口或经碱处理后洗净的橡皮塞与锥形瓶密合时不应漏气，管的另一端管径为 1.0 mm；③吸收管：10 mL 刻度离心管作吸收管用。

2. 材料

硝酸、硫酸、盐酸、氧化镁、无砷锌粒；硝酸—高氯酸混合溶液(4＋1)：量取 80 mL 硝酸，加 20 mL 高氯酸，混匀；硝酸镁溶液(150 g/L)：称取 15 g 硝酸镁[$Mg(NO_3)_2 \cdot 6H_2O$]溶于水中，并稀释至 100 mL；碘化钾溶液(150 g/L)：贮存于棕色瓶中；酸性氯化亚锡溶液：称取 40 g 氯化亚锡($SnCl_2 \cdot 2H_2O$)，加盐酸溶解并稀释至 100 mL，加入数颗金属锡粒；盐酸溶液(1＋1)：量取 50 mL 盐酸加水稀释至 100 mL；乙酸铅溶液(100 g/L)；乙酸铅棉花：用乙酸铅溶液(100 g/L)浸透脱脂棉后，压除多余溶液，并使疏松，在 100℃以下干燥后贮存于玻璃瓶中；氢氧化钠溶液(200 g/L)；硫酸溶液(6＋94)：量取 6.0 mL 硫酸加于 80 mL 水中，冷后再加水稀释至 100 mL；二乙基二硫代氨基甲酸银-三乙醇胺-三氯甲烷溶液：称取 0.25 g 二乙基二硫代氨基甲酸银[$(C_2H_5)_2NCS_2Ag$]置于乳钵中，加少量三氯甲烷研磨，移入 100 mL 量筒中，加入 1.8 mL 三乙醇胶，再用三氯甲烷分次洗涤乳钵，洗液一并移入量筒中，再用三氯甲烷稀释至 100 mL，放置过夜。滤入棕色瓶中储存；砷标准储备液：准确称取 0.132 0 g 在硫酸干燥器中干燥过的或在 100℃干燥 2 h 的三氧化二砷，加 5 mL 氢氧化钠溶液（200 g/L），溶解后加 25 mL 硫酸（6+94），移入 1 000 mL 容量瓶中，加新煮沸冷却的水稀释至刻度，贮存于棕色玻璃塞瓶中，此溶液每毫升相当于 0.10 ng 砷；砷标准使用液：吸取 1.0 mL 砷标准储备液，置于 100 mL 容量瓶中，加 1 mL 硫酸（6+94），加水稀释至刻度，此溶液每毫升相当于 1.0 μg 砷。

四、实验内容与方法

1. 样品处理

（1）硝酸—高氯酸—硫酸法　称取待检样水产品可食用部分（海产藻类、贝类可适当减少取样量）5.00～10.0 g，置于 250～500 mL 定氮瓶中，先加少许水湿润，加数粒玻璃珠，5～10 mL 硝酸—高氯酸混合液，混匀，放置片刻，小火缓缓加热，待作用缓和，放冷。沿瓶壁加入 5 mL 或 10 mL 硫酸，再加热，至瓶中液体开始变成棕色时，不断沿瓶壁滴加硝酸—高氯酸混合液至有机质分解完全。加大火力，至产生白烟，待瓶口白烟冒净后，溶液应透明无色或微带黄色，放冷（在操作过程中应注意防生爆炸）。

加 20 mL 水煮沸，除去残余的硝酸至产生白烟为止，如此处理两次，放冷。将冷后的溶液移入 50 mL 或 100 mL 容量瓶中，用水洗涤定氮瓶，洗液并入容量瓶中，放冷，加水至刻度，混匀。定容后的溶液每 10 mL 相当于 1 g 样品，相当于加入硫酸 1 mL。

取与消化样品相同量的硝酸—高氯酸混合液和硫酸，按同一方法做试剂空白试验。

（2）硝酸—硫酸法　以硝酸代替硝酸—高氯酸混合液进行操作。

（3）灰化法　称取水产品可食部分样品 5 g，置于坩埚中，加 1 g 氧化镁及 10 mL 硝酸镁溶液，混匀，浸泡 4 h。于低温或置水浴锅上蒸干。用小火炭化至无烟后移入马弗炉中加热至 550℃，灼烧 3～4 h，冷却后取出。加 5 mL 水湿润灰分后，用细玻棒搅拌，再用少量水洗下玻棒上附着的灰分至坩埚内。放水浴上蒸干后移入高温炉 550℃灰化 2 h，冷却后取出。加 5 mL 水湿润灰分，再慢慢加入 10 mL 盐酸（1+1），然后将溶液移入 50 mL 容量瓶中，坩埚用盐酸（1+1）洗涤 3 次，每次 5 mL，再用水洗涤 3 次，每次 5 mL，洗液均并入容量瓶中，再加水至刻度，混匀。定容后的溶液每 10 mL 相当于 1 g 试样，其加入盐酸量不少于（中和需要量除外）1.5 mL，全量供银盐法测定时，不必再加盐酸。按同一操作方法做试剂空白试验。

2. 分析步骤

吸取一定量的消化后的定容溶液（相当于 5 g 试样）及同量的试剂空白液，分别置于 150 mL 锥形瓶中，补加硫酸至总量为 5 mL，加水至 50～55 mL。

（1）标准曲线的绘制　吸取 0、2.0、4.0、6.0、8.0、10.0 mL 砷标准使用液（相当于 0、2.0、4.0、6.0、8.0、10.0 μg 砷）置于 6 个 150 mL 锥形瓶中，加水至 40 mL，再加 10 mL 盐酸（1+1）。

（2）用湿法消化液　于试样消化液、试剂空白液及砷标准溶液中各加 3 mL 碘化钾溶液（150 g/L）、0.5 mL 酸性氯化亚锡溶液，混匀，静置 15 min。各加入 3 g 锌粒，立即分别塞上装有乙酸铅棉花的导气管，并使管尖端插入盛有 4 mL 银盐溶液的离心管中的液面下，在常温下反应 45 min 后，取下离心管，加三氯甲烷补足 4 mL。用 1 cm 比色杯，以零管调节零点，于波长 520 nm 处测吸光度,绘制标准曲线。

(3)用灰化法消化液　取灰化法消化液及试剂空白液分别置于 150 mL 锥形瓶中。吸取 0、2.0、4.0、6.0、8.0、10.0 mL 砷标准使用液(相当于 0、2.0、4.0、6.0、8.0、10.0 μg 砷),分别置于 150 mL 锥形瓶中,加水至 43.5 mL,再加 6.5 mL 盐酸。以下按(2)操作。

3. 结果计算

样品中砷的含量按下列公式进行计算。

$$X=\frac{(A_1-A_2)\times V\times 1\ 000}{m\times V_2\times 1\ 000\times 1\ 000}$$

式中:X—样品中砷的含量,mg/kg 或 mg/L;

A_1—测定用样品消化液中砷的质量,ng;

A_2—试剂空白液中砷的质量,ng;

m—样品质量,g 或 mL;

V_1—样品消化液的总体积,mL;

V_2—测定用样品消化液的体积,mL。

计算结果保留 2 位有效数字。

五、作业与思考题

1. 报告实验结果,并依据判定标准评价被检样品的卫生质量。
2. 检测动物性食品中砷的含量有何卫生学意义?
3. 采用银盐法测定动物性食品中砷的含量时,应注意哪些事项?

实验五十六　动物性食品中克伦特罗残留量的测定

一、实验目的与要求

1. 掌握动物性食品中克伦特罗残留量的国家标准测定方法。
2. 了解动物性食品中克伦特罗残留量测定的卫生学意义。

二、实验原理

测定动物性食品中克伦特罗残留量的方法有 3 种,即气相色谱—质谱法(GC-MS,第一法)、高效液相色谱法(HPLC,第二法)和酶联免疫吸附试验(ELISA,第三法)。我国动物性食品中克伦特罗残留检测是采用从 ELISA 筛选、HPLC 定量到 GC-MS 确证和定量的一整套方法。

ELISA 基于抗原抗体反应进行竞争性抑制测定。微孔板包被有针对克伦特罗 IgG 的包被抗体。克伦特罗抗体被加入，经过孵育及洗涤步骤后，加入竞争性酶标记物、标准或试样溶液。克伦特罗与竞争性酶标记物竞争克伦特罗抗体，没有与抗体连接的克伦特罗标记酶在洗涤步骤中被除去。将底物（过氧化尿素）和发色剂（四甲基联苯胺）加入到孔中孵育，结合的标记酶将无色的发色剂转化为蓝色的产物。加入反应停止液后使颜色由蓝色转变为黄色。在450 nm处测量吸光度值，吸光度比值与克伦特罗浓度的自然对数成反比。

三、实验器材

1. 器械

超声波清洗器、磨口玻璃离心管（11.5 cm×3.5 cm，具塞）、酸度计、离心机、振荡器、旋转蒸发器、涡旋式混合器、匀浆器、酶标仪（配备450 nm滤光片）、微量移液器（单道20、5、100 μL和多道50～250 μL可调）。

2. 材料

磷酸二氢钠、高氯酸、异丙醇、乙酸乙酯、高氯酸溶液（0.1 mol/L）、氢氧化钠溶液（1 mol/L）、磷酸二氢钠缓冲液（0.1 mol/L，pH 6.0）、异丙醇＋乙酸乙酯（40＋60）、针筒式微孔过滤膜（0.45 μm，水相）、克伦特罗酶联免疫试剂盒[96孔板（12条×8孔）]、包被有针对克伦特罗IgG的包被抗抗体、克伦特罗系列标准液（至少有5个倍比稀释浓度水平，外加1个空白）、过氧化物酶标记物（浓缩液）、克伦特罗抗体（浓缩液）、酶底物（过氧化尿素）、发色剂（四甲基联苯胺）、反应停止液（1 mol/L硫酸）、缓冲液（酶标记物及抗体浓缩液稀释用）。

四、实验内容与方法

1. 提取

（1）肌肉、肝脏及肾脏试样　称取肌肉、肝脏、肾脏试样10 g（精确到0.01 g），用20 mL高氯酸溶液（0.1 mol/L）匀浆，置于磨口玻璃离心管中，然后置于超声波清洗器中超声20 min，取出置于80℃水浴中加热30 min。取出冷却后，4 500 r/min离心15 min。倾出上清液，沉淀用5 mL高氯酸溶液（0.1 mol/L）洗涤，再离心，将两次的上清液合并。用1 mol/L氢氧化钠溶液调pH至9.5±0.1，若有沉淀产生，再4 500 r/min离心10 min，将上清液转移至磨口玻璃离心管中，加入8 g氯化钠，混匀，加入5 mL异丙醇＋乙酸乙酯（40＋60），置于振荡器上振荡提取20 min。提取完毕，放置5 min（若有乳化层稍离心一下）。用吸管小心将上层有机相移至旋转蒸发瓶中，用20 mL异丙醇＋乙酸乙酯（40＋60）再重复萃取一下，合并有机相，于60℃在旋转蒸发器上浓缩至近干。用1 mL磷酸二氢钠缓冲液（0.1 mol/L，pH 6.0）充分溶解残留物，经针筒式微孔过滤膜过滤，洗涤3次后完全转移至5 mL玻璃离心管中，并用0.1 mol/L磷酸二氢钠缓冲液（pH 6.0）定容至刻度。

（2）尿液试样　若尿液浑浊先3 000 r/min离心10 min，将上清液适当稀释后上酶标板进行酶联免疫法筛选实验。

（3）血液试样　将血清或血浆3 000 r/min离心10 min，取血清适当稀释后上酶标板进行酶联免疫法筛选实验。

2. 测定

（1）试剂的准备

①竞争酶标记物　提供的竞争酶标记物为浓缩液。由于稀释的酶标记物稳定性不好，仅稀释实际需用量的酶标记物。在吸取浓缩液之前，要仔细振摇。用缓冲液以 1∶10 的比例稀释酶标记物浓缩液(如 400 μL 浓缩液＋4.0 mL 缓冲液，足够 4 个微孔板条 32 孔用)。

②克伦特罗抗体　提供的克伦特罗抗体为浓缩液，由于稀释的克伦特罗抗体稳定性变差，仅稀释实际需用量的克伦特罗抗体。在吸取浓缩液之前，要仔细振摇。用缓冲液以 1∶10 的比例稀释抗体浓缩液(如 400 μL 浓缩液＋4.0 mL 缓冲液，足够 4 个微孔板条 32 孔用)。

③包被有抗抗体的微孔板条　将锡箔袋沿横向边压皱，外沿剪开，取出需用数量的微孔板及框架，将不用的微孔板放进原锡箔袋中并且与提供的干燥剂一起重新密封，保存于 2～8℃。

(2)试样准备　取实验内容 1 的提取物 20 μL 进行分析。高残留的试样用蒸馏水进一步稀释。

(3)测定　使用前将试剂盒在室温(19～25℃)下放置 1～2 h。

①将标准和试样(至少按双平行实验计算)所用数量的孔条插入微孔架，记录标准和试样的位置。

②加入 100 μL 稀释后的抗体溶液到每一个微孔中。充分混合并在室温孵育 15 min。

③倒出孔中的液体，将微孔架倒置在吸水纸上拍打(每行拍打 3 次)，以保证完全除去孔中的液体。用 250 μL 蒸馏水充入孔中，再次倒掉微孔中液体，再重复操作两次以上。

④加入 20 μL 的标准或处理好的试样到各自的微孔中。标准和试样至少做两个平行实验。

⑤加入 100 μL 稀释的酶标记物，室温孵育 20 min。

⑥倒出孔中的液体，将微孔架倒置在吸水纸上拍打(每行拍打 3 次)，以保证完全除去孔中的液体。用 250 μL 蒸馏水充入孔中，再次倒掉微孔中液体，再重复操作两次以上。

⑦加入 50 μL 酶底物和 50 μL 发色试剂到微孔中，充分混合并在室温暗处孵育 15 min。

⑧加入 100 μL 反应停止液到微孔中。混合好尽快在 450 nm 波长处测量吸光度值。

3. 结果计算

用所获得的标准溶液和试样溶液吸光度值与空白溶液的比值进行计算，见式(1)。

$$\text{相对吸光度值}=\frac{B}{B_0}\times 100\% \tag{1}$$

式中：B—标准(或试样)溶液的吸光度值；

B_0—空白(浓度为 0 的标准溶液)的吸光度值。

将计算的相对吸光度值(%)对应克伦特罗浓度(ng/L)的自然对数做半对数坐标系统曲线图，校正曲线在 0.004～0.054 ng(200～2 000 ng/L)范围内呈线性，对应的试样浓度可从校正曲线算出，见式(2)。

$$X=\frac{A\times f}{m\times 1\ 000} \tag{2}$$

式中：X—试样中克伦特罗的含量，μg/kg 或 μg/L；

A—试验的相对吸光度值(%)对应的克伦特罗质量，ng/L；

f—试样稀释倍数；

m—试样的取样量，g 或 mL。

计算结果表示到小数点后 2 位，阳性结果需要经过第一法确证。

五、作业与思考题

1. 报告实验结果，并依据国家食品卫生标准中的限量进行判定。
2. 我国是如何监测动物性食品中克伦特罗残留的？

（李郁）

第三部分

课程实习

第八章

动物疫病防治课程实习

实验一　鸡传染性法氏囊病的诊治

一、实验目的与要求

熟悉和掌握鸡传染性法氏囊病的诊断、免疫和防治方法。

二、实验器材

1. 器械

解剖盘、剪刀、镊子、酒精灯、一次性注射器(1 mL、5 mL)、打孔器等。

2. 材料

IBD 冻干活疫苗、IBD 阳性血清和阴性血清、IBD 高免卵黄抗体、酒精棉球等。

三、实验内容与方法

(一)临床诊断要点

鸡传染性法氏囊病(IBD)是由一种双股 RNA 病毒即法氏囊病病毒引起鸡的一种急性接触性传染病。根据本病的流行特点、临床症状和剖检变化可作出诊断,其诊断要点如下。

1. 流行特点

IBD 仅发生于鸡,多见于雏鸡和幼龄鸡,以 3～6 周龄鸡最易感。成年鸡感染后一般呈隐性经过。在易感鸡群中,往往是突然发病,头 2 天死亡不多,第 3～5 天死亡达到高峰,第 7 天后死亡减少或停止死亡。

2. 临床症状

本病在初发生的鸡群多呈急性经过,早期症状表现为有的鸡啄肛门和羽毛现象,随着病鸡出现下痢、食欲减退、精神委顿、畏寒、消瘦、羽毛无光泽,病鸡脱水虚弱而死亡。病死率一般在5%~25%,如毒力强的毒株侵害,其病死率可达60%以上。

3. 病变

剖检时特征性病变,见胸肌、腿肌肌肉出血,腺胃和肌胃交界处有带状出血。法氏囊水肿比正常大2~3倍。法氏囊明显出血,黏膜皱褶上有出血点,里面黏液较多,如出血严重者法氏囊像紫葡萄样。病程长的法氏囊内有干酪样物质,整个囊变硬。有的病例法氏囊萎缩。肾脏肿大并有尿酸盐沉积,盲肠扁桃体肿大、出血。

(二)实验室诊断

IBD的实验室诊断,取决于病毒的特异性抗体的检测,或组织中病毒的血清学检查,通常不把病原分离和鉴定作为常规诊断的目的。

1. 琼脂凝胶沉淀试验

本法是检测血清中特异性抗体或法氏囊组织中病毒抗原的最常用诊断方法。

(1)病料采集　采集发病早期的血液样品,3周后再采血样,并分离血清。为了检出法氏囊中的抗原,无菌采取10只鸡左右的法氏囊,用组织搅拌器制成匀浆,以3 000 r/min离心10 min,取上清液备用。

(2)IBD的标准阳性血清和阴性血清

(3)琼脂板制备　取1 g优质琼脂溶化于含有0.1%石炭酸的8%氯化钠溶液100 mL,经多层纱布脱脂棉过滤,置冰箱备用。有时放在水中液化并趁热浇在玻片上,每片4 mL,厚2.5~3 mm。也可以吸15 mL倒入90 mm平皿内。

(4)打孔和加样　事先制好打孔的图案(中央1个孔和外周6个孔),放在琼脂板下面,用打孔器打孔,并剔去孔内琼脂。孔径为6 mm,孔距为3 mm。检测IBDV的抗体时,中央孔加已知的IBDV的抗原,若测法氏囊中的病毒抗原,中央孔加已知标准阳性血清。现以检测抗原为例进行加样。中央孔加IBD的阳性血清,1、4孔加入已知抗原,2、3、5、6孔加入被检抗原,加至孔满为止,将平皿倒置放在湿盒内,置37℃温箱内经24~48 h观察结果。

(5)结果判定　在标准阳性血清与被检的抗原孔之间,有明显沉淀线者判为阳性,相反,如果不出现沉淀线者判为阴性。标准阳性血清和已知抗原孔之间一定要出现明显沉淀线者,本试验方可确认。

2. 免疫荧光抗体检查

(1)荧光抗体　从商业厂家购买。

(2)被检材料　采取病死鸡的法氏囊、盲肠扁桃体、肾和脾,用冰冻切片制片后,用丙酮固定10 min。

(3)染色方法　在切片上滴加IBD的荧光抗体,置湿盒内在37℃感作30 min后取出,先用pH 7.2 PBS液冲洗,继而用蒸馏水冲洗,自然干燥后滴加甘油缓冲液封片(甘油9份,pH 7.2 PBS 1份)镜检。

(4)结果判定　镜检时见片上有特异性的荧光细胞时判为阳性,不出现荧光或出现非特异性荧光则判为阴性。

(5)注意事项　滴加标记荧光抗体于已知阳性标本上,应呈现明显的特异荧光。滴加标记荧光抗体于已知阴性标本片上,应不出现特异荧光。本法在感染12 h就可在法氏囊和盲肠扁桃体中检出。

3. 病毒中和试验

可用细胞培养或幼龄鸡进行，此法比琼脂凝胶沉淀试验检测抗体更敏感，对评价疫苗的免疫应答是有用的。

(1)细胞培养中和试验　在微量滴定板的每孔中，加入 0.5 mL 含 100 $TCID_{50}$ 的病毒稀释液。被检血清经 56℃灭能 30 min，然后以滴定板上的病毒稀释液将被检血清作连续倍比稀释。滴定板在室温放 30 min 后，每孔加入 0.2 mL 制备好的鸡胚细胞悬液，置 37℃培养 4～5 d，每天在倒置显微镜观察细胞病变产生的情况，并以不出现细胞病变的最终稀释度的倒数(log2)判定终点。

(2)用鸡中和试验　将被检血清在 56℃灭能 30 min。取 1 mL 被检血清与 1 mL 已知 IBD 阳性抗原(可用细胞培养毒，1 mL 含 200 $TCID_{50}$/0.05 mL，或用清亮的 10%法氏囊匀浆)混合，置 37℃孵育 30～60 min。将上述混合物滴入 7 只易感鸡眼内(易感鸡不含有 IBD 抗体)，每只鸡滴 0.5 mL，3 d 后将鸡宰杀，检查其法氏囊有无病变。同时设立 IBD 阳性血清和阴性血清作对照。若被检血清采于非免疫鸡群，其阳性血清和被检血清鸡的法氏囊无病变，而阴性血清对照鸡的法氏囊出现病变时，表明被检血清的鸡已感染 IBDV；如果被检血清采于免疫鸡群，出现这种情况，说明 IBD 疫苗免疫应答较好。相反，阳性血清鸡的法氏囊无病变，而阴性血清和被检血清鸡的法氏囊出现病变，表明 IBD 疫苗免疫应答差。

(三)传染性法氏囊病的防治

1. 兽医卫生消毒

对雏鸡舍和患过本病的鸡舍进行严格彻底的消毒。消毒液以酚制剂、福尔马林和强碱消毒药液效果较好。首先应对消毒的环境、鸡舍、笼具、食槽、饮水器具、工具等喷洒消毒药，经 4～6 h 后，进行彻底清扫和冲洗，将粪便和污物清理干净，再用高压水冲洗整个鸡舍、笼具和地面等。经 2～3 次消毒，再用清水冲洗一次，然后将消毒干净的用具等放回鸡舍，再用福尔马林熏蒸消毒 10 h，进鸡前通风换气。

2. 疫苗免疫接种

(1)疫苗的种类　常用的疫苗有活疫苗和灭活疫苗。活疫苗可通过饮水免疫，灭活苗需要肌肉注射。活疫苗主要包括低毒力(弱毒)活疫苗、中等毒力的活疫苗和毒力偏强的活疫苗。灭活疫苗是用细胞毒或鸡胚毒经灭活后制成的油佐剂灭活疫苗，也可用发病鸡的法氏囊组织制成灭活疫苗。

(2)最佳首免日龄的确定　通过采用免疫血清学技术，如 ELISA、细胞微量中和试验和琼脂扩散试验(AGP)测定 1 日龄雏鸡母源抗体水平，然后推算确定首免日龄。按总雏鸡数的 0.5%的比例采血，分离血清，用 AGP 测定 1 日龄雏鸡 IBD 母源抗体的阳性率，如果阳性率低于 80%，鸡群应在 10～17 日龄进行首免；若阳性率达 80%～100%，在 7～10 日龄再采血测定一次，如阳性率低于 50%，鸡群应在 14～21 日龄首免，若超过 50%，鸡群应在 17～24 日龄首免。

(3)推荐的免疫程序　种鸡的免疫程序 1 日龄种雏来自未经 IBD 灭活疫苗免疫的种母鸡，首免应根据 AGP 测定的结果来确定，一般多在 10～14 日龄进行首免，二免应在首免后 3 周进行，首免和二免用活疫苗饮水免疫。18～20 周龄(开产前)和 40～42 周龄用灭活疫苗皮下或肌肉免疫接种。

商品蛋鸡、商品肉鸡的免疫程序　用活疫苗免疫两次。首免日龄按前述进行确定，二免于首免后3周进行。

3. 发病鸡群的紧急治疗

鸡群发病时,应对环境和鸡舍进行彻底消毒。发病鸡群用IBD中等毒力活疫苗对全群鸡进行肌肉注射或饮水免疫紧急接种,可减少死亡。发病早期用高免血清或康复鸡血清或IBD高免卵黄抗体每只鸡注射0.3～0.5 mL可起到紧急治疗的效果。适当降低饲料中的蛋白质含量、提高维生素的含量,饮水中适当添加电解质可降低死亡。

四、作业与思考题

1. 传染性法氏囊病的流行病学、临床症状和病理变化特点是什么?
2. 传染性法氏囊病的实验室诊断方法有几种?比较其优缺点。
3. 用高免血清或高免抗体治疗传染性法氏囊病应注意哪些事项?

实验二　家禽大肠杆菌病的诊治

一、实验目的与要求

学习和掌握家禽大肠杆菌病实验室诊断方法和临床治疗方法。

二、实验器材

1. 器械

解剖剪刀、镊子、移液器、滴头、接种环、显微镜、酒精灯等。

2. 材料

各种营养琼脂培养基,如普通营养琼脂、麦康凯培养基、远滕氏培养基、伊红美蓝琼脂等;各种生化发酵管和药敏试纸:购买或自制;细菌:待做药敏试验的细菌;革兰氏染色试剂;实验动物:鸡、小白鼠。

三、实验内容与方法

(一)临床诊断要点

1. 病原和流行特点

禽大肠杆菌病是由致病性埃希氏大肠杆菌引起的多种禽病的总称,主要发生于幼禽,包括鸡、鹅、鸭、火鸡和肉鸽等。临床分离的家禽致病性大肠杆菌血清型众多,已确定的血清型包括O1、O2、O4、O8、O11、O15、O18、O20、O26、O35、O36、O45、O53、O56、O60、O78、O88、O107、O109、O131、O138、O147、O154等。

2. 临床症状及病变

家禽感染大肠杆菌后,由于大肠杆菌的致病力、感染的途径和家禽的年龄、抵抗力不同,可以产生许多病变不同的病型：大肠杆菌性败血症、气囊炎、肝周炎、腹膜炎、卵黄性腹膜炎、全眼球炎、大肠杆菌性肉芽肿、脐炎、滑膜炎、输卵管炎等。

(二)实验室诊断

1. 病料的采集

败血型的心脏、心血、肝脏；感染的鸡胚；脐炎的卵黄物质；眼型的眼内脓性或干酪样物；关节炎的关节脓液；气囊炎、输卵管炎、腹膜炎的干酪样物等。

2. 染色镜检

用铂金耳以无菌操作的方法抹片或直接触片，革兰氏染色、镜检可见两端钝圆，成对或单个存在的阴性短杆菌。

3. 细菌的分离培养

将病料划线接种于普通琼脂培养基、肉汤培养基、远滕氏培养基、麦康凯培养基或伊红美蓝琼脂平板上，37℃温箱中培养 24 h 观察结果可见表 8-1。

表 8-1 细菌的分离培养

培养基	培养时间/h	结果观察
普通肉汤	18～24	肉汤均匀浑浊，管底有黏性沉淀，表面有菌环
普通琼脂培养基	24	边缘整齐，表面光滑、湿润、低而隆凸的无色菌落
远滕氏琼脂培养基	24	深红色、具金属光泽、中等大小、不透明、边缘整齐、表面光滑、湿润、低凹的圆形菌落
麦康凯琼脂培养基	24	粉红色菌落
伊红美蓝琼脂培养基	24	深紫色、隆凸、表面湿润、发有蓝绿色金属光泽

4. 生化试验

从麦康凯或远滕氏培养基上，挑取单个可疑菌落接种于生化培养基中，37℃培养 24～72 h 后，观察结果。大肠杆菌的生化特性见表 8-2。

表 8-2 生化试验

项目	葡萄糖	乳糖	麦芽糖	甘露醇	蔗糖	山梨醇	阿拉伯糖	鼠李糖	硫化氢	明胶	MR	VP	尿素	枸橼酸盐	靛基质	蛋白胨水
结果	⊕	⊕	⊕/X	⊕	⊕/－	⊕	⊕	⊕	－	－	＋	－	－	－	＋	＋

注：⊕表示产酸产气；⊕/－表示部分菌株能发酵；－表示阴性；＋表示能利用或阳性；⊕/X 表示发酵迟缓。

5. 药敏试验

药敏纸片法是最常用的一种试验方法，能直接体现出抗菌药物的抗菌效用，其优点是：直观明显，对比鲜明，有一定的实验依据。缺点是：仅表现体外抗菌效果，由于抗菌药物在体内受体液环境、代谢分布、组织扩散浓度、半衰期等因素的影响，个别药物并不能真实反映出实际的抗菌疗效。药敏纸片可以从商业公司购买，也可以自制。

6. 致病性试验(动物试验)

该试验是用来判断分离出来的大肠杆菌是致病性的，还是非致病性的，以及大肠杆菌的毒力如何。

(1)用大肠杆菌 24 h 的肉汤纯培养物，给 3～5 日龄的雏鸡腹腔注射，0.2～0.3 mL/只；再用灭菌生理盐水轻轻洗去麦康凯平板培养物 1∶10 稀释，给小白鼠腹腔注射，0.2 mL/只。然后观察实验动物的发病和死亡情况，从而判断大肠杆菌是否具有致病性，进而根据死亡只数及时间来判断大肠杆菌毒力的强弱。期间设对照组。

(2)注射菌种的回收　取死亡小白鼠和雏鸡的组织、触片、染色、镜检及划线接种，应分离到与接种菌完全一致的病原菌。

7. 血清型鉴定

(1)菌体抗原的制备　取经形态学检查、培养特性检查和生化试验鉴定为致病性的大肠杆菌，接种于普通琼脂平板上，37℃培养 24 h 后，用 0.5 mL 0.5%石炭酸生理盐水(0.5 mL 石炭酸加 99.5 mL 生理盐水)洗下，并收集于青霉素瓶中，121℃加热处理 2 h，以破坏其 K 抗原。

(2)单价 O 因子血清可到有关的生物制品研究所购买。

(3)O 因子血清凝集试验　先将冻干的 O 因子血清用 0.5%石炭酸生理盐水作 5 倍(4～8 倍)稀释，用微量加样器吸取 15 μL 单因子血清分别滴于玻板上，后用铂金耳钓取经处理的大肠杆菌菌体抗原一环与因子血清混合，同时作盐水对照，观察有无自凝现象，30 s 后，若有凝集颗粒出现，则判为阳性，5 min 内不出现凝集颗粒者判为阴性。

(三)家禽大肠杆菌病的治疗

在分离到的大肠杆菌进行药物敏感试验结果的基础上筛选出高效药物用以治疗，投药方法可采用拌料、饮水以及喷雾等方法，以最大限度地减少该病给养禽业造成的损失。如无条件进行药敏感试验的鸡场，在治疗时一般可选用下列药物。氟哌酸(5×10^{-5})～(1×10^{-4}) g 混料 3～5 d；四环素类药 0.02%～0.06%混料 3～4 d；敌菌净按 0.02%比例溶于饮水 3 d；呋喃唑酮 0.02%～0.04%混料 7～10 d。个别病鸡可肌注庆大霉素 0.5 万～1 万 U/kg，或丁胺卡那霉素 30～40 mg/kg，或链霉素 100～200 mg/kg，上述 3 种药物均为每天注射 1 次，连续 3 d。

四、作业与思考题

1. 家禽大肠杆菌病的流行病学特点是什么？
2. 临床常见的大肠杆菌病型有哪些？
3. 简述家禽大肠杆菌病的实验室诊断步骤和方法。
4. 治疗家禽大肠杆菌病时选用抗生素的依据是什么？治疗时应考虑哪些方面的问题？

实验三　高致病性猪繁殖与呼吸综合征疫情处置技术

一、实验目的与要求

1. 学习和掌握高致病性猪繁殖与呼吸综合征的临床诊断和实验室诊断方法。

2. 了解高致病性猪繁殖与呼吸综合征的防治措施和技术规范。

二、实验器材

1. 器械

剪刀、镊子、止血钳、煮沸消毒锅、注射器(1 mL、5 mL 或 10 mL)、注射针头、灭菌乳钵、微量加样器、核酸电泳仪、37℃恒温培养箱、低温冷冻离心机、高速离心机、超洁净工作台、低速离心机、PCR 扩增仪、恒温循环水浴槽。

2. 材料

RNA 提取试剂盒、反转录酶、RNA 酶抑制剂、PRRSV 扩增引物 P1/P2、PCR 试剂盒、DL2000 DNA Marker、疑似猪繁殖与呼吸综合征病猪病料等。

三、实验内容与方法

(一)病原和流行特点

猪繁殖与呼吸综合征(又称蓝耳病)是由猪繁殖与呼吸综合征病毒(PRRSV)引起的猪的一种高度接触性传染病,不同年龄、品种和性别的猪均能感染,但以妊娠母猪和 1 月龄以内的仔猪最易感;该病以母猪流产、死胎、弱胎、木乃伊胎以及仔猪呼吸困难、败血症、高死亡率等为主要特征。高致病性猪繁殖与呼吸综合征是由 PRRSU 变异株引起的一种急性高致死性传染病。仔猪发病率可达 100%、病死率可达 50%以上,母猪流产率可达 30%以上,育肥猪也可发病死亡是其特征。

(二)临床诊断要点

1. 临床症状观察

体温明显升高,可达 41℃以上;眼结膜炎、眼睑水肿;咳嗽、气喘等呼吸道症状;部分猪后躯无力、不能站立或共济失调等神经症状;仔猪发病率可达 100%、病死率可达 50%以上,母猪流产率可达 30%以上,成年猪也可发病死亡。

2. 病理变化

可见脾脏边缘或表面出现梗死灶,显微镜下见出血性梗死;肾脏呈土黄色,表面可见针尖至小米粒大出血点斑,皮下、扁桃体、心脏、膀胱、肝脏和肠道均可见出血点和出血斑。显微镜下见肾间质性炎,心脏、肝脏和膀胱出血性、渗出性炎等病变;部分病例可见胃肠道出血、溃疡、坏死。

(三)实验室诊断

1. 病毒的分离

无菌采集临床表现咳嗽、高热(体温 41.5~43℃)处于濒死期、呼吸急促、耳朵和臀部发紫、濒死的仔猪肺脏,加 10 倍体积的 DMEM 细胞培养液,匀浆,反复冻融 3 次,经 4 000 r/min 离心 40 min 取上清液,0.22 μm 细菌滤器过滤,取滤过液−70℃保存备用。

将处理好的病料接种形成 75%以上单层后的 Marc-145 细胞,1 mL/瓶,吸出细胞培养液,加入 200 μL 病料滤液,37℃吸附 1 h,吸出病料滤液,补加 DMEM 细胞培养液继续培养,每天观察 2 次细胞的生长情况,培育观察 5 d;反复冻融 4 次,收获培养上清液,继续盲传 5 代。当细胞出现明显 CPE 时收毒,−70℃保存,作进一步鉴定用材料。同时用 PRRSV 美国分离株接种 Marc-145 细胞比较两者所致 CPE 情况。如未出现细胞病变则于 72 h 后进行盲传,对每一代的细胞培养液进行 PRRSV 的 RT-PCR 检测。

2. 间接免疫荧光抗体检测

用盲传 3 代后出现细胞病变的培养物接种 Marc-145 细胞,培养 48 h 后,胰酶消化,PBS 洗涤细胞 3 次,最后用少量的 PBS 悬浮细胞,制成涂片,以丙酮室温固定 10 min,分别用 1∶10 稀释的 PRRSV 抗血清、猪阴性血清,37℃湿盒中反应 30 min,PBS 洗涤,每次 5 min;滴加含 1/10 000 的 PBS 1∶100 稀释的 FITC-羊抗猪 IgG,37℃湿盒作用 45 min,PBS 漂洗 3 次,每次 5 min;自然晾干用碳酸甘油封片,在荧光显微镜下观察,并设未接毒细胞对照。

3. PRRSV 毒力滴度半数感染量($TCID_{50}$)测定

用 DMEM 将 PRRSV 按 10 倍递增稀释,从 10^{-1} 到 10^{-10},然后分别加入到已铺满 Marc-145 细胞的 96 孔培养板中,放入 37℃ CO_2 培养箱,观察记录 5 d,计算出该 PRRSV 滴度。

4. 反转录聚合酶链式反应(RT-PCR)

(1)病毒 RNA 的提取　取接种 PRRSV 的细胞毒 100 μL,再加入 300 μL 变性液,混匀,依次加入醋酸钠溶液 30 μL,酚、氯仿、异戊醇混合液 300 μL,颠倒 10 次,混匀,冰浴 15 min,4℃12 000 r/ min 离心 15 min。取 300 μL 上清液置于经 DEPC 水处理过的 1.5 mL 无菌离心管中,再加入 300 μL 异丙醇,混匀,置液氮中 3 min,室温融化,4℃、15 000 r/min 离心 20 min,弃上清液,沿管壁缓缓滴入 75%乙醇,轻轻旋转一周后倒掉,将离心管倒扣于吸水纸上 1 min,室温晾干 15 min(以无乙醇味为准)。然后按 9∶1 比例配制溶解 RNA 的水,取 9 体积的 DEPC 处理的灭菌去离子水和 1 体积的 RNA 酶抑制剂。

(2)引物设计　根据美洲型毒株 ORF7,即 N 蛋白基因区内设计 1 对引物,上游引物 P1:5′-OTAAATATGCCAAAAACAACO-3′,下游引物 P2:5′-OTAGGTGACTTAGAGGCACAO-3′,扩增片段长度为 468 bp。

(3)RT-PCR 每份总体积 20 μL　16 μL 反转录反应液,1 μL RNA 酶抑制剂,1 μL 反转录酶,2 μL 病毒核酸模板。混匀并做好标记,在 PCR 扩增仪上进行以下循环:42℃ 60 min,98℃ 5 min。PCR 反应每份总体积 20 μL:16 μL PCR 反应液,2 μL Taq DNA 聚合酶,2 μL 反转录产物。混匀并做好标记,放于 PCR 扩增仪上,扩增条件为:94℃变性 30 s,55℃退火 30 s,72℃延伸 30 s,35 个循环后,72℃延伸 10 min。

(4)琼脂糖凝胶板的制备　称取 1.5 g 琼脂糖,加入 100 mL 0.5×TBE 中,加热熔化后,倒入放置在水平台面上的凝胶盘中,胶板厚 5 mm 左右。依据样品数选用适宜的梳子。待凝胶冷却凝固后拔出梳子(胶中形成加样空),放入电泳槽中,加 0.5×TBE 缓冲液淹没胶面。取 10 μL PCR 扩增产物和 2 μL 6×加样缓冲液和适量 CYBgreen 混匀后加入一个加样孔。如图 8-1 所示,若泳道 1 和 2 出现 468 bp 大小的白色条带,则说明样品能检测到 PRRSV 美洲株;若如泳道 3,不出现白色条带,则说明样品中检测

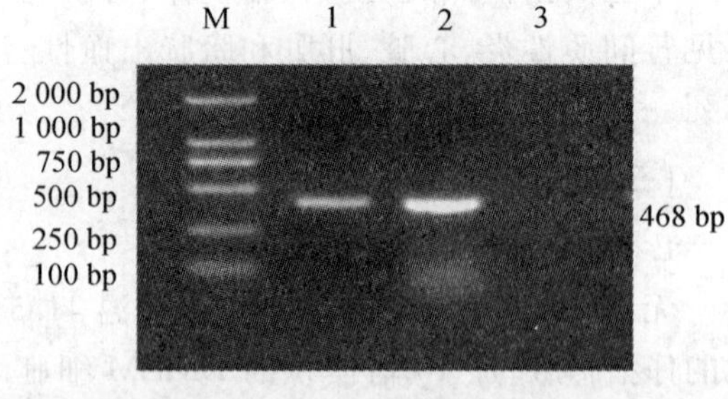

图 8-1　应用 RT-PCR 对参考毒株的扩增结果

M:DL2000 Marker, lane1. PRRSV 1, lane2. PRRSV 2

不到 PRRSV 美洲株。

(四)结果判定

符合临床诊断,判定为疑似高致病性猪繁殖与呼吸综合征。病毒分离和 RT-PCR 结果其中之一为阳性即判定为高致病性猪繁殖与呼吸综合征。

四、疫情报告和疫情处置

(1)发现猪出现急性发病死亡情况,应及时向当地动物疫控机构报告。判定为疑似疫情时,应采集样品进行实验室诊断,必要时送省级动物疫控机构或国家指定实验室。

(2)确认为高致病性猪繁殖与呼吸综合征疫情时,尽快将情况逐级报至省级动物疫控机构和同级兽医行政管理部门。按照农业部《高致病性猪繁殖与呼吸综合征防治技术规范》进行疫情的处置。

(3)对处理疫情的全过程必须做好完整翔实的记录(包括文字、图片和影像等),并归档。

五、预防接种和防治

1. *疫苗*

必须使用国家批准的定点企业生产的高致病性猪繁殖与呼吸综合征灭活疫苗,该疫苗粘贴有"中国兽药质量监督"标识的"二合一"疫苗防伪标签。

2. *推荐免疫程序*

(1)种母猪　母猪每次配种前加强免疫 1 次;后备母猪免疫程序同商品猪。

(2)商品猪　仔猪断奶后初免。在高致病性猪繁殖呼吸综合征流行地区,可根据实际情况在初免后 1 个月加强免疫 1 次。

(3)种公猪　70 日龄前免疫程序同商品猪;以后每隔 4～6 个月加强免疫 1 次。

3. *药物预防*

选择适当的预防用抗菌类药物,并制定合理的用药方案,预防猪群的细菌性感染,提高健康水平。

六、作业与思考题

1. 高致病性猪繁殖与呼吸综合征有什么流行病学特点?
2. 高致病性猪繁殖与呼吸综合征实验室诊断要点有哪些?
3. 如何预防高致病性猪繁殖与呼吸综合征?免疫接种应注意哪些事项?

实验四　畜禽完全剖检术及蠕虫标本采集与制作

一、实验目的与要求

学习畜禽完全剖检技术及寄生虫的采集。

二、实验器材

1. 器械

解剖刀、解剖剪、镊子、标本瓶、体视显微镜、透视显微镜、贝尔曼法装置、瓷盆、瓷量杯、带胶皮头玻璃滴管、玻璃烧杯、载玻片、盖玻片、普通玻璃块、铁水桶、肥皂粉、毛巾。

2. 材料

生理盐水、20%福尔马林、10%福尔马林、5%福尔马林、70%酒精、1%盐水等。

三、实验内容与方法

根据实际工作中的要求不同，蠕虫学完全剖检术可分为寄生虫学完全剖检法、某个器官的寄生虫剖检法(如旋毛虫的调查等)和对某些器官内的某一种寄生虫的剖检法(如牛血吸虫的剖检收集法)。

1. 操作步骤

(1)家畜的完全剖检技术及寄生虫的采集　在家畜死亡或捕杀后，首先制作血片，染色镜检，观察血液中有无寄生虫。然后进行剖解。

①淋巴结和皮下组织的检查及寄生虫的采集　按照一般解剖方法进行剥皮，并随检观察身体各部淋巴结和皮下组织有无虫体寄生。发现虫体随即采集并做记录。

②头部各器官的检查及寄生虫的采集　头部从枕骨后方切下，首先检查头部各个部位和感觉器官。然后沿鼻中隔的左或右约 0.3 cm 处的矢状面纵形锯开头骨，撬开鼻中隔，进行检查。

③腹腔各脏器的检查及寄生虫的采集　按照一般解剖方法剖开腹腔，首先检查脏器表面的寄生虫和病变。再逐一对各个内脏器官进行检查。然后收集腹水，沉淀后观察其中有无寄生虫寄生。

④胸腔各器官的检查及寄生虫的采集　胸腔脏器的采取，按一般解剖方法切开胸壁，注意观察脏器表面有无寄生虫蚴及其自然位置与状态，然后连同食管及气管采取胸腔内的全部脏器，并收集储留在胸腔内的液体，用水洗沉淀法进行寄生虫检查。

(2)禽类的完全剖检技术及寄生虫的采集　先分别采集体表的寄生虫，然后杀死，检查皮肤表面的所有的赘生物和结节，腹部向上置于解剖盘内，拔去颈、胸和腹部羽毛，剥开皮肤后，注意检查皮下组织。用外科刀切断连接两个肩胛骨和肱骨背面的肌肉，然后用一手固定头的后部，以另一手提取切断的胸骨部，逐渐向脊部翻折，最后完全掀下带肌肉的胸骨，用解剖刀柄把整个腹部的皮肤和肌肉分离开，向两侧拉开皮肤，露出所有的器官。

检查时除应特别注意各脏器的采取外，还可以把消化道分为食管、嗉囊、肌胃、腺胃、小肠、盲肠、直肠等部位，每段进行两端结扎，分别进行寄生虫的检查。嗉囊的检查，剪开囊壁后，倒出内容物作一般眼观检查，然后把囊壁拉紧透光检查。肌胃的检查，切开胃壁，倒出内容物，作一般检查后，剥离角质膜再作眼观检查。仔细检查气囊和法氏囊。

其他各脏器的检查方法和上述方法基本相同。各脏器的内容物如限于时间不能当日检查完毕，可在反复沉淀之后，将沉淀物中加入 4%福尔马林保存，以待随后检查。在应用反复沉淀法时，应注意防止微小虫体随水倒掉。采取虫体时应避免将其损坏，拾出的虫体应随时放入预先盛有生理盐水和记有编号和脏器名标签的平皿内。禽类胃肠道的虫体应在尸体冷却前检出。

2. 结果记录

根据剖检和寄生虫采集的结果，填写畜禽寄生虫剖检记录表。

畜禽寄生虫剖检记录表

编号：________　　　　检查日期：_____年_____月_____日

地区											
畜禽别		品种		性别		年龄		营养		产地	
病例及其他											

采集寄生虫情况	寄生部位	虫名	数目(条)	瓶号	瓶数	主要病变	备注
附记							

剖检者姓名________

四、作业与思考题

1. 总结畜禽蠕虫学完全剖检术的方法与步骤。
2. 总结蠕虫标本的采集、制作与观察方法。

实验五 畜禽细菌性自家灭活疫苗的制备与检验

一、实验目的与要求

学习畜禽完全剖检技术及寄生虫的采集。

二、实验器材

1. 器械

剪刀、镊子、酒精灯、接种环、5%新鲜兔血平板、托盘、酒精灯、电子显微镜、计数器、普通平板、锥形瓶、移液器、枪头、500 mL 盐水瓶。

2. 材料

革兰氏染液、TSB 肉汤、硫乙醇酸盐肉汤、司盘 80、白油、硬脂酸铝、吐温-80、甲醛。

三、实验内容与方法

根据实际发生畜禽传染病的不同,疫苗候选菌(毒)株的分离鉴定程序、方法有较大差异,疫苗制作过程大致相同,下面仅以细菌自家灭活疫苗的制作为例,学习加有佐剂的细菌灭活疫苗的制备和检验。

1. 操作方法

(1)致病细菌的分离鉴定　对动物所发传染病的发病情况进行详细询问和记录,了解发病情况和传染病的流行情况,无菌环境下,通过发病动物的剖杀,从脏器进行细菌分离培养,置 37℃恒温箱培养 12～18 h,经过细菌形态大小、革兰氏染色等特性的鉴定,认定是导致疫病的致病菌。

(2)分离致病菌株的生长曲线的测定　在超净台内,挑取可疑致病菌株的菌落接种到 TSB 肉汤的小试管内,37℃恒温箱摇床培养 12～18 h,然后取 500 μL 接种到 50 mL 锥形瓶,每隔 2 h,取 100 μL 涂板,测 16～24 h,了解所分离菌株的对数期分布。结果填入实验报告表 1。

(3)疫苗候选菌株的增值培养　挑取可疑致病菌株的菌落接种到 TSB 肉汤的小试管内,37℃恒温箱摇床培养 12～18 h,然后取 500 μL 接种到 50 mL 锥形瓶扩大培养,待其长到对数末期,加入 1/1 000 体积的甲醛灭活,灭活时间 24～48 h。

(4)细菌灭活疫苗的制备　细菌灭活完全,按 1∶3 的体积加入油乳剂,在高速混合器内混合,机器先工作 1 min,休息 5 min,再工作 3 min,分装、并进行疫苗指标检验。

(5)灭活疫苗物理性状的检验　用玻璃杯取一滴滴到清水中,观察是否消散。

(6)灭活疫苗无菌检验　将制作好的疫苗取 50 μL 分别接种到 4 管 TSB 肉汤(3 mL/管)和 4 管硫乙醇肉汤(3 mL/管)中,分别各取 2 管在 37℃恒温箱培养和 25℃培养箱中培养 24～48 h,观察肉汤是否变浑浊。

(7)灭活疫苗安全性检验　将成品疫苗 2～5 倍接种剂量接种实验动物,观察被接种实验动物是否有异常情况出现。结果填入实验报告表 2。

2. 实验步骤

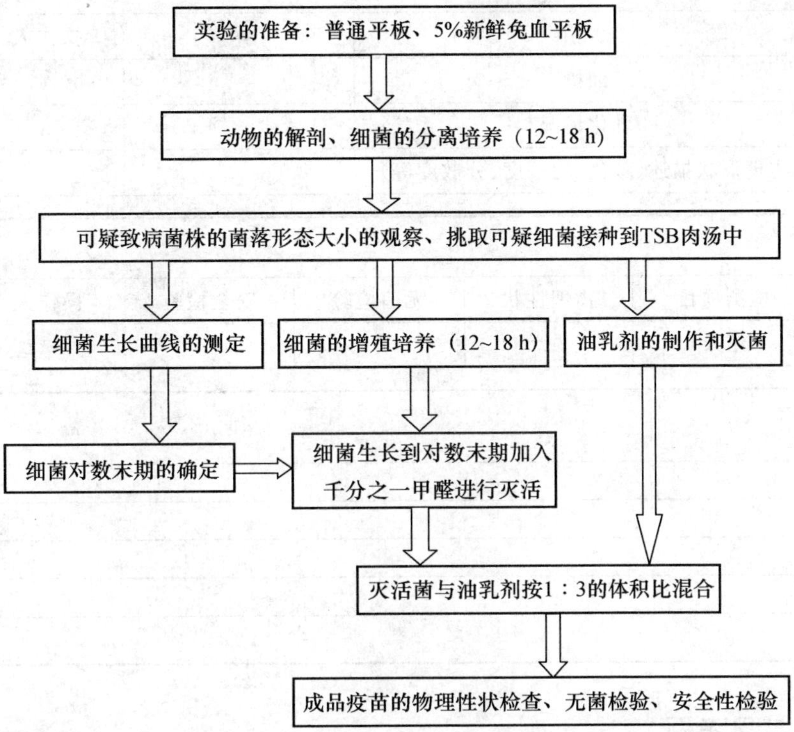

3. 填写实验报告

实验报告

姓名：__________　　　　班　　级：__________

学号：__________　　　　指导老师：__________

1. 分离菌株特性

菌落大小形态	
染色特性	

2. 生长曲线的测定结果

日期时间	平均菌落数 / 培养时间	平板计数法平均菌落数	操作人
	2 h		
	4 h		
	6 h		
	8 h		
	10 h		
	12 h		
	15 h		
	16 h		
	17 h		
	18 h		

3. 疫苗的制备及物理特性

水相		操作人
油机		
乳化情况		
物理形状描述(颜色、均一度、分散度等)		

4. 疫苗检验

检测项目	物理性状	无菌检验	安全检验	操作人
结果				

5. 结果分析

四、作业与思考题

1. 总结畜禽蠕虫学完全剖检术的方法与步骤。
2. 总结蠕虫标本的采集、制作与观察方法。
3. 试述生物制品在疫病防治中的作用,常用疫苗种类及其优缺点。
4. 一个规模化鸡场,常因禽霍乱发生造成成年鸡的大量死亡,该场想使用自家组织灭活苗进行防疫。如果请您给该场制备自家组织灭活苗,请详细叙述疫苗制备的全过程和安全性检测。

实验六　鸡球虫病的病例复制、诊断与防治

一、实验目的与要求

1. 通过鸡球虫病病例模型的复制,了解球虫导致鸡发病的原因及机理。
2. 掌握鸡球虫病的临床表现及病理变化特点。
3. 掌握鸡球虫病的诊断方法。
4. 掌握鸡球虫病的治疗方法和主要预防措施。

二、实验器材

1. 器械

恒温培养箱、冰箱、干燥箱、离心机、生物光学显微镜、鸡笼、料槽、饮水器、离心管、手术剪、手术刀及刀片、培养皿、载玻片、盖玻片、麦氏计数板、滴管、吸管等。

2. 材料

实验动物:1 日龄蛋公雏鸡。饲料(不含抗球虫药)。实验用卵囊:实验室保存的柔嫩艾美耳球虫孢子化卵囊或混合球虫孢子化卵囊。氯化钠、重铬酸钾、氨丙啉、尼卡巴嗪、盐霉素、50%甘油生理盐水、蒸馏水、小纱布、擦镜纸、香柏油和二甲苯等。

三、实验内容与方法

鸡球虫病是由艾美耳属球虫寄生于鸡的肠上皮细胞内所引起的一种原虫病。寄生于鸡的艾美耳球虫,全世界报道的有 9 种,但为世界所公认的有 7 种。鸡球虫分布广、危害大,其种类不同,寄生部位和致病性亦有差异。

实验设计:在教师指导下,学生从鸡的购进、饲养管理、球虫计数和人工感染、临床症状观察、内生发育虫体检查、治疗和疗效考核、子代虫体的培养等进行系统的学习和研究。

(一)病例复制

以 1 日龄雏鸡为试验动物。雏鸡饲养环境用福尔马林熏蒸 24 h,然后通风 3 d。所用饲料、饮水器、料槽、工作服等均在 70℃烘箱烘烤 12 h 以上以确保外界环境无球虫。雏鸡饲养期间,每天进行粪便检查,直至试验开始。

7 日龄时,挑选个体大小基本一致且无球虫感染的雏鸡 30 只(治疗试验组、预防试验组和对照组各 10 只),逐只编号、登记,试验组口服接种柔嫩艾美耳球虫孢子化卵囊 5×10^4 个/只,对照组口服与试验组球虫卵囊液等量的蒸馏水。预防试验组于接种前用药物进行预防;治疗试验组于试验鸡出现减食、粪中有血丝时,用药物进行治疗。

(二)临床诊断

根据临床症状、流行病学和病理变化可以进行初步诊断,但确诊必须依靠实验室诊断。

1. 临床症状观察

人工感染后,每天观察鸡的精神状态、食欲、饮水和粪便变化。盲肠球虫病初期:羽毛竖立、缩颈呆立,食欲减退,下痢带血;中期:食欲废绝、渴欲增加、黏膜苍白、拉血、畏寒;后期:昏迷、抽风,因失血而死。此外,小肠球虫病主要表现为间歇性下痢,粪便常含有血液、黏液和液体,亦可引起死亡。

2. 病理变化检查

对出现典型症状的病鸡进行剖检,盲肠球虫病主要病理变化为盲肠肿大、出血,肠腔内有凝固的血液和组织碎片构成的坚硬的肠心,盲肠坏死。小肠球虫病可见小肠肠管气胀,肠黏膜增厚,肠腔内充满血液和黏膜碎片。浆膜面可见到白色斑点。黏膜面有出血斑点。

(三)实验室诊断技术

从人工感染第 3 天开始,每天用饱和盐水漂浮法检查粪便,详细观察记录球虫卵囊随粪便排出的情况。剖检病鸡,在肠组织或粪便涂片上证实确有虫体存在,便可确定为球虫感染。而根据鸡群的表现,如临床症状和病变记分等,以及每克粪便或垫料中的卵囊数,便可判断鸡群是仅仅有球虫感染,还是在流行亚临床型或临床型球虫病。

1. 卵囊检查

一般情况下,采集新排出的粪便,按蠕虫虫卵的检查方法,或直接做成涂片检查,或经过浓集法处理后检查,以提高检出率。应注意,卵囊较小,利用锦纶筛兜浓集时,卵囊能通过筛孔,故应留取滤下的液体待其沉淀后,吸取沉渣检查。有时需观察孢子形成后的卵囊以对不同种的球虫进行区别。为此可将浓集后的卵囊,加 2.5%重铬酸钾溶液,在 25℃温箱中培养,待其孢子形成。

2. 卵囊计数

主要用于计算每克粪便和每克垫料中球虫卵囊数值(OPG)或实验室内收集的卵囊悬液和球虫疫苗保存液中的卵囊数值。计数时取粪便 2 g 置研钵中,先加入 8 mL 水,搅匀,再加饱和盐水 50 mL,混匀后立即吸取粪液充满两个计数室,静置 1～2 min,镜检计数两个计数室的卵囊数。计数室容积为 $1\times1\times0.15=0.15$(mL),0.15 mL 内含粪便 $[2/(10+50)]\times0.15=0.005$(g),两个计数室则为 0.01 g。故所得卵囊数乘 100 即为 OPG 值。

计算公式:

$$\mathrm{OPG}=a\times100$$

式中:OPG—每克粪便或垫料中含球虫卵囊数;

a—0.01 g 粪便或垫料中球虫卵囊数(麦克马斯特法计数,两个计数室内所得卵囊数)。

鸡球虫卵囊计数的方法还有血细胞计数板法和铬硫酸卵囊计数法等。

3. 各发育阶段虫体的检查

用外科手术刀片从肠道至少取 2 个样品,一个取自黏膜的表层;另一个取自黏膜的深处。最显著的感染区域取材,浅层刮取物的显微镜观察,可查到卵囊或其他阶段虫体,深层刮取物可查到内生发育阶段的虫体。在镜下,子孢子呈香蕉形,通常有两个折光体,一前一后。滋养体呈圆球形,单个细胞核。成熟裂殖体呈圆球形,由许多香蕉形裂殖子紧凑地排列组成,类似于剥皮后的橘子外观。裂殖子一端钝圆,另一端稍尖,单个细胞核位于偏中部。大配子呈亚球形。小配子体近似球形,内含近千个眉毛状小配子。合子呈亚球形,大小与大配子相似。卵囊呈圆形、椭圆形或卵圆形。在组织中的卵囊内有颗粒状的孢子体;垫料及粪便中的卵囊,部分已孢子化,内含 4 个孢子囊,每个孢子囊内有 2 个子孢子。

4. 病变记分

病变的严重性通常是和鸡摄入卵囊数量成比例的,并且与其他指标如增重、记分等相关。最常用的记分方法是由 Johnson 和 Reid(1970)设计的病变记分法。按照这种方法,把肠道病变分为 0～+4 五个等级,0 表示正常,+4 表示最严重的病变。这一技术在实验感染中最为常用,虽然因测定人的不同而有主观影响,及时用药和疫苗接种的鸡只评分不准,但由于其快速、实用的特点,仍不失为较好的诊断技术。在野外条件下,病变记分对于测量感染的严重性也往往是有用的。即时同时存在几种球虫,通常也只需将小肠分为 4 段来记分。包括十二指肠袢的小肠上段;小肠中段,即卵黄蒂上端及下端各 10 cm 的肠道;小肠下段和直肠;盲肠。

(1)混合感染情况下肠道病变记分

0 分　无肉眼可见病变。

+1 分　有少量散在病变。

+2 分　有较多稀疏的病变，如多处肠区被感染由柔嫩艾美耳球虫感染引起的盲肠出血。

+3 分　有融合性大面积病变，一些肠壁增厚。

+4 分　病变广泛融合，肠壁增厚。柔嫩艾美耳球虫感染，可见大型盲肠芯；巨型艾美耳球虫感染，可见肠内容物带血。

(2)单个虫种感染情况下肠道病变记分　柔嫩艾美耳球虫(感染后 5～7 d)两侧盲肠病变不一致时，以严重的一侧为准。

0 分　无肉眼可见病变。

+1 分　盲肠壁有很少量散在的淤点，肠壁不增厚，内容物正常。

+2 分　病变数量较多，盲肠内容物明显带血，盲肠壁稍增厚，内容物正常。

+3 分　盲肠内有多量血液或有盲肠芯(血凝块或灰白色干酪样的香蕉形块状物)，肠壁肥厚明显，盲肠中粪便含量少。

+4 分　盲肠因充满大量血液或肠芯而肿大，肠芯中含有粪渣或不含，死亡鸡只也记+4 分。

毒害艾美耳球虫、布氏艾美耳球虫、巨型艾美耳球虫和堆型艾美耳球虫等感染情况下肠道病变记分参阅索勋等《鸡球虫病》的方法。

5. 粪便记分

在实验感染中，粪便记分和病变记分的方法同样可用于对球虫感染程度的判断。划分在 0～+4 内，0 分表示粪便正常，+4 分表示最严重的腹泻，带有黏液或血液。粪便记分尚未有完整的记分标准系统，索勋(1997)提出，粪便记分反映群体感染球虫后有多少个体表现出粪便性状不正常。

对于不具明显拉血的球虫感染，如堆型、巨型、布氏、早熟与和缓艾美耳球虫的感染，对给定 12～24 h 时间范围内，0 分表示 100%粪便正常；+1 分表示 25%的粪便不正常；+2 分表示 50%的粪便不正常；+3 分表示 75%的粪便不正常；+4 分表示 100%的粪便不正常。

对于有明显拉血的球虫感染，如柔嫩艾美耳球虫和毒害艾美耳球虫的感染，对给定 12～24 h 时间范围内，0 分表示 100%的粪便不带血；+1 分表示 25%的粪便带血；+2 分表示 50%的粪便带血；+3 分表示 75%的粪便带血；+4 分表示 100%的粪便带血。

6. 注意事项

(1)分离不同的卵囊时，实验过程中所用的离心管、吸管、烧杯等器皿需彻底洗净，以防污染。

(2)卵囊孢子化需要合适的温度、湿度及充足的氧气，最好的培养液是 2.5%重铬酸钾溶液。培养时，卵囊的密度不应超过 10^6 个/mL，培养液的深度不超过 0.7 cm。

(3)球虫种的鉴定需要眼观病理变化和肠黏膜刮取物镜检识别发育阶段虫体两者相结合，所发现的虫体形态需要与 7 种艾美耳球虫的特征相比较加以识别。

(四)治疗

1. 治疗要求

当鸡出现球虫病症状后，由学生提出治疗方案，写出治疗处方，开始进行治疗。记录开始治疗的时间、用药情况及治疗后症状改善情况和治疗结果。

2. 治疗方法

主要采取杀虫、止血、消炎、纠正自体中毒和恢复肠道功能等措施。可选用以下药物进行治疗:磺胺氯吡嗪,按0.03%混入饮水,连用3 d,休药期为5 d;氨丙啉,按0.012%～0.024%混入饮水,连用3 d,休药期;无尼卡巴嗪,按0.012 5%混入饲料,休药期为4 d。同时,根据病鸡症状,尚应进行对症治疗和用抗生素预防继发感染。

(五)预防

鸡球虫病的控制,关键在于预防,主要采取以下措施。

1. 加强饲养卫生管理

加强饲养管理:大小鸡分开饲养,发现病鸡及时减少饲料中麸皮和钙的含量(因两种成分可促进球虫内生性发育);注意避免或减少应激因素,如合理控制鸡群密度、光线、通风、温度、湿度等;注意卫生,鸡舍、运动场、料槽、饮水器及用具等经常清洗,定期消毒(可用5%石炭酸、10%克辽林等)。

2. 药物预防

由于球虫极易产生耐药性,要注意药物种类的选择。目前常用的药物有氨丙啉、马杜拉霉素、莫能菌素、盐霉素、磺胺类和呋喃类药物等,其剂量和用法参照说明书进行。

在实际生产中,目前肉鸡常采用下列两种用药方案防止产生抗药性。穿梭方案:1～4周龄时使用一种化学药物,4周至宰前使用一种离子载体抗生素;轮换方案:在春季和秋季变换药物。

3. 免疫预防

为了避免药物残留和抗药虫株的产生,近年来国内外已研制了数种球虫疫苗(虫苗)用于球虫病的预防。这些虫苗的用法:一般在4～14日龄期间,对雏鸡进行饮水免疫。

四、作业与思考题

1. 详细记录鸡球虫病病例复制和诊疗过程,写出病例诊疗实习报告。
2. 鸡球虫病为什么会出现血便症状和神经症状?
3. 简述鸡球虫病的治疗和预防要点。

附　课程实习论文的撰写

课程实习论文要求按照正式论文格式撰写,一篇完整、规范的论文尽管涉及的内容各不相同,论证方法各有差异,但均有精练的题目、创新的内容、科学的方法、精确的论据、充分的论证。其格式如下:

(1)题目　是论文中心思想和主要内容的高度概括,应直接揭示主题。要求具体、简明、确切,反映研究课题的主要特点。中文文题一般少于25个字,英文文题应与中文文题内容一致,不超过10个实词。文题中一般不使用标点符号,尽可能不设副标题。

作者与班级(单位)　按照贡献大小进行排名,并注明所在班级和指导教师姓名。

(2)摘要和关键词　摘要位于正文前,是从论文内容中提炼出来的要点,是概括而不加注释或评论的简短陈述。既可供读者检索或判断,也可为二次文献转载或重新编写提供信息,能够独立成章。中、英文摘要采用第三人称写法,中文摘要在400字左右;英文摘要可略详细些,在600个单词左右;中、英文摘要的主要内容相一致。

关键词:为了便于做文献索引而选取的反映文章主题概念的词和词组,一般要求每篇论著选择3～8个关键词(主题词),置于摘要之后。

(3)引言(前言) 引言是论文正文的开场白,引言中最重要的内容就是要清楚地将研究的目的告诉读者,同时要交代研究的背景和立题的依据。一般要求先从总体上介绍研究背景,逐渐缩小到立题依据,再集中到研究目的。因此,引言应简要说明本领域的研究概况及本文研究的目的、范围、预期结果和意义。

(4)材料与方法 材料与方法是研究所采用的手段,是论文的基础,是文章科学性和有效性的体现。实验材料部分包括实验对象、实验仪器与设备、实验药品与试剂;实验方法部分包括实验设计方案、样品的采集与处理方法、试剂的配制方法、仪器的使用方法、实验步骤或流程、实验数据的统计分析法等内容。

(5)实验结果 实验结果能反映课题水平的高低及其价值,是论文结论的依据。论文的核心和精髓主要体现在"结果"部分,对研究结果要进行客观的陈述。结果分为文字描述和提供数据两个方面。文字着重描述或总结主要结果或新发现;表格和图则是提供具体数据的主要形式。一份好的"结果",必须让读者顺着作者的思维,一步一步地获得答案。通过文字告诉读者本研究发现了什么,通过表格将具体的数据有条理地展现给读者,通过图形使读者能够直观地理解研究的内容。

(6)讨论 讨论是对实验观察和检测到的结果,从理论上进行分析、比较、阐述、推理和展望,也是论文中最难写的部分。讨论部分应包括:对研究结果进行理论阐述,证明实验结果的正确性和实验条件的可靠性;指出结果的理论意义,实践意义和应用价值;同类研究的国内外进展情况,本研究水平在国内同类研究中处于何种地位,研究者要实事求是地提出自己的见解;实事求是地对本实验中的缺点、疑点和局限性等加以分析和解释;提出有待解决的问题和今后的研究方向等。

(7)参考文献 参考文献是为了反映论文的科学依据,表明作者尊重他人的研究成果,同时也向读者提供有关原文信息的出处,便于检索,故参考文献不能省略。引用文献应是作者直接阅读的原著,而不是间接转引他人阅读的原文,要以近3～5年的文献为主,未公开发表的论文一般不提倡引用。参考文献的一般写法是在正文引用文献处标注一个带阿拉伯数字的方括号角码,在正文末尾"参考文献"下,按序号逐条列出文献目录。一般书写格式,期刊:作者.题名[J].刊名,出版年份,卷号(期号):起止页码;书籍:作者.书名[M].版本(第1版不标注).出版地:出版者,出版年.起止页码。

(王桂军)

附　录

附录一　常用试剂及其配制

1. 染料饱和酒精溶液

配制染色液常先将染料配成可长期保存的饱和酒精溶液，用时再予以稀释配制（表 1）。配制饱和酒精溶液，用少量 95％酒精先在研钵中徐徐研磨，使染料充分溶解，再按其溶解度加于 95％酒精中，贮存于棕色瓶中即可。

表 1　几种常用的染料在 95％酒精中的溶解度（26℃）

染料名称	美蓝	结晶紫	龙胆紫	碱性复红	沙黄
溶解度	1.48	13.87	10.00	3.20	3.41

注：溶解度是指室温（26℃）下，溶于 100 mL 95％酒精中各种染料的重量（g）。

2. 碱性美蓝（亦称骆氏美蓝）染色液

取美蓝饱和酒精溶液 30 mL，加入 0.01％氢氧化钾水溶液 100 mL，混合即成。此溶液在密闭条件下可保存多年。若将其在瓶中贮至半满，松塞棉塞，每日拔塞摇振数分钟，并不时加水以补充失去的水分，约一年后可获得多色性，成为多色性美蓝染色液。

3. 草酸铵结晶紫染色液

取结晶紫饱和酒精溶液 2 mL，加蒸馏水 18 mL 稀释 10 倍，再加入 1％草酸铵水溶液 80 mL，混合过滤即成。

4. 革兰氏碘溶液

将碘化钾 2 g 置研钵中，加蒸馏水约 5 mL。再加入碘片 1 g，予以研磨，并徐徐加水，至完全溶解后，注入瓶中，加蒸馏水至全量为 300 mL 即成。此液可保存半年以上，当产生沉淀或褪色后即不能使用。

5. 沙黄水溶液

沙黄亦称番红花红。将沙黄饱和溶液用蒸馏水稀释 10 倍即成。此液保存期以不超过 4 个月为宜。

6. 石炭酸复红染色液

取 3％复红酒精溶液 10 mL，加入 5％石炭酸水溶液 90 mL 混合即成。

7. 淡复红染色液

将石炭酸复红染色液以蒸馏水稀释 10 倍即成。

8. 3％盐酸酒精（亦称酸酒精）

加浓盐酸 3 mL 于 95％酒精 97 mL 中即成。

9. 姬姆萨染色液

取姬姆萨染料 0.6 g 加于 50 mL 甘油中，置 55～60℃水浴中 1.5～2 h 后，加入甲醇

50 mL,静置 1 d 以上,滤过即成姬姆萨染色原液。临用前,以每毫升蒸馏水中加入上述原液 1 滴,即成姬姆萨染色液。应当注意。所用蒸馏水必须为中性或微碱性,若蒸馏水偏酸,可于每 10 mL 左右 加入 1%碳酸钾溶液 1 滴,使其变成中性或微碱性。

10. 瑞氏染色液

取瑞氏染料 0.1 g 置研钵中,徐徐加入甲醇,研磨以促进其溶解。将溶液倾入有色瓶中,并数次以甲醇洗涤研钵,也倾入瓶中,最后使全量为 60 mL 即可。将此瓶置于暗处过夜,次日过滤即可。此液保存期约为半年。

11. 瑞氏—姬姆萨染色液

瑞氏染料 0.3 g,姬姆萨染料 0.03 g,甲醇 100 mL,配制方法同瑞氏染色液。

12. 盐酸卡红染色液

取蒸馏水 15 mL 加盐酸 2 mL,煮沸,趁热加入卡红染粉 4 g,再加入 85%的酒精 95 mL,再滴加浓氨水以中和,等出现沉淀,放凉,过滤即可。

13. 硼砂卡红染色液

以 4%硼砂($Na_2B_4O_7$)溶液 100 mL, 加入卡红染粉 1 g,加热使溶解,再加入 70%酒精 100 mL,过滤即可。

14. 德氏苏木素染色液

甲液:苏木素 1 g,纯酒精 6 mL;乙液:铵矾(硫酸铝铵)饱和水溶液 100 mL;丙液:甘油 25 mL,甲醇 25 mL。将甲液一滴一滴地加入乙液中并随时用玻棒搅动;将染液装于一有色瓶中,塞紧瓶口,放在阳光和空气中约 7～10 d;加入丙液;将混合液静置 1～2 个月至颜色变深为止(此时可过滤)。置于阴暗处,可长期保存使用。

15. 改良抗酸染色液

甲液:石炭酸复红 4 g,95%酒精 20 mL,苯酚 8 g,双蒸水 100 mL。

乙液:浓硫酸 10 mL 缓慢加入蒸馏水 90 mL 中,混匀,冷却;丙液:孔雀绿 0.2 g,蒸馏水 100 mL。

16. 明矾苏木素染色液

甲液:苏木素 1 g,无水酒精 12 mL;乙液:明矾 1 g,蒸馏水 240 mL。使用前临时以甲液 2～3 滴加入乙液数毫升内即成。

17. 劳氏固定液

取饱和升汞溶液(约含升汞 7%)100 mL,加冰醋酸 2 mL,混合即成。

18. 巴氏液

福尔马林 30 mL,氯化钠 7.5 g,水 1 000 mL,混合即成。

19. 甘油明胶

明胶 20 g,蒸馏水 125 mL,甘油 100 mL 和石炭酸 2.5 g 配成。

20. 洪氏液

鸡蛋白 50 mL,福尔马林 40 mL,甘油 10 mL 混匀后,置干燥器内吸去水分,至体积为原容量的 1/2 为止。

21. 饱和蔗糖溶液

取蔗糖 500 g,苯酚 6.7 mL,溶于 320 mL 蒸馏水中即可。

22. 阿氏(Alsever)血细胞保存液的制备

氯化钠	0.42 g
枸橼酸钠	0.80 g
葡萄糖	2.05 g
枸橼酸	0.55 g
蒸馏水	100 mL

将上述各成分溶解于蒸馏水中,用滤纸过滤,分装小瓶,经 4.5 kg 高压蒸汽灭菌 15 min,放 4℃冰箱内保存。

23. 酒精—福尔马林—醋酸固定液

取 95%酒精 50 份,福尔马林(含甲醛 40%)10 份,醋酸 2 份,水 40 份混合而成。

24. 乳酚透明液

取甘油 2 份,乳酸 1 份,石炭酸 1 份和蒸馏水 1 份混合而成,是一种良好的线虫透明液。

25. 卢戈(Lugol)碘液

称取碘化钾 2 g 溶于蒸馏水中,再加碘片 1 g,待其溶解后加入蒸馏水至总量为 100 mL。

26. 洗液

洗液的配制和使用有以下三种方法:溶解 80 g 重铬酸钾于 1 000 mL 温水中,待凉后,徐徐加入粗制浓硫酸 100 mL 于水中即成。使用前先将玻璃器皿浸于该液中 24 h,然后用清水和蒸馏水冲洗。溶解 60 g 重铬酸钾于 300 mL 热水中,冷却后,缓慢加入粗制浓硫酸 160 mL,边加边用玻璃棒搅拌。因为此液产生大量热,在配制时应用耐酸的容器,并放在水槽中以便冷却,一般玻璃器皿在该清洁液中浸泡 6 h 以上即可。在 35 mL 重铬酸钾饱和液(重铬酸钾 180 g 溶于 100 mL 水中,或 63 g 重铬酸钾溶于 35 mL 水中),慢慢加入粗制浓硫酸 1 000 mL,玻璃器皿一般在液中浸泡 2 h 以上即可除污。

无菌生理盐水

称取 8.5g 氯化钠溶于 1 000 mL 蒸馏水中,121℃高压灭菌 15 min。

平板计数琼脂(plate count agar,PCA)培养基

称取胰蛋白胨 5.0 g,酵母浸膏 2.5 g,葡萄糖 1.0 g,琼脂 15.0 g 加于 1000 mL 蒸馏水中,煮沸溶解,调节 pH 7.0±0.2。分装试管或锥形瓶,121℃高压灭菌 15 min。

磷酸盐缓冲液(PB)(标准中是这样,比较简明)

贮存液:称取 34.0 g 的磷酸二氢钾溶于 500 mL 蒸馏水中,用大约 175 mL 的 1 mol/L 氢氧化钠溶液调节 pH 至 7.2,用蒸馏水稀释至 1 000 mL 后贮存于冰箱。

稀释液:取贮存液 1.25 mL,用蒸馏水稀释至 1 000 mL,分装于适宜容器中,121℃高压灭菌 15 min。

27. 0.2mol/L 磷酸盐缓冲液(PB)

A 液(0.2 mol/L Na_2HPO_4):称取 $Na_2HPO_4 \cdot H_2O$ 27.6 g(或 $Na_2HPO_4 \cdot 2H_2O$ 31.2 g),溶于蒸馏水中,最后补加蒸馏水至 1 000 mL。

B 液(0.2 mol/L NaH_2PO_4):称取 $NaH_2PO_4 \cdot 7H_2O$ 53.6 g(或 $NaH_2PO_4 \cdot 12H_2O$ 71.6 g,或 $NaH_2PO_4 \cdot 2H_2O$ 35.6 g),加蒸馏水溶解,最后加水至 1 000 mL。

0.2 mol/L 缓冲液配制:A 液 X mL 中加入 B 液 Y mL,为 0.2 mol/L PB(表 2)。若再加蒸馏水至 200 mL 则成为 0.1 mol/L PB。

表 2　缓冲液配制 Ⅰ　　mL

pH	X	Y	pH	X	Y
5.7	93.5	6.5	6.9	45.0	55.0
5.8	92.0	8.0	7.0	39.0	61.0
5.9	90.0	10.0	7.1	33.0	67.0
6.0	87.7	12.3	7.2	28.0	72.0
6.1	85.0	15.0	7.3	23.0	77.0
6.2	81.5	18.5	7.4	19.0	81.0
6.3	77.5	22.5	7.5	16.0	84.0
6.4	73.5	26.5	7.6	13.0	87.0
6.5	68.5	31.5	7.7	10.0	90.0
6.6	62.5	37.5	7.8	8.5	91.5
6.7	56.5	43.5	7.9	7.0	93.0
6.8	51.0	49.0	8.0	5.3	96.7

若先分别配成 0.1 mol/L、0.07 mol/L、0.005 mol/L 的 A 液（$Na_2HPO_4 \cdot H_2O$ 或 KH_2PO_4）和 B 液（NaH_2PO_4），可按表 3 配成不同 pH 的 PB。

表 3　缓冲液配制 Ⅱ

A 液/mL	B 液/mL	0.1 mol/L PB 的 pH	0.07 mol/L PB 的 pH	0.005 mol/L PB 的 pH
46	4	5.67	5.74	5.95
45	5	5.78	5.83	6.06
44	6	5.86	5.91	6.14
43	7	5.94	5.99	6.22
42	8	6.02	6.07	6.30
41	9	6.08	6.14	6.36
40	10	6.12	6.19	6.46
39	11	6.17	6.24	6.47
38	12	6.23	6.28	6.57
37	13	6.28	6.32	6.61
36	14	6.33	6.37	6.65
35	15	6.39	6.41	6.68
34	16	6.41	6.45	6.72
33	17	6.45	6.49	6.75
32	18	6.49	6.53	6.79
31	19	6.53	6.56	6.82
30	20	6.55	6.59	6.86

续表3

A液/mL	B液/mL	0.1 mol/L PB的pH	0.07 mol/L PB的pH	0.005 mol/L PB的pH
29	21	6.58	6.63	6.91
28	22	6.61	6.68	6.95
27	23	6.65	6.72	7.00
26	24	6.70	6.76	7.05
25	25	6.76	6.81	7.09
24	26	6.81	6.86	7.16
23	27	6.84	6.91	7.18
22	28	6.89	6.94	7.18
21	29	6.89	6.96	7.20
20	30	6.91	6.98	7.22
19	31	6.94	7.01	7.25
18	32	6.97	7.03	7.28
17	33	7.00	7.05	7.31
16	34	7.02	7.07	7.34
15	35	7.06	7.11	7.38
14	36	7.10	7.15	7.41
13	37	7.14	7.20	7.45
12	38	7.17	7.24	7.45
11	39	7.24	7.28	7.51
10	40	7.30	7.33	7.59
9	41	7.36	7.40	7.65
8	42	7.42	7.49	7.70
7	43	7.49	7.54	7.75
6	44	7.57	7.61	7.80
5	45	7.65	7.69	7.87
3	47	7.81	7.85	8.05
2	48	7.92	7.97	8.15

28. 磷酸盐缓冲生理盐水的配制

(1)0.01 mol/LPBS(pH 7.0)

0.2 mol/L　　A液　　16.5 mL

0.2 mol/L　　B液　33.5 mL

加NaCl　8.5 g

用蒸馏水稀释至1 000 mL。

(2)0.02 mol/LPBS(pH 7.2)

0.2 mol/L　　A液　　28 mL

0.2 mol/L　　　　　　B液　72 mL

加 NaCl　8.5 g

用蒸馏水稀释至 1 000 mL。

(注:A、B两液配制见"27")

29. 常用指示剂的配制

先称取指示剂 0.1 g,置于研钵中磨细,滴加所需 0.1 mol/L,氢氧化钠溶液使其溶解,再以蒸馏水加至规定浓度即可(表 4)。

表 4　常用指示剂配制及其酸碱度感应界　　mL

指示剂	色调变更 酸—碱	pH 感应界	0.1 g 指示剂所需 0.1 mol/L NaOH 量	需加蒸馏水	浓度/%	10 mol 培养基需用量
溴甲酚紫	黄—紫	5.2～7.6	1.85	250	0.04	0.50
溴麝香草	黄—蓝	6.0～7.6	1.60	250	0.04	0.50
酚蓝	黄—蓝	6.0～7.6	1.60	250	0.04	0.50
甲基红	红—黄	4.4～6.0	—	500	0.02	0.20
酚红	黄—红	6.8～8.4	2.82	500	0.02	0.50

30. TE(pH 8.0)

成分:1 mol/LTris－HCl(pH 8.0) 10.0 mL,,0.5 mol/LEDTA(pH 8.0)2.0 mL,灭菌去离子水 988 mL。

制法:将 1 mol/LTris-HCl 缓冲液(pH 8.0)、0.5 mol/LEDTA 溶液(pH 8.0)加入约 800 mL 灭菌去离子水均匀,再定容至 1000 mL,121℃高压灭菌 15min,4℃保存。

31. 10×PCR 反应缓冲液

成分:1 mol/LTris-HCl(pH 8.5) 840 mL,氯化钾(KCl) 37.25 g,灭菌去离子水 160 mL。

制法:将氯化钾溶于 1 mol/LTris-HCl(pH 8.5),定容至 1000 mL, 121℃高压灭菌 15min,分装后－20℃保存。

32. 50×TAE 电泳缓冲液

成分:Tris 242.0g,EDTA－2Na($Na_2EDTA \cdot 2H_2O$) 37.2g,冰乙酸(CH_3COOH) 57.1 mL,灭菌去离子水 942.9 mL。

制法:Tris 和 EDTA-2Na 溶于 800 mL 灭菌去离子水,充分搅拌均匀;加入冰乙酸,充分溶解;用 1 mol/L NaOH 调 pH 至 8.3,定容至 1L 后,室温保存。使用时稀释 50 倍即为 1×TAE 电泳缓冲液。

33. 6×上样缓冲液

成分:溴酚蓝 0.5 g,二甲苯氰 FF 0.5 g,0.5 mol/LEDTA(pH 8.0)0.06 mL,甘油 360 mL,灭菌去离子水 640 mL。

制法:0.5 mol/LEDTA(pH 8.0)溶于 500 mL 灭菌去离子水中,加入溴酚蓝和二甲苯氰 FF 溶解,与甘油混合,定容至 1 000 mL,分装后 4℃保存。

附录二　特殊染色法

1. 荚膜染色法

常用的方法有碱性美蓝染色法、瑞氏染色法、姬姆萨染色法和节氏(Jasmin)荚膜染色法等。

(1)碱性美蓝染色法　带有负电荷的菌体与带有正电荷的碱性染料结合呈蓝色，而荚膜因不易着色而染成淡红色。操作时涂片自然干燥，甲醇固定，以碱性美蓝即多色性美蓝染色液进行单染 3～5 min，荚膜呈淡红色，菌体呈蓝色。

(2)瑞氏染色法或姬姆萨染色法　涂片自然干燥，甲醇固定，以瑞氏染色法或姬姆萨染色法进行染色，荚膜呈淡紫色，菌体呈蓝色。

(3)节氏(Jasmin)荚膜染色法　取 9 mL 含有 0.5%石炭酸的生理盐水，加入 1 mL 无菌血清(各种动物的血清均可)混合后成为涂片稀释液。取此液一接种环置于载玻片上，再以接种环挑取少许细菌，均匀混悬其中，涂成薄片，自然干燥，甲醇固定，以革兰氏染色法中草酸铵结晶紫染色液进行染色 1 min，干燥后镜检。背景淡紫色，菌体深紫色，荚膜无色。

2. 鞭毛染色法

常用的方法上有莱氏(Leifson)鞭毛荚膜染色法、刘荣标氏鞭毛染色法和卡-吉氏(Casares-Cill)鞭毛染色法等。鞭毛宽 0.01～0.05 μm，在普通光学显微镜下看不见，用特殊染色法在染料中加入明矾与鞣酸作媒染剂，让染料沉着于鞭毛上，使鞭毛增粗容易观察，染色时间愈长，鞭毛愈粗。所用玻片最好先以洗液处理，可防鞭毛脱落。

(1)莱氏(Leifson)鞭毛荚膜染色法

染色液Ⅰ:	钾明矾或明矾的饱和水溶液	20 mL
	20%鞣酸水溶液	10 mL
	蒸馏水	10 mL
	95%酒精	15 mL
	碱性复红饱和酒精溶液	3 mL

依次将各液混合，置于紧塞的玻瓶中，其保存期为 1 周。

染色液Ⅱ:	含染料 90%的美蓝	0.1 g
	硼砂	1.0 g
	蒸馏水	100 mL

染色法：取幼龄菌培养物滴于洁净的玻片上制成涂片，滴染色液Ⅰ于自然干燥的涂片上，在温暖处染色 10 min，若不作荚膜染色，即可水洗，自然干燥后镜检，鞭毛呈红色；若作荚膜染色，可再滴加染色液Ⅱ于涂片上，再染色 5～10 min，水洗，任其自然干燥后镜检。荚膜呈红色，菌体呈蓝色。

(2)刘荣标氏鞭毛染色法

染色液Ⅰ:	5%石炭酸溶液	10 mL
	鞣酸粉末	2 g
	饱和钾明矾水溶液	10 mL

染色液Ⅱ:饱和结晶紫或龙胆紫酒精溶液

配制：取染色液Ⅰ10 份，染色液Ⅱ1 份，此混合液可在冰箱中保存 7 个月以上。

染色法：取幼龄菌培养物滴于洁净的玻片上制成涂片，干燥及固定后，以上述混合液在室温中染色 2～3 min，水洗，干燥后镜检。菌体及鞭毛均为紫色。

(3)卡-吉氏(Casares-Cill)鞭毛染色法

染色液Ⅰ：鞣酸	10 g
氯化铝($AlCl_3 \cdot 6H_2O$)	18 g
氯化锌($ZnCl_2$)	10 g
盐酸玫瑰色素或碱性复红	1.5 g
60%酒精	40 mL

配制：取 60%酒精 10 mL 于研钵中，再依次加入各物在研钵中研磨以加速各物溶解，然后徐徐加入剩余酒精。此溶液可在室温中保存数年。

染色液Ⅱ：石炭酸复红染色液。

染色法：制片自然干燥后，将染色液Ⅰ作 1∶4 稀释，滤纸过滤后滴于涂片上染色 2～3 min，水洗后加石炭酸复红染色液染色 5 min，水洗，自然干燥，镜检。菌体及鞭毛均为红色。

3. 芽孢染色法

常用的方法有复红美蓝染色法和孔雀绿沙黄染色法。细菌的芽孢外有较厚的芽孢膜，能防止一般染料的渗入，如果用复红、美蓝单染，芽孢不易着色。采用对芽孢膜作用力强的媒染剂进行加温染色，芽孢着色牢固，一旦芽孢着色后，于酸类溶液中处理也难使之脱色，再用复染剂复染，只能使菌体着色。所用的玻片最好先以洗液处理，可防芽孢褪色。

(1)复红美蓝染色法　涂片经火焰固定后，滴加石炭酸复红染色液于片上，加热至染液生蒸汽，经 2～3 min，水洗。以 5%醋酸脱色，至淡红色为止，水洗。以骆氏美蓝染液复染 1 min，水洗。自然干燥后镜检。芽孢染成红色，菌体染成蓝色。

(2)孔雀绿沙黄染色法　涂片经火焰固定后，滴加 5%孔雀绿染色液于片上，加热 30～60℃使染液生蒸汽 3～4 次，水洗 0.5 min，再以 0.5%沙黄水溶液复染 1 min，水洗。自然干燥后镜检。芽孢染成绿色，菌体染成红色。

4. 异染颗粒染色法

常用的方法有美蓝染色法和亚氏染色法。异染颗粒的主要成分是核糖核酸和多偏磷酸盐，嗜碱性强，故用特殊染色法可将其染成与细菌其他部分不同的颜色。

(1)美蓝染色法　涂片在火焰上固定后，以多色性美蓝液染色 1 min，水洗，吸干镜检。菌体呈深蓝色，异染颗粒呈淡红色。

(2)亚氏(Albert)染色法

染色液 1：甲苯胺蓝(toludine blue)	0.15 g
孔雀绿	0.20 g
冰醋酸	1 mL
95%酒精	2 mL
蒸馏水	100 mL
碘溶液：碘片	2 g
碘化钾	3 g
蒸馏水	300 mL

配制:将碘片和碘化钾在研钵中研磨,先加 40～50 mL 水,使其充分溶解,然后再加足全量。

染色法:涂片在火焰上固定后,以亚氏染色液染色 5 min,水洗,再以碘液染色 1 min,水洗,吸干镜检。菌体呈绿色,异染颗粒呈黑色。

附录三　常用培养基配方

1. 普通肉汤培养基(pH 7.6～7.8)

成分:新鲜牛肉浸液 100 mL,蛋白胨 1 g,氯化钠 0.5 g。

2. 普通肉汤琼脂固体培养基(pH 7.6)

成分:普通肉汤培养基 100 mL,琼脂 2 g。

3. 普通肉汤琼脂固体培养基(pH 7.2～7.4)

成分:普通肉汤培养基 100 mL,琼脂 0.25～0.5 g。

4. 血液琼脂培养基(pH 7.6)

成分:普通肉汤培养基 100 mL,无菌脱纤维羊血(或兔血)8～10 mL。

5. 肉膏汤(pH 7.4～7.6)

成分:牛肉膏 3～5 g,蛋白胨 10 g,氯化钠 5 g,蒸馏水 1 000 mL。

6. 碱性蛋白胨水(pH 8.4)

成分:蛋白胨 10 g,氯化钠 5 g,蒸馏水 1 000 mL。

7. 蛋白胨水(pH 7.4～7.6)

成分:蛋白胨 20 g,氯化钠 5 g,蒸馏水 1 000 mL。

8. 细菌 L 型固体培养基(pH 7.4～7.6)

成分:牛肉浸液 800 mL,蛋白胨 20 g,氯化钠 50 g,琼脂 8 g,灭活人血浆 200 mL(注:灭活人血浆可用马血清或羊血浆代替)。

9. 单糖发酵管培养基(pH 7.6)

成分:单糖(葡萄糖、乳糖、蔗糖等)1 g,蛋白胨 1 g,氯化钠 0.5 g,琼脂 0.5 g,1.6%。

溴甲酚紫酒精溶液 0.1 mL,蒸馏水 100 mL。

10. 葡萄糖磷酸盐蛋白胨培养基(pH 7.2)

成分:蛋白胨 0.5 g,葡萄糖 0.5 g,磷酸二氢钾 0.5 g,蒸馏水 100 mL。

11. 醋酸铅培养基(pH 7.0～7.6)

成分:3%琼脂肉汤培养基 100 mL,10%硫代硫酸钠 2.5 mL,10%醋酸铅水溶液 1 mL。

12. 枸橼酸盐培养基(pH 6.8)

成分:磷酸二氢铵 0.1 g,硫酸镁 0.02 g,磷酸氢二钾 0.1 g,枸橼酸钠 0.2 g,氯化钠 0.5 g,琼脂 2 g,0.5%溴麝香草酚蓝酒精溶液 2 mL,蒸馏水 100 mL。

13. 尿素培养基(pH 6.8～6.9)

成分:葡萄糖 1 g,蛋白胨 1 g,氯化钠 0.5 g,磷酸二氢钾 2 g,0.1%酚红水溶液 12 mL,20%尿素溶液 100 mL,琼脂 15 g,蒸馏水 1 000 mL。

14. 铁质双糖培养基(pH 7.6)

成分:蛋白胨 2 g,氯化钠 0.5 g,葡萄糖 0.1 g,乳糖 1 g,枸橼酸铁胺 0.05 g(或硫酸亚铁 0.02 g),硫代硫酸钠 0.75 g,琼脂 1.5 g,0.2%酚红水溶液 1.25 mL,蒸馏水 100 mL。

15. 伊红美蓝琼脂培养基(EMB)(pH 7.6)

成分:2%肉膏汤琼脂 100 mL,乳糖 1 g,2%伊红水溶液 2 mL,0.5%美蓝 1～1.2 mL。

16. 麦康凯琼脂培养基(pH 7.2)

成分:蛋白胨 2 g,乳糖 1 g,氯化钠 0.5 g,胆盐 0.5 g,琼脂 2 g,0.5%中性红水溶液 0.5 mL,蒸馏水 100 mL。

17. SS 琼脂培养基(pH 7.2)

成分:牛肉膏 5 g,眎胨 5 g,琼脂 25 g,胆盐 10 g,乳糖 10 g,枸橼酸钠 12 g,枸橼酸铁 0.5 g,硫代硫酸钠 12 g,蒸馏水 100 mL。

18. 牛乳培养基

成分:新鲜脱脂牛奶 100 mL,1.6%溴甲酚紫酒精溶液 0.1 mL。

19. 疱肉培养基(pH 7.4~7.6)

成分:牛肉浸液或牛心、脑浸液培养基、牛肉渣。

20. 牛心、牛脑浸液培养基(pH 7.4~7.6)

成分:牛心浸出液 250 mL,牛脑浸出液 250 mL,葡萄糖 2 g,氯化钠 5 g,眎胨 10 g,磷酸氢二钠 2.5 g,半胱氨酸 0.5 g,蒸馏水加至 1 000 mL。

21. 吕氏血清斜面培养基(pH 7.4)

成分:1%葡萄糖肉汤 1 份,牛血清或兔血清 3 份。

22. 亚碲酸钾培养基(pH 7.6)

成分:2%肉汤琼脂 100 mL,1%亚碲酸钾水溶液 2 mL,0.5 半胱氨酸水溶液 2 mL,无菌脱纤维羊血(或兔血)5~10 mL。

23. 罗氏培养基(pH 8.0)

成分:①磷酸二氢钾(无水)0.96 g,天门冬酰胺 0.72 g,枸橼酸镁 0.12 g,硫酸镁($MgSO_4 \cdot 7H_2O$)0.048 g,纯甘油(中性)2.4 mL,蒸馏水 120 mL。②马铃薯粉 6 g。③新鲜鸡蛋 6~8 个。④1%孔雀绿溶液 8 mL。

24. 支原体基础培养基(pH 7.8~8.0)

成分:①牛心消化液 1 000 mL,蛋白胨 10 g,氯化钠 5 g,琼脂粉 14 g。②无菌小牛或马血清(不灭活)20 mL,青霉素 G(2×10^8 U/mL)0.5 mL,25%鲜酵母浸出液 10 mL,20%灭菌葡萄糖溶液 5 mL,1%鲜醋酸铊 2.5 mL。

25. 科索夫(Korthof)培养基(pH 7.2~7.4)

成分:蛋白胨 0.8 g,氯化钠 1.4 g,1%氯化钾水溶液 4 mL,1%碳酸氢钠水溶液 2 mL,磷酸氢二钠($Na_2HPO_4 \cdot 12H_2O$)1.93 g,磷酸二氢钾(无水)0.18 g,蒸馏水 1 000 mL;灭菌正常兔血清 8~10 mL。

26. 沙氏培养基

成分:葡萄糖 4 g,蛋白胨 1 g,琼脂 2 g,蒸馏水 100 mL。

27. 玉米琼脂培养基

成分:玉米 4 g,琼脂 2 g,蒸馏水 100 mL。

28. LB(Luria-Bertani)培养基

成分:细菌培养用胰蛋白胨 10 g,酵母提取物 5 g,NaCl 10 g,去离子水 800 mL。搅拌,使溶质完全溶解,用 5 mol/L NaOH(约 0.2 mL)调 pH 至 7.4,加去离子水至总体积为 1 L。高压蒸汽灭菌 20 min。

29. 乳糖胆盐发酵管

成分：蛋白胨 20 g，猪胆盐（或牛、羊胆盐）5 g，乳糖 10 g，0.04%溴甲酚紫水溶液 25 mL，蒸馏水 1 000 mL，pH 7.4。

制法：将蛋白胨、胆盐及乳糖溶于水中，校正 pH，加入指示剂，分装每管 10 mL，并放入一个小倒管，115℃高压灭菌 15 min。

30. 伊红美蓝琼脂（EMB）

成分：蛋白胨 10 g，乳糖 10 g，磷酸氢二钾 2 g，琼脂 17 g，2%伊红溶液 20 mL，0.65%美蓝溶液 10 mL，蒸馏水 1 000 mL，pH 7.1。

制法：将蛋白胨、磷酸盐和琼脂溶解于蒸馏水中，校正 pH，分装于烧瓶内，121℃高压灭菌 15 min，备用。临用时加入乳糖，并加热溶化琼脂，冷至 50～55℃，加入伊红和美蓝溶液，摇匀，倾注平板。

31. 缓冲蛋白胨水（BPW）

成分：蛋白胨 10 g，氯化钠 5 g，磷酸氢二钾（含 12 个结晶水）9 g，磷酸二氢钾 1.5 g，蒸馏水 1 000 mL，pH 7.2±0.2。

制法：将各成分加入蒸馏水中，搅混均匀，静置约 10 min，煮沸溶解，调节 p H，高压灭菌 121℃，15 min。

32. 四硫磺酸钠煌绿（TTB）增菌液

基础液：将蛋白胨 10.0 g，牛肉膏 5.0 g，氯化钠 3.0 g，加入蒸馏水 1 000 mL，煮沸溶解，再加入碳酸钙 45.0 g，调节 pH7.0±0.2，高压灭菌 121℃，20 min。

硫代硫酸钠溶液：硫代硫酸钠（含 5 个结晶水）50.0 g，蒸馏水加至 100 m L 高压灭菌 121℃，20 min。

碘溶液：将 25.0 g 碘化钾充分溶解于少量蒸馏水中，再投入碘片 20.0 g，振摇玻瓶至碘片全部溶解为止，然后加蒸馏水至 100 m L，贮存于棕色瓶内，塞紧瓶盖备用。

0.5%煌绿水溶液：煌绿 0.5 g，蒸馏水 100 mL 溶解后，存放暗处，不少于 1d，使其自然灭菌。

牛胆盐溶液：牛胆盐 10.0 g，蒸馏水 100 mL 加热煮沸至完全溶解，高压灭菌 121℃，20 min。

制法：基础液 900 mL，硫代硫酸钠溶液 100 mL，碘溶液 20.0 mL，煌绿水溶液 2.0 mL，牛胆盐溶液 50.0 mL，临用前，按上列顺序，以无菌操作依次加入基础液中，每加入一种成分，均应摇匀后再加入另一种成分。

33. 亚硒酸盐胱氨酸（SC）增菌液

成分：蛋白胨 5 g，乳糖 4 g，磷酸氢二钠 10.0 g，亚硒酸氢钠 4.0 g，*L*-胱氨酸 0.01 g，蒸馏水 1 000 mL。

1%*L*-胱氨酸溶液：称取 *L*-胱氨酸 0.1 g，加 1 mol/L 氢氧化钠 1.5 mL，使溶解，再加入蒸馏水 8.5 mL 即成。

制法：除亚硒酸氢钠和 L-胱氨酸外，将各成分加入蒸馏水中，煮沸溶解，冷至 55℃以下，以无菌操作加入亚硒酸氢钠和 1 g/L L-胱氨酸溶液 10 mL 摇匀，调节 pH。

34. 亚硫酸铋琼脂（BS）

成分：蛋白胨 10 g，牛肉膏 5 g，葡萄糖 5 g，硫酸亚铁 0.3 g，磷酸氢二钠 4 g，煌绿 0.025 g，柠檬酸铋胺 2 g,亚硫酸钠 6 g,琼脂 18～20 g,蒸馏水 1 000 mL,pH 7.5±0.2 。

制法:将前三种成分加入 300 mL 蒸馏水(制作基础液),硫酸亚铁和磷酸氢二钠分别加入 20 mL 和 30 mL 蒸馏水中,柠檬酸铋铵和亚硫酸钠分别加入另一 20 mL 和 30 mL 蒸馏水中,琼脂加入 600 mL 蒸馏水中。然后分别搅拌均匀,煮沸溶解。冷至 80℃左右时,先将硫酸亚铁和磷酸氢二钠混匀,倒入基础液中,混匀。将柠檬酸铋铵和亚硫酸钠混匀,倒入基础液中,再混匀。调节 pH,随即倾入琼脂液中,混合均匀,冷至 50～55℃。加入煌绿溶液,充分混匀后立即倾注平皿。注:本培养基不需要高压灭菌,在制备过程中不宜过分加热,避免降低其选择性,贮于室温暗处,超过 48h 会降低其选择性,本培养基宜于当天制备,第二天使用。

35. 木糖赖氨酸脱氧胆盐(XLD)琼脂

成分:酵母膏 3.0 g,L-赖氨酸 5.0 g,木糖 3.75 g,乳糖 7.5 g,蔗糖 7.5 g,去氧胆酸钠 2.5 g,柠檬酸铁铵 0.8 g,硫代硫酸钠 6.8 g,氯化钠 5.0 g,琼脂 15.0 g,酚红 0.08 g,蒸馏水 1 000 mL,pH 7.4±0.2。

制法:除酚红和琼脂外,将其他成分加入 400 mL 蒸馏水中,煮沸溶解,调节 pH。另将琼脂加入 600 mL 蒸馏水中,煮沸溶解。将上述两溶液混合均匀后,再加入指示剂,待冷至 50～55℃倾注平皿。

注:本培养基不需要高压灭菌,在制备过程中不宜过分加热,避免降低其选择性,贮于室温暗处。本培养基宜于当天制备,第二天使用。

36. HE 琼脂

成分:蛋白胨 12 g,牛肉膏 3 g,乳糖 12 g,蔗糖 12 g,水杨素 2 g,胆盐 20 g,氯化钠 5 g,琼脂 18～20 g,蒸馏水 1 000 mL,0.4%溴麝香草酚蓝溶液 16 mL,Andrade 指示剂 20 mL,甲液 20 mL,乙液 20 mL,pH 7.5±0.2。

甲液:硫代硫酸钠 34 g,柠檬酸铁胺 4 g,蒸馏水 100 mL。

乙液:去氧胆酸钠 10 g,蒸馏水 100 mL。

Andrade 指示剂:酸性复红 0.5 g,1 mol/L 氢氧化钠溶液 16 mL,蒸馏水 100 mL。将复红溶于蒸馏水中,加入氢氧化钠溶液,数小时后如复红褪色不全,再加入氢氧化钠溶液 1～2 mL。

制法:将前面 7 种成分溶解于 400 mL 蒸馏水内作为基础液,将琼脂加于 600 mL 蒸馏水内,加热溶解。加入甲液和乙液于基础液内,校正 pH。再加入指示剂,并于琼脂液合并,待冷至 50～55℃,倾注平板。

注:本培养基不需要高压灭菌,在制备过程中不宜过分加热,避免降低其选择性。

37. 蛋白胨水、靛基质试剂

蛋白胨水:蛋白胨(或胰蛋白胨)20.0 g,氯化钠 5.0 g,蒸馏水 1 000 mL,pH 7.4±0.2,将上述成分加入蒸馏水中,煮沸溶解,调节 pH,分装小试管,121℃高压灭菌 15 min。

靛基质试剂:①柯凡克试剂:将 5 g 对二甲氨基甲醛溶解于 75 mL 戊醇中,然后缓慢加入浓盐酸 25 mL。②欧-波试剂:将 1 g 对二甲氨基苯甲醛溶解于 95 mL95%乙醇内。然后缓慢加入浓盐酸 20 mL。

试验方法:挑取小量培养物接种,在(36±1) ℃培养 1～2 d,必要时可培养 4～5 d。加入柯凡克试剂约 0.5 mL,轻摇试管,阳性者于试剂层呈深红色;或加入欧-波试剂约 0.5 mL,沿管壁流下,覆盖于培养液表面,阳性者于液面接触处呈玫瑰红色。

注：蛋白胨中应含有丰富的色氨酸。每批蛋白胨买来后，应先用已知菌种鉴定后方可使用。

38. 尿素琼脂(pH 7.2)

成分：蛋白胨 1.0 g，氯化钠 5.0 g，葡萄糖 1.0 g，磷酸二氢钾 2.0 g，0.4%酚红 3.0 mL，琼脂 20.0 g，蒸馏水 1 000 mL，20%尿素溶液 100 mL，pH 7.2±0.2。

制法：除尿素、琼脂和酚红外，将其他成分加入 400 mL 蒸馏水中，煮沸溶解，调节 pH。另将琼脂加入 600 mL 蒸馏水中，煮沸溶解。将上述两溶液混合均匀后，再加入指示剂后分装，121℃高压灭菌 15 min。冷至 50～55℃，加入经除菌过滤的尿素溶液。尿素的最终浓度为 2%。分装于无菌试管内，放成斜面备用。

试验方法：挑取琼脂培养物接种，在(36±1) ℃培养 24 h，观察结果。尿素酶阳性者由于产碱而使培养基变为红色。

39. 三糖铁琼脂(TSI)

成分：蛋白胨 20 g，牛肉膏 5 g，乳糖 10 g，蔗糖 10 g，葡萄糖 1 g，氯化钠 5 g，硫酸亚铁铵 0.2 g，硫代硫酸钠 0.2 g，琼脂 12 g，酚红 0.025 g，蒸馏水 1 000 mL，pH 7.4±0.2。

制法：将除琼脂和酚红以外的各成分溶解于 400 mL 蒸馏水中，校正 pH。另将琼脂加入 600 mL 蒸馏水中，煮沸溶解。将上述两溶液混合均匀后，加入 0.2%酚红水溶液 12.5 mL，摇匀。分装试管，每管约 2～4 mL，高压灭菌 121℃ 10 min 或 115℃ 15 min，灭菌后置成高层斜面，呈桔红色。

40. 氰化钾(KCN)培养基

成分：蛋白胨 5 g，氯化钠 5 g，磷酸二氢钾 0.225 g，磷酸氢二钠 5.64 g，蒸馏水 1 000 mL，0.5%氰化钾溶液 20 mL，pH 7.6。

制法：将除氰化钾以外的成分加入蒸馏水中，煮沸溶解，分装后 121℃高压灭菌 15 min。放在冰箱内使其充分冷却。每 100 mL 培养基加入 0.5%氰化钾溶液 2.0 mL(最后浓度为 1∶10 000)，分装于无菌试管内，每管约 4 mL，立刻用无菌橡皮塞塞紧，放在 4℃冰箱内，至少可保存两个月。同时，将不加氰化钾的培养基作为对照培养基，分装试管备用。

41. 氨基酸脱羧酶试验培养基

成分：蛋白胨 5 g，酵母浸膏 3 g，葡萄糖 1 g，蒸馏水 1 000 mL，1.6%溴甲酚紫-乙醇溶液 1 mL，*L*-氨基酸 0.5 g/100 mL 或 *DL*-氨基酸 1 g/100 mL，pH 6.8±0.2。

制法：除氨基酸以外的成分加热溶解后，分装每瓶 100 mL，分别加入赖氨酸。*L*-氨基酸按 0.5%加入，*L*-氨基酸按 0.5%加入，*DL*-氨基酸按 1%加入。调节 pH。对照培养基不加氨基酸。分装于灭菌的小试管内，每管 0.5 mL，上面滴加一层液体石蜡，115℃高压灭菌 10 min。

试验方法：从琼脂斜面上挑取培养物接种，于(36±1) ℃培养 18～24 h，观察结果。氨基酸脱羧酶阳性者由于产碱，培养基应呈紫色。阴性者无碱性产物，但因葡萄糖产酸而使培养基变为黄色。对照管应为黄色。

42. 糖发酵管

成分：牛肉膏 5.0 g，蛋白胨 10.0 g，氯化钠 3.0 g，磷酸氢二钠(含 12 个结晶水)2.0 g，0.2%溴麝香草酚蓝溶液 12.0 mL，蒸馏水 1 000 mL，pH 7.4±0.2。

制法：葡萄糖发酵管按上述成分配好后，调节 pH。按 0.5%加入葡萄糖，分装于有一个倒置小管的小试管内,121℃高压灭菌 15 min。其他各种糖发酵管可按上述成分配好后,分装每瓶 100 mL,121℃高压灭菌 15 min。另将各种糖类分别配好 10%溶液,同时高压灭菌。将 5 mL 糖溶液加入于 100 mL 培养基内,以无菌操作分装小试管。

43. ONPG 培养基

成分:邻硝基酚 *β-D* 半乳糖苷(ONPG)60 mg,0.01 mol/L 硫酸钠缓冲液(pH 7.5)10 mL,1%蛋白胨水(pH 7.5)30 mL。

制法:将 ONPG 溶于缓冲液内,加入蛋白胨水,以过滤法除菌,分装于 10 mm×75 mm 试管,每管 0.5 mL,用橡皮塞塞紧。

44. 半固体琼脂

成分:蛋白胨 1 g,牛肉膏 0.3 g,氯化钠 0.5 g,琼脂 0.35～0.4 g,蒸馏水 100 mL,pH 7.4±0.2。

制法:按以上成分配好,煮沸使溶解,并校正 pH。分装小试管,121℃高压灭菌 15 min。直立凝固备用。

45. 丙二酸钠培养基

成分:酵母浸膏 1 g,硫酸铵 2 g,磷酸氢二钾 0.6 g,磷酸二氢钾 0.4 g,氯化钠 2 g,丙二酸钠 3 g,0.2%溴麝香草酚蓝溶液 12 mL,蒸馏水 1 000 mL,pH 6.8±0.2。

制法:除指示剂以外的成分溶解于水,校正 pH 后再加入指示剂,分装试管,121℃高压灭菌 15 min。

46. 月桂基硫酸盐胰蛋白胨(LST)肉汤

成分:胰蛋白胨或胰酪胨 20.0 g,氯化钠 5.0 g,乳糖 5.0 g,磷酸氢二钾(K_2HPO_4)2.75 g,磷酸二氢钾(KH_2PO_4)2.75 g,月桂基硫酸钠 0.1 g,溶解于蒸馏水 1 000 mL,节 pH 6.8±0.2。分装到有玻璃小倒管的试管中,每管 10 mL。121℃高压灭菌 15 min。

47. 煌绿乳糖胆盐(BGLB)肉汤 .

成分:蛋白胨 10.0 g,乳糖 10.0 g,牛胆粉(oxgall 或 oxbile)溶液 200 mL 0.1%煌绿水溶液 13.3 mL,蒸馏水 800 mL,pH 7.2±0.1。

制法 将蛋白胨、乳糖溶于约 500 mL 蒸馏水中,加入牛胆粉溶液 200 mL(将 20.0 g 脱水牛胆粉溶于 200 mL 蒸馏水中,调节 pH 至 7.0～7.5),用蒸馏水稀释到 975 mL,调节 pH,再加入 0.1%煌绿水溶液 13.3 mL,用蒸馏水补足到 1 000 mL,用棉花过滤后,分装到有玻璃小倒管的试管中,每管 10 mL。121℃高压灭菌 15 min。

48. PLET 琼脂平板

成分:心浸液琼脂 1 000 mL、EDTA(25 mg/mL～30 mg/mL)溶液 10 mL、乙酸亚铊(4 mg/mL)溶液 10 mL、多粘菌素 30000 IU、溶菌酶 300 000 IU,除心浸液琼脂外,其他成分用灭菌蒸馏水配成适当贮存液,按以上量加入冷却至 50～55℃的灭菌心浸液琼脂内,混匀后倾注平板。

49. 肠道菌增菌肉汤(pH 7.0～7.4)

成分:蛋白胨 10.0 g,葡萄糖 5.0 g,牛胆盐 20.0 g,磷酸氢二钠 8.0 g,磷酸二氢钾 2.0 g,煌绿 0.015 g,蒸馏水 1 000 mL。

制法:将以上成分混合加热溶解,,冷却至 25℃左右校正 pH 至 7.2±0.2,分装每瓶 30 mL。115℃灭菌 20 min。

50. BHI 肉汤(pH 7.2～7.6)

成分:小牛脑浸液 200.0 g,牛心浸液 250.0 g,蛋白胨 10.0 g,NaCl 5.0 g,葡萄糖 2.0 g,磷酸氢二钠(Na_2HPO_4) 2.5 g,蒸馏水 1 000 mL。

制法:按以上成分配好,加热溶解,冷却至 25℃左右校正 pH 至 7.4±0.2,分装小试管。121℃灭菌 15 min。

附录四　附表

表 1　稀释度选择及菌落数报告方式

例次	稀释度及菌落数			菌落总数/[cfu/g(mL)]	报告方式/[cfu/g(mL)]
	10^{-1}	10^{-2}	10^{-3}		
1	多不可计	154、174	20、25	16 400	16 000 或 1.6×10^4
2	多不可计	232、244	33、35	24 727	25 000 或 2.5×10^4
3	多不可计	多不可计	310、315	313 000	310 000 或 3.1×10^5
4	25、29	11、9	5、4	270	270 或 2.7×10^2
5	0	0	0	$<1\times10$	<10
6	多不可计	305、307	12、14	30 500	31 000 或 3.1×10^4

表 2　大肠菌群的最可能数(MPN)检索表

阳性管数			MPN	95%可信限		阳性管数			MPN	95%可信限	
0.10	0.01	0.001		下限	上限	0.10	0.01	0.001		下限	上限
0	0	0	<3.0	—	9.5	2	2	0	21	4.5	42
0	0	1	3.0	0.15	9.6	2	2	1	28	8.7	94
0	1	0	3.0	0.15	11	2	2	2	35	8.7	94
0	1	1	6.1	1.2	18	2	3	0	29	8.7	94
0	2	0	6.2	1.2	18	2	3	1	36	8.7	94
0	3	0	9.4	3.6	38	3	0	0	23	4.6	94
1	0	0	3.6	0.17	18	3	0	1	38	8.7	110
1	0	1	7.2	1.3	18	3	0	2	64	17	180
1	0	2	11	3.6	38	3	1	0	43	9	180
1	1	0	7.4	1.3	20	3	1	1	75	17	200
1	1	1	11	3.6	38	3	1	2	120	37	420
1	2	0	11	3.6	42	3	1	3	160	40	420
1	2	1	15	4.5	42	3	2	0	93	18	420
1	3	0	16	4.5	42	3	2	1	150	37	420
2	0	0	9.2	1.4	38	3	2	2	210	40	430
2	0	1	14	3.6	42	3	2	3	290	90	1 000
2	0	2	20	4.5	42	3	3	0	240	42	1 000
2	1	0	15	3.7	42	3	3	1	460	90	2 000
2	1	1	20	4.5	42	3	3	2	1 100	180	4 100
2	1	2	27	8.7	94	3	3	3	>1 100	420	—

注：1. 本表采用 3 个稀释度[0.1 g(mL)、0.01 g(mL)和 0.001 g(mL)]，每个稀释度接种 3 管。

2. 表内所列检样量如改用 1 g(mL)、0.1 g(mL)和 0.01 g(mL)时，表内数字应相应降低 10 倍；如改用 0.01 g(mL)、0.001 g(mL)、0.000 1 g(mL)时，则表内数字应相应增高 10 倍，其余类推。

表 3　沙门氏菌属在不同选择性琼脂平板上的菌落特征

选择性琼脂平板	沙门氏菌
BS 琼脂	菌落为黑色有金属光泽、棕褐色或灰色，菌落周围培养基可呈黑色或棕色；有些菌株形成灰绿色的菌落，周围培养基不变。
HE 琼脂	蓝绿色或蓝色，多数菌落中心黑色或几乎全黑色；有些菌株为黄色，中心黑色或几乎全黑色。
XLD 琼脂	菌落呈粉红色，带或不带黑色中心，有些菌株可呈现大的带光泽的黑色中心，或呈现全部黑色的菌落；有些菌株为黄色菌落，带或不带黑色中心。
沙门氏菌属显色培养基	按照显色培养基的说明进行判定。

表 4　沙门氏菌属在三糖铁琼脂和赖氨酸脱羧酶试验培养基内的反应结果

三糖铁琼脂				赖氨酸脱羧酶试验培养基	初步判断
斜面	底层	产气	硫化氢		
K	A	+(−)	+(−)	+	可疑沙门氏菌
K	A	+(−)	+(−)	−	可疑沙门氏菌
A	A	+(−)	+(−)	+	可疑沙门氏菌
A	A	+/−	+/−	−	非沙门氏菌
K	K	+/−	+/−	+/−	非沙门氏菌

注：K：产碱，A：产酸；+：阳性，−：阴性；+(−)：多数阳性，少数阴性；+/−：阳性或阴性。

表 5　沙门氏菌属生化反应初步鉴别表

反应序号	硫化氢 (H_2S)	靛基质	pH 7.2 尿素	氰化钾 (KCN)	赖氨酸脱羧酶
A1	+	−	−	−	+
A2	+	+	−	−	+
A3	+	−	−	−	+/−

注：+表示阳性，−表示阴性，+/−：阳性或阴性。

表 6　沙门氏菌属生化反应初步鉴别表

pH 7.2 尿素	氰化钾	赖氨酸	判定结果
−	−	−	甲型副伤寒沙门氏菌(要求血清学鉴定结果)
−	+	+	沙门氏菌Ⅳ或Ⅴ(要求符合本群生化特性)
+	−	+	沙门氏菌个别变体(要求血清学鉴定结果)

注：+表示阳性，−表示阴性。

表 7 沙门氏菌属各生化群的鉴别

项目	Ⅰ	Ⅱ	Ⅲ	Ⅳ	Ⅴ	Ⅵ
卫矛醇	+	+	−	−	+	−
山梨酸	+	+	+	+	+	−
水杨苷	−	−	−	+	−	−
ONPG	−	−	+	−	+	−
丙二酸盐	−	+	+	−	−	−
氰化钾	−	−	−	+	+	−

注:+表示阳性,−表示阴性。

表 8 A～F 群常见菌型 H 抗原表

O 群	第 1 相	第 2 相	O 群	第 1 相	第 2 相
A	a	无	D(不产气的)	d	无
B	g,f,s	无	D(产气的)	g,m,p,q	无
B	i,b,d	2	E1	h,v	6,w,x
C1	k,v,r,c	5,z15	E4	g,s,t	无
C2	b,d,r	2,5	E4	i	

表 9 常见沙门氏菌抗原表

菌名	原名	O 抗原	H 抗原	
			第 1 相	第 2 相
A 群				
甲型副伤寒沙门氏菌	*S. paratyphi* A	1,21,2	a	[1,5]
B 群				
基桑加尼沙门氏菌	*S. kisangani*	1,4,[5],12	a	1,2
阿雷查瓦莱塔沙门氏菌	*S. arechavalea*	4,[5],12	a	[1,7]
马流产沙门氏菌	*S. abortusequi*	4,12	—	e,n,x
乙型副伤寒沙门氏菌	*S. paratyphi* B	1,4,[5],12	b	1,2
利密特沙门氏菌	*S. limete*	1,4,12,27	b	1,5
阿邦尼沙门氏菌	*S. abony*	1,4,[5],12,27	b	e,n,x
维也纳沙门氏菌	*S. wien*	1,4,12,27	b	1,w
伯里沙门氏菌	*S. bury*	4,12,27	c	Z_6
斯坦利沙门氏菌	*S. stanley*	1,4,[5],12,27	d	1,2
圣保罗沙门氏菌	*S. saintpaul*	1,4,[5],12	e,h	1,2
里定沙门氏菌	*S. reading*	1,4,[5],12	e,h	1,5
彻斯特沙门氏菌	*S. chester*	1,4,[5],12	e,h	e,n,x
德尔卑沙门氏菌	*S. derby*	1,4,[5],12	f,g	[1,2]
阿贡纳沙门氏菌	*S. agona*	1,4,12	f,g,s	—

续表 9

菌名	原名	O抗原	H抗原	
			第1相	第2相
埃森沙门氏菌	*S. essen*	4,12	g,m	—
加利福尼亚沙门氏菌	*S. california*	4,12	g,m,t	—
金斯敦沙门氏菌	*S. kingston*	1,4,[5],12,27	g,s,t	[1,2]
布达佩斯沙门氏菌	*S. budapest*	1,4,12,27	g,t	—
鼠伤寒沙门氏菌	*S. typhimurium*	1,4,[5],12	i	1,2
拉古什沙门氏菌	*S. lagos*	1,4,[5],12	i	1,5
布雷登尼沙门氏菌	*S. bredeney*	1,4,12,27	1,i	1,7
基尔瓦沙门氏菌Ⅱ	*S. kilwa* Ⅱ	4,12	1,w	e,n,x
海德尔堡沙门氏菌	*S. heidelberg*	1,4,[5],12	r	1,2
印第安纳沙门氏菌	*S. indiana*	1,4,12	z	1,7
斯坦利维尔沙门氏菌	*S. stanleyville*	1,4,[5],12,27	z_4,z_{28}	[1,2]
伊图里沙门氏菌	*S. ituri*	1,4,12	z_{10}	1,5
C1群				
奥斯陆沙门氏菌	*S. oslo*	6,7	a	e,n,x
爱丁堡沙门氏菌	*S. edinbury*	6,7	b	1,5
布隆方丹沙门氏菌Ⅱ	*S. bloemfontein* Ⅱ	6,7	b	[e,n,x]:Z_{42}
丙型副伤寒沙门氏菌	*S. paratyphi* C	6,7,[Vi]	c	1,5
猪霍乱沙门氏菌	*S. choleraesuis*	6,7	[c]	1,5
猪伤寒沙门氏菌	*S. typhisuis*	6,7	c	1,5
罗米他沙门氏菌	*S. lomita*	6,7	e,h	1,5
布伦登卢普沙门氏菌	*S. braenderup*	6,7	e,h	e,h,z_{15}
里森沙门氏菌	*S. rissen*	6,7	f,g	—
蒙得维的亚沙门氏菌	*S. montevideo*	6,7	g,m,[p],s	[1,2,7]
里吉尔沙门氏菌	*S. riggil*	6,7	g,t	—
奥雷宁堡沙门氏菌	*S. oranienbury*	6,7	m,t	—
奥雷塔蔓林沙门氏菌	*S. oritamerin*	6,7	i	1,5
汤卜逊沙门氏菌	*S. thompson*	6,7	k	1,5
康科德沙门氏菌	*S. concord*	6,7	1,v	1,2
伊鲁木沙门氏菌	*S. irumu*	6,7	1,v	1,5
姆卡巴沙门氏菌	*S. mkamba*	6,7	1,v	1,6
波恩沙门氏菌	*S. bonn*	6,7	1,v	e,n,x
波茨坦沙门氏菌	*S. potsdam*	6,7	1,v	e,n,z_{15}
格但斯克沙门氏菌	*S. gdansk*	6,7	1,v	z_6

续表 9

菌名	原名	O 抗原	H 抗原	
			第 1 相	第 2 相
维尔消沙门氏菌沙门氏菌	*S. virchow*	6,7	r	1,2
婴儿沙门氏菌	*S. infantis*	6,7	r	1,5
巴布亚沙门氏菌	*S. papuana*	6,7	r	e,n,z_{15}
巴累利沙门氏菌	*S. bareilly*	6,7	y	1,5
哈特福德沙门氏菌	*S. hartford*	6,7	y	e,n,x
三河岛沙门氏菌	*S. mikawashima*	6,7	y	e,n,z_{15}
姆班达卡沙门氏菌	*S. mbandaka*	6,7	z_{10}	e,n,z_{15}
田纳西沙门氏菌	*S. tennessee*	6,7	z_{29}	—
C2 群				
习志野沙门氏菌	*S. narashino*	6,8	a	e,n,x
名古屋沙门氏菌	*S. nagoya*	6,8	b	1,5
加瓦尼沙门氏菌	*S. gatuni*	6,8	b	e,n,x
慕尼黑沙门氏菌	*S. muenchen*	6,8	d	1,2
曼哈顿沙门氏菌	*S. manhattan*	6,8	d	1,5
纽波特沙门氏菌	*S. newport*	6,8	e,h	1,2
科特布斯沙门氏菌	*S. kottbus*	6,8	e,h	1,5
茨昂威沙门氏菌	*S. tshiongwe*	6,8	e,h	e,n,z_{15}
林登堡沙门氏菌	*S. lindenburg*	6,8	i	1,2
塔克拉迪沙门氏菌	*S. takoradi*	6,8	i	1,5
波那雷恩沙门氏菌	*S. bonariensis*	6,8	i	e,n,x
利奇菲德沙门氏菌	*S. litchfield*	6,8	1,v	1,2
牛病沙门氏菌	*S. bovismorbificans*	6,8	r	1,5
查理沙门氏菌	*S. chailey*	6,8	z_4,z_{23}	e,n,z_{15}
C3 群				
巴尔多沙门氏菌	*S. bardo*	8	e,h	1,2
伊麦克沙门氏菌	*S. emek*	8,20	g,m,s	
肯塔基沙门氏菌	*S. kentucky*	8,20	i	z_6
C4 群				
布伦登卢普沙门氏菌	*S. braenderup*			
14$^+$变种	Var. 14$^+$	6,7,14	e,h	e,n,z_{15}
耶路撒冷沙门氏菌	*S. jerusalem*	6,7,[14]	z_{10},	1,w
D 群				
仙台沙门氏菌	*S. sendai*	1,9,12	a	1,5

续表 9

菌名	原名	O 抗原	H 抗原	
			第 1 相	第 2 相
伤寒沙门氏菌	*S. typhi*	9,12,Vi	d	—
塔西沙门氏菌	*S. tarshyne*	9,12	d	1,6
伊斯特本沙门氏菌	*S. eastbourne*	1,9,12	e,h	1,5
以色列沙门氏菌	*S. israel*	9,12	e,h	e,n,z_{15}
肠炎沙门氏菌	*S. enteritidis*	1,9,12	g,m	[1,7]
布利丹沙门氏菌	*S. blegdam*	9,12	g,m,q	—
沙门氏菌Ⅱ	*Salmonella* Ⅱ	1,9,12	g,m,[s],t	[1,5]:[z_{42}]
都柏林沙门氏菌	*S. dublin*	1,9,12,[Vi]	g,p	—
芙蓉沙门氏菌	*S. seremban*	9,12	i	1,6
巴拿马沙门氏菌	*S. panama*	1,9,12	1,v	e,n,z_{15}
戈丁根沙门氏菌	*S. goettingen*	9,12	1,v	[1,7]
鸡-雏沙门氏菌	*S. gallinarum pullorum*	1,9,12	—	—
E1 群				
奥凯福科沙门氏菌	*S. okefoko*	3,10	c	z_6
瓦伊勒沙门氏菌	*S. vejle*	3,10	e,h	1,2
明斯特沙门氏菌	*S. muenster*	3,10	e,h	1,5
鸭沙门氏菌	*S. anatum*	3,10,[15]	e,h	1,6
纽兰沙门氏菌	*S. newlands*	3,10	e,h	e,n,x
火鸡沙门氏菌	*S. meleagridis*	3,10,[15]	e,h	1,w
雷特根沙门氏菌	*S. regent*	3,10	f,g,[s]	[1,6]
西翰普敦沙门氏菌	*S. westhamptom*	3,10,[15]	g,s,t	—
阿姆德尔尼斯沙门氏菌	*S. amounderness*	3,10	i	1,5
新罗歇尔沙门氏菌	*S. newrochelle*	3,10	k	1,w
恩昌加沙门氏菌	*S. nchanga*	3,10	1,v	1,2
新斯托夫沙门氏菌	*S. sinstorf*	3,10	1,v	1,5
伦敦沙门氏菌	*S. london*	3,10,[15]	1,v	1,6
吉韦沙门氏菌	*S. give*	3,10	1,v	1,7
鲁齐齐沙门氏菌	*S. ruzizi*	3,10	1,v	e,n,z_{15}
乌干达沙门氏菌	*S. uganda*	3,10	1,z_{13}	1,5
乌盖利沙沙门氏菌	*S. ughelli*	3,10	r	1,5
韦太夫雷登沙门氏菌	*S. weltevreden*	3,10	r	z_6
克勒肯威尔沙门氏菌	*S. derkenwell*	3,10	z	1,w
列克星敦沙门氏菌	*S. lexington*	3,10	z_{10}	1,5

续表 9

菌名	原名	O 抗原	H 抗原	
			第 1 相	第 2 相
E4 群				
萨奥沙门氏菌	*S. sao*	1,3,19	e,h	e,h,z_5
卡拉巴尔沙门氏菌	*S. calabar*	1,3,19	e,h	1,w
山夫登堡沙门氏菌	*S. senftenberg*	1,3,9	g,[s],t	—
斯特拉夫特沙门氏菌	*S. stratford*	1,3,19	i	1,2
塔克松尼沙门氏菌	*S. taksony*	1,3,19	i	z_{16}
索恩堡沙门氏菌	*S. schoeneberg*	1,3,19	z	e,n,z_{15}
F 群				
昌丹斯沙门氏菌	*S. chandans*	11	d	e,n,x
阿伯丁沙门氏菌	*S. aberdeen*	11	i	1,2
布里赫姆沙门氏菌	*S. brijbhumi*	11	i	1,5
威尼斯沙门氏菌	*S. veneziana*	11	i	e,n,x
阿巴特图巴沙门氏菌	*S. abaetetuba*	11	k	1,5
鲁比斯劳沙门氏菌	*S. rubislaw*	11	r	e,n,x
其他群				
浦那沙门氏菌	*S. poona*	1,13,22	z	16[z_{59}]
里特沙门氏菌	*S. ried*	1,13,22	z_4,z_{23}	—
亚特兰大沙门氏菌	*S. atlanta*	13,23	b	—
密西西比沙门氏菌	*S. mississippi*	1,13,23	B	1,5
古巴沙门氏菌	*S. cubana*	1,13,23	z_{29}	[z_{37}]
苏拉特沙门氏菌	*S. surat*	[1],6,14,[25]	[r],i	e,n,z_{15}
松兹瓦尔沙门氏菌	*S. sundsvall*	1,6,14,25	z	e,n,x
非丁伏斯沙门氏菌	*S. hvittingfoss*	16	b	e,n,x
威斯敦沙门氏菌	*S. weston*	16	e,h	z_6
上海沙门氏菌	*S. shanghai*	16	1,v	1,6
自贡沙门氏菌	*S. zigong*	16	1,w	1,5
巴圭达沙门氏菌	*S. baguida*	21	z_4,z_{23}	—
迪尤波尔沙门氏菌	*S. dieuoppeul*	28	i	1,7
卢肯瓦尔德沙门氏菌	*S. luckenwalde*	28	z_{10}	e,n,z_{15}
拉马特根沙门氏菌	*S. ramatgan*	30	k	1,5
阿德莱沙门氏菌	*S. adelaide*	35	f,g	—
汪兹沃思沙门氏菌	*S. wandsworth*	39	b	1,2
雷俄格伦德沙门氏菌	*S. riogrande*	40	b	1,5
莱瑟沙门氏菌	*S. lethe* Ⅱ	41	g,t	—
达莱姆沙门氏菌	*S. dahlem*	48	k	e,n,z_{15}
沙门氏菌Ⅲ	*Salmonella* Ⅲ	61	1,v	1,5,7,[z_{57}]

注:本表系根据国内外常见沙门氏菌整理而成。

表 10 五种致泻大肠埃希氏菌特征基因

致泻大肠埃希氏菌类别	特征性基因	
EPEC	*esc*V 或 *eae*、*bfp*B	*uid*A
STEC/EHEC	*esc*V 或 *eae*、*stx*1、*stx*2	
EIEC	*inv*E 或 *ipa*H	
ETEC	*lt*、*stp*、*sth*	
EAEC	*ast*A、*agg*R、*pic*	

表 11 五种致泻大肠埃希氏菌目标基因引物序列及每个 PCR 体系内的终浓度[e]

引物名称	引物序列	菌株标号及对应 Genbank 编码	引物所在位置	终浓度 n/(μmol/L)	PCR 产物长度/bp
*uid*A-F	5’-ATG CCA GTC CAG CGT TTT TGC-3’	*Escherichia coli* DH1Ec169(accession no. CP012127. 1)	1673870-1673890	0. 2	1 487
*uid*A-R	5’-AAA GTG TGG GTC AAT AAT CAG GAA GTG-3’		1675356-1675330	0. 2	
*esc*V-F	5’-ATT CTG GCT CTC TTC TTC TTT ATG GCT G-3’	*Escherichia coli* E2348/69(accession no. FM180568. 1)	4122765-4122738	0. 4	544
*esc*V-R	5’-CGT CCC CTT TTA CAA ACT TCA TCG C-3’		4122222-4122246	0. 4	
eae-F[a]	5’-ATT ACC ATC CAC ACA GAC GGT-3’	EHEC(accession no. Z11541. 1)	2651-2671	0. 2	397
eae-R[a]	5’-ACA GCG TGG TTG GAT CAA CCT-3’		3047-3027	0. 2	
*bfp*B-F	5’-GAC ACC TCA TTG CTG AAG TCG-3’	*Escherichia coli* E2348/69(accession no. FM180569. 1)	3796-3816	0. 1	910
*bfp*B-R	5’-CCA GAA CAC CTC CGT TAT GC-3’		4702-4683	0. 1	
*stx*1-F	5’-CGA TGT TAC GGT TT-GTTA CTG TGA CAG C-3’	*Escherichia coli* EDL933(accession no. AE005174. 2)	2996445-2996418	0. 2	244
*stx*1-R	5’-AAT GCC ACG CTT CCC AGA ATT G-3’		2996202-2996223	0. 2	
*stx*2-F	5’-GTT TTG ACC ATC TTC GTC TGA TTA TTG AG-3’	*Escherichia coli* EDL933(accession no. AE005174. 2)	1352543-1352571	0. 4	324
*stx*2-R	5’-AGC GTA AGG CTT CTG CTG TGA C-3’		1352866-1352845	0. 4	
lt-F	5’-GAA CAG GAG GTT TCT GCG TTA GGT G-3’	*Escherichia coli* E24377A(accession no. CP000795. 1)	17030-17054	0. 1	655
lt-R	5’-CTT TCA ATG GCT TTT TTT TGG GAG TC-3’		17684-17659	0. 1	

续表 11

引物名称	引物序列	菌株标号及对应 Genbank 编码	引物所在位置	终浓度 *n*/(μmol/L)	PCR 产物长度/bp
stp-F	5'-CCT CTT TTA GTC AGA CAT CTG AAT CAA TTG-3'	*Escherichia coli* EC2173(accession no. AJ555214.1)/// Escherichia coli F7682(accession no. AY342057.1)	1979-1950///14-43	0.4	157
stp-R	5'-CAG GCA GGA TTA CAA CAA AGT TCA CAG-3'		1823-1849///170-144	0.4	
sth-F	5'-TGT CTT TTT CAC CTT TCG CTC-3'	*Escherichia coli* E24377A(accession no. CP000795.1)	11389-11409	0.2	171
sth-R	5'-CGG TAC AAG CAG GAT TAC AAC AC-3'		11559-11537	0.2	
*inv*E-F	5'-CGA TAG ATG GCG AGA AAT TAT ATC CCG-3'	*Escherichia coli* serotype O164 (accession no. AF283289.1)	921-895	0.2	766
*inv*E-R	5'-CGA TCA AGA ATC CCT AAC AGA AGA ATC AC-3'		156-184	0.2	
*ipa*H-F[b]	5'-TTG ACC GCC TTT CCG ATA CC-3'	*Escherichia coli* 53638(accession no. CP001064.1)	11471-11490	0.1	647
*ipa*H-R[b]	5'-ATC CGC ATC ACC GCT CAG AC-3'		12117-12098	0.1	
*agg*R-F	5'-ACG CAG AGT TGC CTG ATA AAG-3'	*Escherichia coli* enteraggregative 17-2(accession no. Z18751.1)	59-79	0.2	400
aggR-R	5'-AAT ACA GAA TCG TCA GCA TCA GC-3'		458-436	0.2	
pic-F	5'-AGC CGT TTC CGC AGA AGC C-3'	*Escherichia coli* 042(accession no. AF097644.1)	3700-3682	0.2	1 111
pic-R	5'-AAA TGT CAG TGA ACC GAC GAT TGG-3'		2590-2613	0.2	
*ast*A-F	5'-TGC CAT CAA CAC AGT ATA TCC G-3'	*Escherichia coli* ECOR 33 (accession no. AF161001.1)	2-23	0.4	102
*ast*A-R	5'-ACG GCT TTG TAC TCC TTC CAT-3'		103-83	0.4	
16S *r*DNA-F	5'-CGA GGC AGC AGT GGG AAT A-3'	*Escherichia coli* strain ST2747 (accession no. CP000794.1)	149585-149603	0.25	1 062
16S *r*DNA-R	5'-TGA CGG GCG GTG TGT ACA AG-3'		150645-150626	0.25	

[a] *esc*V 和 *eae* 基因选作其中一个；

[b] *inv*E 和 *ipa*H 基因选作其中一个；

[c] 表中不同基因的引物序列可采用可靠性验证的其他序列代替。

表 12　每种目标基因扩增所需 10×引物工作液配制表

引物名称	体积/μL
100 μmol/L *uid*A-F	10×*n*
100 μmol/L *uid*A-R	10×*n*
灭菌去离子水	100－2×(10×*n*)
总体积	100

注：*n*-每条引物在反应体系内的终浓度(详见表 11)。

表 13　五种致泻大肠埃希氏菌目标基因扩增体系配制表

试剂名称	加样体积/μL	试剂名称	加样体积/μL
灭菌去离子水	12.1	10×引物工作液	2.5
10×PCR 反应缓冲液	2.5	5 U/μLTaq 酶	0.4
25mmol/L $MgCl_2$	2.5	DNA 模板	2.0
2.5mmol/LdNTPs	3.0	总体积	25

表 14　五种致泻大肠埃希氏菌目标条带与型别对照表

<table>
<tr><th>致泻大肠埃希氏菌类别</th><th colspan="2">目标条带的种类组合</th></tr>
<tr><td>EAEC</td><td>aggR,astA,pic 中一条或一条以上阳性</td><td rowspan="5">uidA[c](+/－)</td></tr>
<tr><td>EPEC</td><td>bfpB(+/－),escV[a](+),stx1(－),stx2(－)</td></tr>
<tr><td>STEC/EHEC</td><td>escV[a](+/－),stx1(+),stx2(－),bfpB(－)
escV[a](+/－),stx1(－),stx2(+),bfpB(－)
escV[a](+/－),stx1(+),stx2(+),bfpB(－)</td></tr>
<tr><td>ETEC</td><td>lt,stp,sth 中一条或一条以上阳性</td></tr>
<tr><td>EIEC</td><td>invE[b](+)</td></tr>
</table>

[a]在判定 EPEC 或 SETC/EHEC 时,*esc*V 与 *eae* 基因等效;

[b]在判定 EIEC 时,*inv*E 与 *ipa*H 基因等效。

[c]97%以上大肠埃希氏菌为 *uid*A 阳性。

表 15　致泻大肠埃希氏菌主要的 O 抗原

DEC 类别	DEC 主要的 O 抗原
EPEC	O26O55O86O111abO114O119O125ac O127O128ab O142O158 等
STEC/EHEC	O4O26O45O91O103O104O111O113O121O128O157 等
EIEC	O28ac O29O112ac O115O124O135O136O143O144O152O164O167 等
ETEC	O6O11O15O20O25O26O27O63O78O85O114O115O128acO148O149O159O166O167 等
EAEC	O9O62O73O101O134 等

表 16 旋毛虫、猪囊尾蚴、肉孢子虫眼观及镜下区别

项目	旋毛虫	囊尾蚴			肉孢子虫
		发育早期	发育中期	成熟期	
虫体形态	呈灰白色半透明小点,包囊呈纺锤形、椭圆形,虫体常蜷曲成S形或8字形	粟粒大到米粒大包囊,囊内有可见的白色头节。镜下头节上有4个吸盘,尚无或有发育不全的角质钩	黄豆大包囊,囊内充满无色液体,白色头节如米粒大。镜下头节上有4个吸盘和角质小钩	黄豆大包囊,囊内充满无色液体,白色头节如米粒大。镜下头节上有4个吸盘和角质小钩	呈灰白色或黄白色毛根状小体。镜下米氏囊内充满香蕉形滋养体和卵圆形孢子
寄生部位	多见于膈肌、肩胛肌、腰肌、腓肠肌	肩胛外侧肌、股部内侧肌、心肌、咬肌、腰肌等	肩胛外侧肌、股部内侧肌、心肌、咬肌、腰肌等	肩胛外侧肌、股部内侧肌、心肌、咬肌、腰肌等	骨骼肌、心肌,尤以食道、腹部、股部等部位寄生最多
眼观	针尖大或针头大,灰白或灰黄色,与钙化的肉孢子虫不易区别	针尖大灰白色小点	粟粒大或米粒大,呈灰黄色	椭圆或圆形,粟粒至黄豆大,呈灰白—淡黄—黄色,触摸有坚硬感	虫体钙化灶略小于囊尾蚴钙化灶,呈灰白或灰黄色。触摸有坚实感
压片镜检	包囊内有大小不等的黑色钙盐颗粒(块),有的在囊周围形成厚的组织膜	不透明的黑色块状物	不透明的黑色块状物	不透明的黑色块状物	数量不等,浓淡不匀的灰黑色钙化点,有时隐约可见虫体
脱钙处理	虫体或残骸清晰可见	未见或可见发育不全的角质小钩	可见角质小钩	可见角质小钩	可见虫体或残骸

表 17 比浊管的配制

项目	1	2	3	4	5
抗原稀释液 1∶40	1.00	0.75	0.50	0.25	0
0.5%石炭酸生理盐水	0	0.25	0.50	0.75	1.00
清亮度/%	0	25	50	75	100
凝集度标记	−	+	++	+++	++++

注:++++完全凝集,上层液体100%清亮。+++几乎完全凝集,上层液体75%清亮。++凝集很显著,液体50%清亮。+有沉淀,液体25%清亮。−无沉淀,液体不清亮。

表 18 标准溶血管的配制

溶血度/%	0	10	20	30	40	50	60	70	80	90	100
3%血红素/mL	0	0.01	0.02	0.03	0.04	0.05	0.06	0.07	0.08	0.09	0.10
3%红细胞悬浮液/mL	0.10	0.09	0.08	0.07	0.06	0.05	0.04	0.03	002	0.01	0
稀释液	0.40	0.40	0.40	0.40	0.40	0.40	0.40	0.40	0.40	0.40	0.40
处理	混匀后离心										

表 19 溶血素的稀释

稀释液	溶血素量	生理盐水	稀释液	溶血素量	生理盐水
1∶500	1∶100 溶血素 1.0	4.0	1∶1 800	1∶100 溶血素 0.5	8.5
1∶700	1∶100 溶血素 1.0	6.0	1∶2 000	1∶100 溶血素 0.5	9.5
1∶800	1∶100 溶血素 1.0	7.0	1∶2 200	1∶100 溶血素 2.0	2.4
1∶900	1∶100 溶血素 1.0	8.0	1∶2 500	1∶100 溶血素 2.0	3.0
1∶1 000	1∶100 溶血素 2.0	18.0	1∶2 800	1∶100 溶血素 2.0	3.6
1∶1 200	1∶100 溶血素 0.5	5.5	1∶3 000	1∶100 溶血素 1.0	2.0
1∶1 400	1∶100 溶血素 0.5	6.5	1∶4 000	1∶100 溶血素 1.0	3.0
1∶1 600	1∶100 溶血素 0.5	7.5	1∶5 000	1∶100 溶血素 1.0	4.0

表 20 补体效价测定

项目	1	2	3	4	5	6	7
1/20 补体/mL	0.01	0.02	0.03	0.04	0.05	0.06	0.07
稀释液/mL	0.29	0.28	0.27	0.26	0.25	0.24	0.23
致敏红细胞/mL	0.20	0.20	0.20	0.20	0.20	0.20	0.20

表 21 血清效价的测定

操作步骤	血清试验管			血清抗补体对照			抗原对照	抗体对照	红细胞对照
	1/10	1/20	1/40	1/10	1/20	1/40			
血清/mL	0.1	0.1	0.1	0.1	0.1	0.1	—	—	—
抗原/mL	0.1	0.1	0.1	—	—	—	0.1	—	—
稀释液/mL	—	—	—	0.1	0.1	0.1	0.1	0.2	0.3
补体/mL	0.1	0.1	0.1	0.1	0.1	0.1	0.1	0.1	—
第一次感作	4～8℃ 18 h								
致敏红细胞	0.2	0.2	0.2	0.2	0.2	0.2	0.2	0.2	0.2
第二次感作	37℃水浴 30 min								

表 22 溶血素的稀释

稀释倍数	溶血量/mL	生理盐水/mL
1∶500	1∶100 溶血素 1.0	4.0
1∶1 000	1∶100 溶血素 2.0	18.0
1∶1 500	1∶100 溶血素 0.5	7.0
1∶2 000	1∶100 溶血素 0.5	9.5
1∶3 000	1∶100 溶血素 1.0	2.0
1∶5 000	1∶100 溶血素 1.0	4.0
1∶10 000	1∶100 溶血素 1.0	9.0

表 23　溶血素效价测定

项目	1	2	3	4	5	6	7
稀释液/mL	1.0	1.0	1.0	1.0	1.0	1.0	1.0
1/150 补体/mL	0.5	0.5	0.5	0.5	0.5	0.5	0.5
不同稀释倍数致敏红细胞/mL	0.5	0.5	0.5	0.5	0.5	0.5	0.5
溶血素稀释倍数	1∶500	0.5	0.5	0.5	0.5	0.5	1∶10 000
感作	37℃水浴 30 min,每间隔 5 min 振 1 次						
冷稀释液/mL	2.0	2.0	2.0	2.0	2.0	2.0	2.0

表 24　补体效价测定

项目	1	2	3	4	5	6
1/150 补体/mL	0.3	0.4	0.5	0.6	0.7	0.8
稀释液/mL	1.2	1.1	1.0	0.9	0.8	0.7
第一次感作	37℃水浴 30 min					
致敏红细胞/mL	0.5	0.5	0.5	0.5	0.5	0.5
第二次感作	37℃水浴 30 min,每间隔 5 min 振 1 次					
冷稀释液/mL	2.0	2.0	2.0	2.0	2.0	2.0

表 25　血清效价的测定

操作步骤	血清试验孔						血清抗补体对照	抗原对照	补体对照			红细胞对照
	1/20	1/40	1/80	1/160	1/320	1/640	1/20		2.5 个补体单位	1.25 个补体单位	0.625 个补体单位	
血清/μL	25	25	25	25	25	25	25	—	—	—	—	—
抗原/μL	25	25	25	25	25	25	—	25	—	—	—	—
稀释度/μL	—	—	—	—	—	—	25	25	50	50	50	75
补体/μL	25	25	25	25	25	25	25	25	25	25	25	—
第一次感作	37℃震荡 40 min											
致敏红细胞/μL												
第二次感作	37℃震荡 30 min											

表 26　粮食、蔬菜、鱼肉类试样微波消解参考条件

步骤	功率(1 600 W)变化/%	温度/℃	升温时间/min	保温时间/min
1	50	80	30	5
2	80	120	30	7
3	100	160	30	5

参考文献

[1]李培英,魏建忠．动物医学实验教程(预防兽医学分册)．北京:中国农业大学出版社,2010.

[2]姚火春．兽医微生物学实验指导．2版．北京:中国农业出版社,2012.

[3]陆承平．兽医微生物学．5版．北京:中国农业出版社,2013.

[4]杨汉春．动物免疫学．2版．北京:中国农业大学出版社,2003.

[5]W·E·保罗．基础免疫学．吴玉章,等译．北京:科学出版社,2003.

[6]陈学清．免疫学常用实验方法．北京:人民军医出版社,2000.

[7]黎燕,冯健男,张纪研．分子免疫学实验指南．北京:化学工业出版社,2008.

[8]姚火春．兽医免疫学实验．北京:中国农业出版社,2006.

[9]陈溥言．兽医传染病学．5版．北京:中国农业出版社,2006.

[10]郑明球．家畜传染病学实验指导．3版．北京:中国农业出版社,1995.

[11]汪明．兽医寄生虫学．3版．北京:中国农业大学出版社,2003.

[12]秦建华,李国清．动物寄生虫病学．北京:中国农业大学出版社,2005.

[13]姚旌旗,覃金红,孙剑刚．病原学与免疫学实验教程．北京:科学出版社,2007.

[14]苏世彦．食品微生物检验手册．北京:中国轻工业出版社,1998.

[15]李郁．畜禽疾病检测实训教程．北京:中国农业大学出版社,2016.

[16]中华人民共和国国家标准．食品卫生检验方法理化部分．北京:中国标准出版社,2012.

[17]张彦明．动物性食品卫生学实验指导．北京:中国农业出版社,2006.